# GUIDE COMPLET DU BRICOLEUR
# LA MAÇONNERIE

*Traduit de l'américain
par Jean Storme*

**Données de catalogage avant publication (Canada)**

Vedette principale au titre:

La maçonnerie: projets de construction et de réparation étape par étape
(Guide complet du bricoleur)

Traduction de: The complete guide to home masonry.

1. Maçonnerie - Manuels d'amateurs.
2. Habitations - Entretiens et réparations - Manuels d'amateurs.
I. Storme, Jean. II. Black & Decker Corporation (Towson, Mar.)
III. Collection.

TH5313.C6514 2002     693'.1     C2002-941596-9

Éditeur exécutif: Bryan Trandem
Directeur artistique: Tim Himsel
Coordonnatrice de l'édition: Michelle Skudlarek
Directeur de l'édition: Jerri Farris

Rédacteur en chef: Daniel London
Rédacteurs: Paul Currie, Phil Schmidt
Réviseur: Jennifer Caliandro
Directeur artistique en chef: Kevin Walton
Concepteurs Mac: Kari Johnston, Jon Simpson
Photographe technique en chef: Keith Thompson
Photographes techniques adjoints: Sean T. Doyle,
   Christopher Kennedy
Directrice adjointe du projet: Julie Caruso
Correcteur technique: Lee Mosman
Recherchiste photo: Angela Hartwell
Responsable des services de studio: Marcia Chambers
Coordonnatrice des services de studio: Carol Osterhus
Responsable de l'équipe des photographes: Chuck Nields
Photographes: Andrea Rugg, Rebecca Schmidt, Joel Schnell
Menuisiers de l'atelier: Scott Ashfield, David O. Johnson,
   Greg Wallace, Dan Widerski
Directrice du service de production: Kim Gerber
Coordonnatrice de la production: Helga Thielen

L'ouvrage a été créé par l'équipe de Creative Publishing international, Inc., en collaboration avec Black & Decker. BLACK&DECKER est une marque déposée de The Black & Decker Corporation utilisée sous licence.

© 2000, Creative Publishing international, Inc.

© 2002, Les Éditions de l'Homme,
une division du groupe Sogides,
pour la traduction française

Tous droits réservés

L'ouvrage original américain a été publié par
Creative Publishing international, Inc.
sous le titre *The Complete Guide to Home Masonry*

Dépôt légal: 4ᵉ trimestre 2002
Bibliothèque nationale du Québec

ISBN 2-7619-1740-5

**DISTRIBUTEURS EXCLUSIFS:**
• Pour le Canada et les États-Unis:
**MESSAGERIES ADP***
955, rue Amherst,
Montréal, Québec, H2L 3K4
Tél.: (514) 523-1182
Télécopieur: (514) 939-0406
* Filiale de Sogides ltée

Gouvernement du Québec – Programme de crédit d'impôt pour l'édition de livres – Gestion SODEC.

L'Éditeur bénéficie du soutien de la Société de développement des entreprises culturelles du Québec pour son programme d'édition.

Nous reconnaissons l'aide financière du gouvernement du Canada par l'entremise du Programme d'aide au développement de l'industrie de l'édition (PADIÉ) pour nos activités d'édition.

Pour en savoir davantage sur nos publications,
visitez notre site: **www.edhomme.com**
Autres sites à visiter: www.edjour.com • www.edtypo.com
www.edvlb.com • www.edhexagone.com

**Note de l'Éditeur:** Avant d'entreprendre les travaux de bricolage et de rénovation expliqués dans le présent ouvrage, il est très important que vous preniez soin de vous informer auprès de votre ville ou de votre municipalité de la réglementation concernant ce genre de travaux, des lois du code régional et des restrictions s'appliquant à votre localité. Il est aussi prudent que vous respectiez toutes les mesures de sécurité prescrites dans ce livre et que vous fassiez appel aux conseils et à la compétence d'un professionnel en cas de doute ou de difficulté.

# Table des matières

## Introduction

Introduction .................................................6
La maçonnerie et votre maison...................8
Conception et planification des
  travaux de maçonnerie......................12
Estimation des quantités de
  matériaux nécessaires et
  commande des matériaux....................16
Outils et équipements de
  maçonnerie .......................................18
Sécurité ....................................................22

## Techniques de base

Éviter les problèmes de drainage .................26
Préparer et poser du mortier .....................28
Les travaux utilisant les attaches
  de maçonnerie ..................................32

Travaux de construction en béton................34
Préparation du site ......................................36
Estimation de la quantité de béton
  nécessaire et mélange du béton...........42
Commander du béton tout préparé .............45
Mise en place du béton ..............................46
Construction en béton : aperçu étape
  par étape ..........................................50
Finition et cure du béton ............................52
Imperméabiliser et entretenir le béton........54
Couler des fondations ................................56
Fixer des poteaux dans le béton ...............60

Travailler avec des briques et des blocs ........62
Techniques de la construction en
  briques et en blocs.............................64
Poser des briques ........................................72
Poser des blocs ...........................................76

Travailler avec des pierres........................80
Reconnaître les types et les formes
  de pierres..........................................82
Tailler des pierres .......................................84
Poser des pierres ........................................88

Travailler avec des carreaux........................90

Travailler avec des matériaux divers.............91

Travailler avec le stuc ................................92

Travailler avec l'hypertuf.............................96

## Projets de maçonnerie

Allées, sentiers et marches ...................102
Construction d'un sentier de pierres
  en vrac ............................................104
Construire une allée en béton coulé........106
Imiter les pierres de dallage dans le
  béton d'une allée .............................110
Imiter l'apparence des pavés de terre
  cuite dans le béton d'une allée ...........111
Refaire la surface d'une allée en béton....112
Poser un pas japonais .............................116
Fabriquer vos propres pierres de pas
  japonais...........................................118
Construire une allée en pierres de
  dallage ............................................120
Construire des marches de jardin ...........122
Construire des marches en béton ...........130
Construire des escaliers avec des
  coffrages en béton manufacturé .........136

Paliers, patios et voies d'accès pour autos ...140
Construire un palier en pavés de
  terre cuite........................................143
Construire un patio en pavés de terre
  cuite ...............................................146
Construire un patio en béton à
  granulats apparents...........................154
Finition d'un patio au moyen de
  carreaux ..........................................158
Poser des carreaux de patio....................165
Construire une entrée en béton coulé ....172

Murs, piliers et arches ............................176
Construire des murs autoporteurs
  en blocs de béton, sans mortier ..........180
Costruire un mur en blocs décoratifs .....182
Construire un mur en blocs de verre .....185
Construire un mur en pierres sèches ......188
Construire des piliers d'entrée ................190
Ajouter une arche aux piliers d'entrée......194
Construire une fenêtre lunaire en
  pierres.............................................198
Construire des murs de retenue ..............202

Finir les murs de la maison
  ou du jardin ....................................208
Finir les murs avec des briques...............210
Finir les murs avec du ciment.................214
Finir les murs avec de la pierre de
  parement .........................................216
Finir les murs avec du stuc....................220

Construire des éléments
  décoratifs extérieurs.............................222
Construire un bain d'oiseaux en
  hypertuf ..........................................224
Construire des jardinières en hypertuf
  ou en briques...................................227
Construire une borne d'entrée en
  pierres.............................................232
Construire un barbecue ...........................234

## Réparations de maçonnerie

Réparation du béton ...............................240
Diagnostiquer les problèmes de béton ....242
Réparation des escaliers ..........................244
Réparation des trous................................247
Colmatage des fentes...............................250
Réparations diverses du béton..................252
Nettoyage du béton coulé .......................254

Réparation des ouvrages de
  briques et de blocs ............................256
Détermination de la nature des
  problèmes des briques et
  des blocs .........................................258
Réparation des murs de briques
  et de blocs .......................................260
Nettoyage et peinture des briques
  et des blocs .....................................266
Protection des murs du sous-sol ..............268
Réparation et remplacement des
  couronnements de cheminée ...............270
Réparation d'un foyer...............................272

Réparation des ouvrages de pierres ............274
Réparation du stuc..................................278

Table des mesures ....................................280
Glossaire ..................................................282
Index .......................................................284

# Le guide complet de la maçonnerie

# Introduction

Sortez de chez vous et faites le tour de votre maison. Partout, les matériaux de maçonnerie abondent, qui embellissent votre maison et lui donnent de la valeur. Où que le regard se porte, des fondations au chapeau de cheminée en béton, la maçonnerie fait partie des éléments essentiels qui rendent votre maison confortable et sûre. Il en va de même pour votre aménagement paysager. Autour de votre maison, vous avez peut-être un mur de retenue en pierres qui borde l'avant de la pelouse, une entrée unie en pavés de terre cuite qui supporte, jour après jour, voitures et vélos, ou des marches coulées en béton qui accueillent vos invités et vous-même depuis longtemps. Lorsque tous ces éléments sont bien entretenus, votre maison et votre jardin deviennent une source de fierté pour vous, et un actif pour votre voisinage, un investissement rentable.

En tant que bricoleur, vous n'oseriez sans doute pas – avec raison – couler les fondations d'une maison; par contre, en vous équipant d'un ensemble d'outils de base, vous pouvez envisager d'entreprendre une série quasi illimitée de projets de maçonnerie, allant de la pose d'un pas japonais, à la coulée de béton pour une entrée et à la construction de murs, de piliers et d'arches.

**Pourquoi la maçonnerie est-elle attrayante ?** Parce qu'en plus de sa résistance remarquable, elle possède des propriétés réfléchissantes qui la différencient de la construction en bois. Son aspect peut prendre les tons rougeâtres des briques d'adobe ou les teintes marbrées de la pierre de taille telle que le granit. La maçonnerie contient souvent des galets et des granulats de petite taille qui brillent lorsqu'ils sont humides ou en plein soleil, et présentent aussi un aspect caractéristique lorsqu'ils sont à l'ombre. La gamme des possibilités est telle que vous pouvez utiliser des matériaux de maçonnerie pour agrémenter n'importe quel jardin ou paysage. Vous pouvez également combiner la maçonnerie avec des surfaces en bois naturel ou en bois peint et avec d'innombrables autres matériaux. Dans ce livre, nous recommandons d'utiliser des matériaux que l'on trouve dans la plupart des briqueteries et des maisonneries. Nous vous présentons également l'« hypertuf » (ou « hypercalcaire »), un matériau de maçonnerie qui convient parfaitement à la fabrication d'accessoires rustiques extérieurs.

> **AVIS AU LECTEUR**
>
> Ce livre contient des instructions utiles, mais il nous est impossible de prévoir vos conditions de travail et les caractéristiques des matériaux et des outils que vous utiliserez. Pour votre sécurité, nous vous recommandons de faire preuve de prudence, de soin et de jugement lorsque vous suivrez les procédures indiquées dans ce livre. Tenez compte de votre propre niveau d'habileté et des instructions et mesures de sécurité associées à l'utilisation des différents outils et matériaux présentés. En cas d'utilisation abusive de l'information contenue dans ce livre, ni l'éditeur ni Black & Decker ne pourront être tenus responsables des dommages à la propriété ou des blessures subies par les personnes.
>
> Les instructions contenues dans ce livre sont conformes aux codes suivants, en vigueur aux États-Unis au moment de sa publication: « The Uniform Plumbing Code », « The National Electric Code Reference Book », et « The Uniform Building Code ». Consultez le Service de la construction de votre municipalité pour obtenir les informations concernant les permis de construction, les codes et autres lois qui s'appliquent à votre projet.

**Notre but** est de vous apprendre les rudiments de la construction en maçonnerie. Vous pourrez ensuite utiliser n'importe quel matériau de maçonnerie pour embellir votre maison et lui donner un cachet particulier. Nous vous recommandons de commencer votre projet en interrogeant l'inspecteur des bâtiments de votre municipalité pour connaître les exigences du code du bâtiment dans votre région. En respectant ces exigences, vous apporterez à votre maison des améliorations qui résisteront à l'usure du temps.

Dans **l'introduction**, nous vous indiquons comment planifier vos projets, choisir vos outils et sélectionner les matériaux, de manière à obtenir le meilleur résultat en fournissant le moins d'efforts possibles.

Dans **la section deux, intitulée « Techniques de base »** (pages 24 à 97), vous apprendrez les principales propriétés de chaque matériau de maçonnerie – béton, brique, bloc, pierre, stuc et autres –, ce qui vous permettra d'allier des méthodes éprouvées avec des styles de maçonnerie des plus modernes.

Dans **la section trois, intitulée « Projets de maçonnerie »** (pages 98 à 237), nous vous proposerons des projets attrayants et des plans clairs et précis, pensés pour le bricoleur. Vous pourrez réaliser tout seul certains de ces projets, en quelques heures. Pour d'autres, vous devrez travailler avec un groupe d'amis et y consacrer plusieurs jours. Mais, dans tous les cas, vous serez extrêmement satisfait du résultat.

Dans **la section quatre, intitulée « Réparations »** (pages 238 à 278), nous vous présenterons la plupart des réparations de maçonnerie qu'un propriétaire peut avoir à effectuer.

Et à la fin du livre, vous trouverez la liste de conversion des unités de mesure anglaises en unités métriques, des références pour le cas où vous désireriez approfondir certaines recherches, un glossaire des termes utilisés dans ce livre et un index qui vous permettra de localiser rapidement les sujets qui vous intéressent.

Bonne chance et bon amusement ! Si vous planifiez vos travaux et si vous êtes attentif aux détails, ceux-ci seront pour vous une source de fierté et d'admiration pendant de nombreuses années.

# La maçonnerie et votre maison

Quel est, dans votre maison, le matériau de construction le plus important? Vous êtes sans doute tenté de répondre que c'est le bois d'œuvre, qui forme l'ossature. Mais pensez-y bien: c'est la maçonnerie de la fondation de la maison qui constitue probablement le matériau le plus important. En effet, sans une fondation solide – et la plupart des fondations sont en béton coulé ou en blocs de béton –, la meilleure ossature ne supporterait pas longtemps la maison.

Les architectes et les entrepreneurs ont constaté depuis longtemps qu'aucun matériau ne peut concurrencer la maçonnerie en matière de solidité, de durabilité et de résistance aux intempéries. C'est la raison pour laquelle votre maison contient probablement quelque 35 tonnes de matériaux de maçonnerie, et pas seulement dans la fondation. Jetez un coup d'œil sur votre maison, vous constaterez que ces matériaux ont été utilisés dans des endroits plus visibles tels que les murs extérieurs de briques, de pierres ou de stuc, la toiture de tuiles de terre cuite ou de béton, et la cheminée de briques ou de pierres, car les matériaux de maçonnerie s'intègrent facilement aux matériaux qui les entourent.

Faites un tour dans votre jardin et vous constaterez rapidement le rôle important que la maçonnerie joue également dans le décor extérieur. On utilise depuis toujours avec succès la brique, les blocs ou la pierre pour aménager ou décorer les pelouses, les jardins, les patios et les autres surfaces pavées.

Mais les propriétaires actuels découvrent sans cesse de nouvelles applications de la maçonnerie telles que les jardinières et autres objets décoratifs de jardin, fabriqués dans des mélanges de béton se prêtant au moulage. En fait, de nouvelles méthodes et de nouveaux produits ont permis de simplifier d'anciennes techniques et de vous faciliter la réalisation d'un nombre de plus en plus grand de projets.

Tout propriétaire d'une maison sait que la maçonnerie doit être occasionnellement entretenue et réparée. Les réparations ne sont pas difficiles à effectuer, mais il est important de les réaliser à l'aide des meilleurs matériaux et des meilleurs outils, et en appliquant les techniques appropriées. Une réparation mal planifiée et exécutée n'importe comment présentera l'aspect désolant d'un ouvrage bâclé. Une réparation bien faite se fondera dans le décor au point de passer virtuellement inaperçue.

Dans les pages suivantes, nous vous présentons les possibilités qui s'offrent à vous lorsque vous envisagez des travaux de maçonnerie pour embellir votre maison. Les pages traitant de la conception et la planification de travaux de maçonnerie (pages 12 à 15) vous guideront dans la préparation et la réalisation efficace de votre travail; ainsi, vous en tirerez le maximum de satisfaction.

## Ouvrages courants de maçonnerie

**Les marches et les sentiers** font partie des ouvrages de maçonnerie les plus courants. On peut envisager un sentier bien dessiné fait d'une série de dalles et de marches de béton conduisant, du pas de la porte à une allée, une entrée ou un garage; ou un sentier étroit, serpentant à travers le jardin et pavé de pierres de taille.

Suite à la page 10

# Ouvrages courants de maçonnerie (suite)

**Les patios sont simples à concevoir,** qu'ils soient faits de carrelage, de béton, de pavés de terre cuite ou d'autres matériaux. Les cours comprenant un patio sont souvent plus attirantes, car les gens aiment prendre les repas et se réunir à l'extérieur, dans un endroit aménagé, en plus de se divertir et de faire du jardinage.

**Le mur de maçonnerie,** construit en pierres, en briques, ou en blocs, peut rendre un endroit intime, amortir le bruit du voisinage, ou même diviser une grande pelouse en espaces plus petits et plus faciles à entretenir. L'ajout d'une grille ou d'une arche transforme le mur en portail séparant les deux parties de votre propriété.

**La maçonnerie** ne comprend pas que de grands travaux de pavement et de construction murale. L'hypertuf, sorte de béton contenant de la tourbe, se prête idéalement au moulage de jardinières, de bains d'oiseaux et d'autres objets de décoration pour le jardin.

**Ajouter une arche à une entrée** donne à celle-ci une allure imposante. Reposant sur des murs autoporteurs en briques ou en pierres, l'arche forme l'ouverture parfaite. On peut l'assembler en quelques heures en se servant d'un gabarit courbe en contreplaqué.

**La fenêtre lunaire** est un ouvrage de forme circulaire inhabituel, d'un effet saisissant. Les entrées lunaires de grandes dimensions permettant le passage sont difficiles à construire, contrairement à celle montrée ici qui a des dimensions modestes.

**Le mur de retenue** sert avant tout à retenir la terre d'une surface inclinée. C'est également une excellente façon de créer une terrasse le long de cette aire en vue d'y installer des plantes ou d'autres ornements paysagers qui changeront complètement l'aspect d'une parcelle ou d'un jardin.

**Le carreau céramique d'extérieur** constitue le matériau idéal pour habiller un patio en béton, vieux et fissuré. Commencez par couler une couche de béton sur la dalle existante; elle empêchera les défauts de la dalle originale d'avoir une quelconque influence sur l'installation des nouveaux carreaux.

**Figurez les ouvrages à construire** sur le terrain en utilisant une corde ou un tuyau pour délimiter le contour de l'ouvrage. Cela vous aidera à décider de sa dimension et de sa forme. Pour figurer un sentier sinueux, placez des longerons entre les bordures pour que le sentier figuré ait une largeur constante.

## Conception et planification des travaux de maçonnerie

La conception et la planification d'une construction en maçonnerie comprennent deux étapes principales. Premièrement, il faut recueillir les idées créatives qui permettront de planifier un projet à la fois réalisable et attrayant. Ensuite, on appliquera aux idées les normes fondamentales de la construction en maçonnerie en vue de dresser un plan rationnel qui soit conforme au code local de la construction.

Un des meilleurs moyens de trouver des idées, c'est de vous promener dans le voisinage, de regarder les ouvrages de maçonnerie, bloc-notes à la main, et de noter le résultat de votre observation. Vous ne jugerez jamais mieux de l'effet d'une idée qu'en voyant sa matérialisation.

Dans les travaux de maçonnerie bien conçus, on prend en compte les facteurs suivants: dimension, échelle, emplacement, pente et drainage, renforcement, choix des matériaux, apparence. Tous les conseils et les informations contenus dans les pages suivantes ont pour but de vous familiariser avec ces différents éléments de la conception.

Si vous n'avez pas beaucoup d'expérience en maçonnerie, commencez par des travaux simples, séparés, comme la construction d'un muret de jardin ou celle d'une courte allée dans l'arrière-cour. En réparant les ouvrages existants vous acquerrez également une expérience qui vous servira dans vos futurs travaux.

## Conseils pour la conception d'un ouvrage de maçonnerie

**Construisez un modèle en trois dimensions** du mur ou de la construction élevée que vous envisagez de construire, en utilisant des poteaux, du cordeau de maçon et de la toile, du papier d'emballage ou du plastique. Regardez le modèle de tous les côtés pour vérifier s'il n'obstrue pas la vue et ne gêne pas l'accès à certains endroits et pour voir comment il s'intègre au paysage.

**Tracez des plans détaillés.** Utilisez du papier millimétré pour dessiner votre plan à l'échelle; vous pourrez ainsi éviter les erreurs de conception et mieux évaluer les matériaux dont vous aurez besoin. Dans certains cas, selon les codes de construction locaux, vous devrez obtenir un permis avant de commencer le projet; et vous devrez soumettre des dessins à l'échelle pour obtenir ce permis. Vous avez donc toujours intérêt à consulter le Service de la construction de votre région au début de la planification de votre projet pour connaître les exigences réglementaires le concernant.

### Projets courants de maçonnerie aux alentours de la maison

| Projet | Niveau de difficulté | Considérations particulières |
|---|---|---|
| Objets décoratifs (jardinières, bains à oiseaux, pas japonais, etc.) | Facile à moyennement difficile | Bons projets pour débutants. Projets simples comprenant peu de structures. La plupart sont réalisables en quelques heures. |
| Allées et sentiers | Facile à moyennement difficile | Les coins d'équerre sont faciles à réaliser; les angles et les courbes compliquent le projet. La conception des allées répond à des codes en ce qui a trait aux dimensions, au renforcement, à l'emplacement et aux matériaux. Ces ouvrages sont souvent accolés à des constructions permanentes, ce qui nécessite des joints de rupture. |
| Murs de briques, de blocs et de pierres | Facile à difficile | Les murs simples de jardin sont faciles à construire; la difficulté s'accroît avec la dimension, la complexité de l'empilement et le besoin de renforcement. Les murs de plus de 3 pi de haut nécessitent habituellement des fondations résistant aux cycles gel-dégel; parfois il faut également prévoir de les couvrir ou encore de renforcer le tout par des piliers autoporteurs. |
| Patios | Moyennement difficile à difficile | Les grandes surfaces exigent des joints de dilatation et de rupture. Les volumes importants de béton qu'ils requièrent parfois exigent des techniques de placement et de finition éprouvées; on peut parfois les diviser en plusieurs projets plus petits en utilisant des coffrages perdus. L'établissement d'une pente peut poser problème. |
| Entrées et planchers de garages | Difficile | La préparation et le nivellement de la base sont des étapes importantes, qui prennent du temps. Il faut parfois utiliser des outils spéciaux tels qu'une lisseuse lorsqu'on travaille un volume de béton important. Il faut souvent utiliser du béton à haute résistance. On lisse généralement les planchers de garage avec des taloches en acier pour obtenir une surface dure et semi-brillante. |
| Arches et fenêtres lunaires | Difficile | Les surfaces courbes demandent normalement plus de travail de coupe sur les briques ou les pierres, et un gabarit courbé, en contreplaqué, pour la construction proprement dite. Il faut prendre des précautions particulières pour éviter les blessures lorsqu'on installe les matériaux. |

Suite à la page suivante

# Conseils pour la conception d'un ouvrage de maçonnerie (suite)

**Ramenez chez vous des échantillons** des matériaux qui vous plaisent pour pouvoir examiner l'effet qu'ils font sur place. Même s'il est laborieux de traîner des blocs de roche ou de béton sur un chariot, donnez-vous cette peine, car vous pourrez ainsi figurer l'effet des différentes textures et couleurs près de la maison, dans le jardin ou près d'autres éléments paysagers.

De nombreux fournisseurs vous évitent de transporter des matériaux lourds et encombrants en présentant leurs produits sur des cartons d'échantillons (en bas, à gauche). Demandez également des échantillons de mortiers de différentes teintes (en bas, à droite), vous pourrez ainsi décider de la teinte qui convient le mieux aux matériaux que vous avez choisis.

**Tous les matériaux de maçonnerie** ne sont pas appropriés à tous les climats. Ce n'est pas sans raison que les briques texturées comme les adobes se rencontrent plus fréquemment dans les régions aux hivers moins rudes. Certains matériaux contiennent des composés qui les rendent plus résistants aux intempéries. La brique texturée est très semblable à la brique recyclée (provenant d'immeubles démolis), elle a une patine attrayante, mais elle est également plus perméable. Dans les climats chauds, l'eau est généralement inoffensive, mais elle peut causer d'importants dommages si la température descend régulièrement sous le point de congélation. Même présente en très faible quantité dans le matériau, l'eau se dilate en gelant, ce qui provoque d'importantes fissures. Les fournisseurs locaux peuvent vous indiquer les matériaux qui sont recommandés pour votre région.

**Vérifiez le drainage.** Lorsque le drainage est satisfaisant, l'eau s'infiltre à travers la roche broyée ou la couche arable de votre propriété, et les mares disparaissent de la surface du sol. Après un orage, par exemple, l'eau disparaît rapidement d'un pas japonais et les cycles répétés gel-dégel ne déforment pas les dalles de béton. Le sol argileux ou compacté peut nuire au drainage. Si vous remarquez que l'eau stagne longtemps sur votre gazon après un orage, c'est le signe d'un problème. Vérifiez le drainage à cet endroit en creusant un trou d'environ 4 po de diamètre et 12 po de profondeur et remplissez-le d'eau. Si l'eau est toujours là 24 heures plus tard, le drainage est inadéquat.

Avant d'entreprendre votre ouvrage de maçonnerie, demandez à un paysagiste local comment améliorer le drainage du sol. Lorsque vous coulez une dalle de béton, il existe un moyen simple d'isoler la dalle de l'humidité : étendez des feuilles de plastique comme base imperméable sous la dalle (page 26).

**Vous trouverez dans les maisonneries** les matériaux et les outils dont vous aurez besoin pour réaliser la majorité des projets de maçonnerie. Vous trouverez également, dans les briqueteries et chez les fournisseurs de pierres, une gamme étendue d'outils qui simplifieront l'exécution de vos travaux.

# Estimation des quantités de matériaux nécessaires et commande des matériaux

Calculez les dimensions de votre projet de construction le plus précisément possible, que vous couliez une petite dalle de béton ou que vous construisiez une arche : cela vous évitera les allées et venues chez les fournisseurs ou les coûts de livraison inutiles.

Utilisez le tableau d'estimation (page 17) pour déterminer les quantités de matériaux de maçonnerie dont vous avez besoin. Comme il est difficile d'estimer avec précision ces quantités, ajoutez 10 % à l'estimation de chaque article ; cela compensera les petites erreurs et les pertes dues à la coupe.

Si votre construction est en briques, c'est dans une briqueterie que vous trouverez tous les matériaux nécessaires à votre travail. Vous y recevrez également des conseils de professionnels et vous y trouverez souvent d'autres outils et d'autres matériaux. Il en va de même pour les marchands de pierres.

Dans les maisonneries, vous pourrez vous procurer des outils de maçonnerie et des matériaux tels que le béton, le mortier et le mélange de stuc, les produits de calfeutrage et de réparation et les attaches métalliques. Toutefois considérez l'envergure de votre projet avant d'acheter du béton ou du stuc en sacs, car pour des projets importants, tels qu'un patio ou une entrée, vous avez sans doute intérêt à passer par un fournisseur de béton tout préparé (page 45). Rappelez-vous que vous devrez avoir sous la main une équipe de travailleurs et tous les outils nécessaires lorsque le béton arrivera. Dans les ouvrages en béton, ou en maçonnerie appliquée à la truelle, le temps est critique.

# Comment estimer les matériaux

|  |  |
|---|---|
| Sable, gravier, terre végétale (couche de 2 po) | Surface (pi$^2$) ÷ 100 = nombre de tonnes nécessaires |
| Briques de pavement standard pour allées et patios (4 po x 8 po) | Surface (pi$^2$) x 5 = nombre de briques nécessaires |
| Briques standard pour murs et piliers (4 po x 8 po) | Surface (pi$^2$) x 7 = nombre de briques nécessaires (épaisseur d'une brique) |
| Béton coulé (couche de 4 po) | Surface (pi$^2$) x 0,012 = nombre de verges cubes nécessaires |
| Pierres plates | Surface (pi$^2$) ÷ 100 = nombre de tonnes nécessaires |
| Blocs emboîtés (6 x 16 po de façade) | Surface de la façade du mur (pi$^2$) x 1,5 = nombre de blocs nécessaires |
| Parement de pierres de taille pour mur de 1 pi d'épaisseur | Surface de la façade du mur (pi$^2$) ÷ 15 = nombre de tonnes de pierres nécessaires |
| Moellons pour mur de 1 pi d'épaisseur | Surface de façade du mur (pi$^2$) ÷ 35 = nombre de tonnes de pierres nécessaires |
| Blocs de béton de 8 po x 8 po x 16 po pour murs autoporteurs | Hauteur du mur (pi) x longueur du mur x 1,125 = nombre de blocs nécessaires |

**Utilisez ce tableau** pour estimer la quantité de matériaux dont vous aurez besoin. Les dimensions et les poids des matériaux peuvent varier, vous devez donc consulter votre fournisseur pour obtenir des renseignements plus précis à ce sujet. La disponibilité et le coût du gravier et des pierres varient d'une région à l'autre. Rendez visite à votre marchand pour voir les produits sur place. Lorsqu'on vous livre du sable, du gravier et d'autres matériaux en vrac, faites-les déverser sur une bâche qui protégera le sol de votre propriété. Assurez-vous que la bâche en question se trouve le plus près possible de l'endroit des travaux.

**Les marchands locaux de briques et de pierres** vous aideront souvent à concevoir votre projet et ils seront de bon conseil quant à l'estimation des matériaux nécessaires, aux exigences des codes locaux de la construction et aux caractéristiques du climat local. Nombre d'entre eux peuvent également servir d'intermédiaires entre le client et des paysagistes et d'autres entrepreneurs qui collaboreront avec le client et lui offriront différentes qualités de construction en maçonnerie.

**Les outils pour mélanger le béton** et préparer l'endroit comprennent: une brouette robuste (A) d'une capacité minimum de 6 pi³; une bétonnière à commande mécanique (B) pour les travaux importants en béton coulé (de 1/2 à 1 verge cube); une bêche de maçon (C) et une boîte à mortier (D) pour mélanger le mortier et les petites quantités de béton; une pelle rectangulaire (E) pour enlever les mottes de gazon à la main, et creuser et étaler le béton coulé; un pilon (F) pour compacter le sol et la fondation. La figure montre également une déplaqueuse de gazon (G) qui permet d'enlever le gazon et de le réutiliser.

# Outils et équipement de maçonnerie

Pour travailler efficacement avec des produits de maçonnerie, vous devez acheter ou louer un certain nombre d'outils spéciaux. Les truelles, les aplanissoirs, les coupe-bordures et les fers à joints sont autant d'outils utilisés pour mettre en place, former et finir le béton et le mortier. On se sert de ciseaux pour couper et ajuster les briques et les blocs. Équipez votre scie circulaire ou votre perceuse à commande mécanique de lames conçues pour couper le béton et les briques, vous convertirez ainsi ces machines en outils spéciaux de maçonnerie.

Pour bien mélanger le béton et le mortier, il faut également disposer des outils appropriés. La bétonnière à commande mécanique convient à la plupart des travaux en béton coulé. Mais si le travail nécessite plus d'une verge cube de béton (voir le tableau de la page 17), demandez à un fabricant de béton tout préparé de vous livrer le béton dont vous avez besoin: vous épargnerez du temps et des maux de dos, et le béton sera uniformément mélangé pour tout le projet. Pour les petits travaux de béton et de mortier, utilisez une boîte à mortier et une bêche de maçon.

La préparation du travail sera facilitée et plus précise si vous utilisez les outils d'alignement et de mesure appropriés (page 19) et si vous vous munissez de l'équipement de sécurité nécessaire – gants et lunettes de sécurité – avant d'entamer le travail (pages 22 et 23).

**Les outils de paysagiste** servant à préparer le terrain pour un travail de maçonnerie comprennent: une tarière à commande mécanique (A) pour forer les trous de poteaux ou de piliers; un pilon à commande mécanique (B) et une déplaqueuse à gazon à commande mécanique (C) pour préparer le terrain d'une entrée ou de toute autre grande surface. Vous trouverez facilement ces outils dans un centre de location local. Vous désirerez peut-être acheter certains outils de paysagiste plus petits tels que la pioche (D) pour creuser le sol dur ou rocailleux; la tondeuse à fil nylon (E) pour enlever les buissons et les mauvaises herbes avant de creuser; la tarière à poteaux (F) dont on se sert lorsqu'il ne faut creuser qu'un trou ou deux; le treuil manuel (G) qui permet de déplacer les gros rochers et autres objets lourds sans les soulever; le râteau de jardin (H) qui sert à déplacer les débris et à racler le sol.

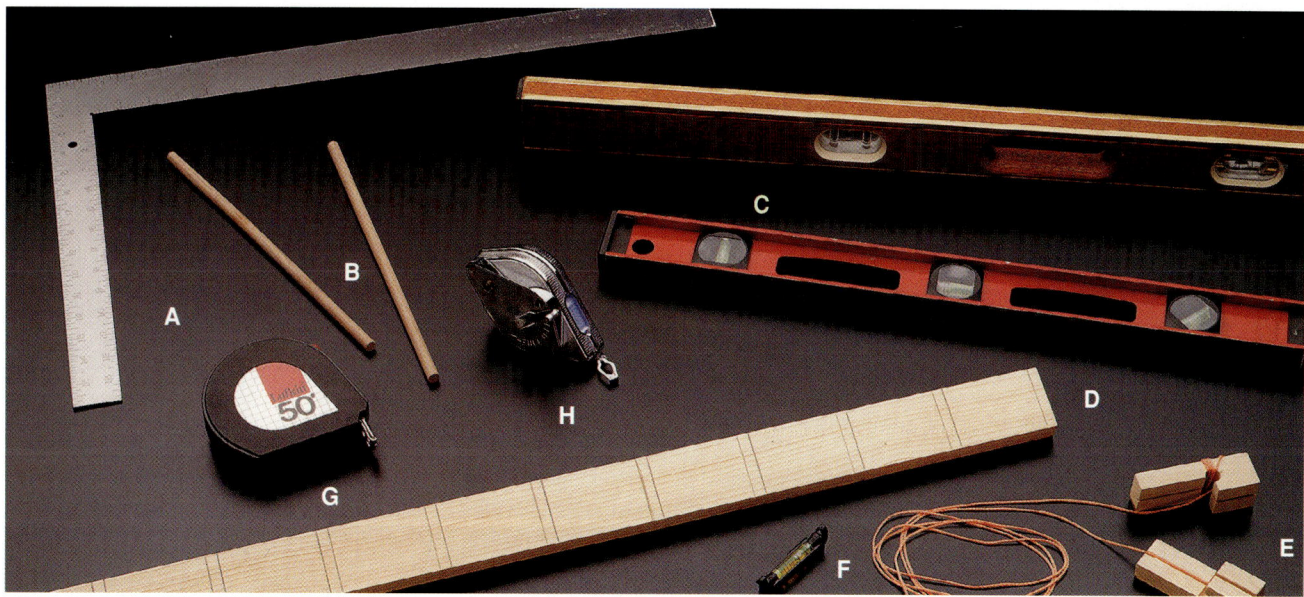

**On utilise les outils d'alignement et de mesure** suivants dans les travaux de maçonnerie: l'équerre de menuisier (A) pour délimiter les surfaces; les goujons de ³/₈ po (B) pour séparer les éléments de maçonnerie posés à sec; les niveaux (C) qui servent à installer les coffrages et à vérifier l'empilement des éléments de maçonnerie; le gabarit (D) qui peut porter les repères indiquant l'empilement des éléments de maçonnerie; les blocs d'alignement et le cordeau de maçon (E) pour empiler les briques et les blocs; le niveau de cordeau (F) pour indiquer les limites et établir une pente; le mètre à ruban (G) et le cordeau traceur (H) qui sert à tracer des lignes sur les fondations ou les dalles.

Suite à la page suivante

# Outils et équipement de maçonnerie (suite)

**Les principaux outils manuels et à commande mécanique** sont les suivants: le balai d'atelier (A) qui vous permet de garder le lieu de travail propre et de texturer la surface du béton coulé; le seau et la brosse à récurage (B) pour enlever la saleté et les taches; la brosse à poils raides (C) pour nettoyer les taches récalcitrantes et enlever les matériaux détachés; la scie à main (D) pour découper les coffrages; la scie à métaux (E) pour couper les tuyaux en PVC, les barres d'armature et d'autres matériaux; le maillet en caoutchouc (F) pour placer les pavés en terre cuite; la scie alternative (G) pour couper le PVC, les barres d'armature et d'autres matériaux; la pince-monseigneur (H) et le levier (I) pour restaurer les murs de pierres; les serre-joints à barres (J) utilisés lorsqu'on doit entailler plusieurs briques ou blocs; la cisaille de type aviation (K) pour découper les attaches métalliques et le treillis à stuc; les pinces coupantes (L) pour couper les barres d'armature et le treillis; la scie circulaire (M) pour entailler les briques, les blocs et les pierres (en utilisant une lame combinée); le marteau perforateur muni d'une mèche à maçonnerie (N) pour forer dans la maçonnerie; le marteau (O) pour enfoncer les clous des coffrages; la perceuse à commande mécanique munie d'une mèche à maçonnerie (P) pour les travaux légers de forage dans la maçonnerie; le pistolet à calfeutrer (Q) pour colmater les espaces entourant les attaches et les garnitures de la maison; le tuyau d'arrosage muni d'un embout pour vaporiser de l'eau sur la maçonnerie pendant la prise, et pour nettoyer.

**Les outils de maçon** comprennent: la règle de plafonneur (A) pour lisser le béton arasé; la planche à mortier (B) pour transporter le mortier; la fiche de maçon (C) pour jointoyer le mortier des pierres; le fer à joints larges (D) pour jointoyer les murs de briques ou de blocs ou y placer le mortier; la mirette (ou fer à joints) (E) pour finir les joints de mortier; les pinces à briques (F) pour transporter plusieurs briques; le fer à joints étroits (G) pour jointoyer les murs de briques ou de blocs ou y placer le mortier; la truelle de maçon (H) pour appliquer le mortier; les ciseaux de maçonnerie (I) pour fendre les briques, les blocs et les pierres; la lisseuse (J) pour lisser les grandes dalles; les marteaux de maçon (K) pour casser la brique ou la pierre; la massue (L) pour enfoncer des piquets; la truelle rectangulaire (M) pour la finition du béton; le fer à bordures (N) et le fer à marche (O) pour finir les coins intérieurs et extérieurs de béton; le ciseau à joints (P) pour enlever le mortier sec; le fer à joints de rupture (Q) pour faire les joints de rupture; la cisaille à carreaux (R) pour casser les carreaux; le fer à joints longs (S) pour lisser les longs joints; la truelle en acier (T) pour finir le béton; l'aplanissoir en magnésium ou en bois (U) pour lisser le béton; la planche à araser (V) pour les surfaces de béton.

**Portez un équipement de protection** comprenant un masque antipoussières, des lunettes de sécurité et des gants, lorsque vous mélangez des produits de maçonnerie. Les constituants du béton peuvent être nocifs et irriter la peau en cas de contact. Portez également un masque pour vous protéger contre la poussière lorsque vous coupez du béton des briques ou des blocs.

# Sécurité

Lorsque vous effectuez des travaux de maçonnerie, vous devez prendre un certain nombre de précautions pour éviter les blessures que peuvent causer les produits corrosifs, les arêtes tranchantes, les éclats de pierre et d'autres matériaux :

- Portez un masque respiratoire, des gants et des lunettes de sécurité lorsque vous préparez des mélanges secs et prenez les mesures de sécurité recommandées par le fabricant. Les mélanges de béton et de mortier contiennent de la silice qui, présente en grande quantité, est dangereuse et peut irriter la peau.
- La coupe et le sciage des matériaux de maçonnerie produisent de la poussière et des projections. Il est essentiel de porter un masque, des gants et des lunettes de sécurité lorsqu'on utilise des outils de percussion ou de coupe, tels que les massues, les ciseaux et les scies.
- Soulever et déplacer les produits de maçonnerie est un travail dur. Protégez-vous en portant une ceinture de levage et en appliquant des techniques de levage éprouvées.
- Utilisez une rallonge électrique à disjoncteur de prise de terre si vous devez brancher les outils à commande mécanique à l'extérieur ou lorsque les matériaux sont humides. Ce type de rallonge vous protégera contre les chocs électriques que peut causer un outil défectueux ou un cordon électrique usé ou coupé.

## Conseils pour travailler en toute sécurité

**Portez une ceinture de levage** pour éviter le lumbago lorsque vous empilez des briques ou des blocs et lorsque vous mélangez manuellement les constituants du béton. Soulevez toujours les charges en faisant porter l'effort sur vos jambes plutôt que sur votre dos, et tenez la charge à soulever aussi près que possible de votre corps.

**Gardez le lieu de travail propre et en ordre** en le nettoyant fréquemment et en rangeant les outils dans un endroit particulier.

## Conseils pour le travail en hauteur

**Ancrez votre échelle** à sa partie supérieure au moyen d'une corde et d'un piton à vis, et à sa base au moyen de piquets. Ne portez pas d'objets lourds en gravissant l'échelle, utilisez une corde et une poulie pour lever ces charges.

**Utilisez des échafaudages loués** pour effectuer des travaux en hauteur qui demandent un certain temps, comme le jointoiement des briques d'une cheminée. L'échafaudage offre une plateforme beaucoup plus sûre que l'échelle et il ménage l'effort des jambes. Si vous n'avez jamais utilisé d'échafaudage auparavant, demandez les instructions concernant la sécurité et l'utilisation de ce matériel au centre de location. Assurez-vous que les pieds de l'échafaudage sont de niveau et qu'ils reposent solidement sur le sol (encadré).

**Utilisez une prise ou une rallonge électrique à disjoncteur de prise de terre** lorsque vous utilisez des outils à commande mécanique à l'extérieur. Le disjoncteur à prise de terre est la meilleure protection contre les chocs électriques. Inspectez le cordon électrique et réparez ses éventuelles coupures avant de vous en servir.

**N'utilisez de l'acide chlorhydrique** qu'après avoir essayé d'enlever les taches avec un produit de nettoyage en poudre. Comme l'acide peut causer des brûlures, il faut porter des gants de caoutchouc et des lunettes de sécurité, et manipuler ce produit dans un endroit bien aéré. Lorsque vous diluez l'acide, versez toujours l'acide dans l'eau – et non le contraire – et suivez les indications du fabricant pour effectuer le mélange.

# Techniques de base

Rigole de drainage

# Éviter les problèmes de drainage

Si la pente de votre terrain se dirige vers l'endroit où vous prévoyez construire un ouvrage de maçonnerie, ou si le drainage du sol est insuffisant (page 15), prenez les mesures qui s'imposent pour éviter les éventuels problèmes à venir. Vous pouvez supprimer les petites pentes en remplissant les zones déprimées de terre fraîche. Si vous coulez une dalle sur un sol mal drainé, protégez le dessous de la dalle de l'humidité en posant une feuille de polyéthylène de 6 millièmes de pouce sur le sol. Sur les grandes surfaces en dépression, creusez une rigole de drainage qui entraînera l'eau vers une zone de déversement.

**L'eau stagnante endommage la maçonnerie,** surtout si de grandes quantités d'eau parviennent à sa base. Seul un drainage efficace du sol permet d'éviter ces dommages. Vous pouvez améliorer le drainage des grandes surfaces en dépression en creusant une rigole étroite qui éloignera les eaux de ruissellement de la maçonnerie. Dans certains cas, il suffira de remplir la zone déprimée de terre d'appoint (en bas, à gauche) ou de poser une feuille de polyéthylène (en bas, à droite).

> **Tout ce dont vous avez besoin**
>
> Outils : piquets de jardin, pelle, pilon manuel.
>
> Matériel : terre fraîche, polyéthylène de 6 millièmes de po en feuille, tissu d'aménagement, gravier grossier, tuyau de drainage perforé, bloc parapluie.

## Conseils de drainage

**Remplissez les petites dépressions** de terre d'appoint, étendue uniformément et tassée au moyen d'un pilon manuel, en quantité suffisante pour combler la dépression.

**Une feuille de polyéthylène** posée en dessous de l'ouvrage protégera la dalle de l'allée ou de l'entrée (pages 172 à 175) contre les effets néfastes de l'humidité.

## Comment creuser une rigole de drainage

**1** Jalonnez de piquets le tracé que doit suivre l'eau vers la zone de déversement. La sortie de la rigole doit être plus basse que le reste de la surface. Enlevez le gazon le long du tracé et placez-le à l'ombre; vous le replacerez après avoir terminé la rigole.

**2** Creusez une rigole de 6 po de profondeur, dont les parois et le fond ont une surface uniforme et qui descend en pente régulière vers le point de déversement.

**3** Achevez la rigole en posant du gazon dans le fond et en arrosant abondamment l'endroit pour vérifier l'efficacité du drainage.

**VARIANTE :** si le drainage pose un problème important, creusez une rigole de 1 pi de profondeur, légèrement pentue vers le point de déversement. Revêtez-en les parois de tissu d'aménagement. Déposez une couche de gravier grossier de 2 po d'épaisseur dans le fond de la rigole et posez le tuyau de drainage perforé sur ce gravier. Couvrez le tuyau d'une couche de 5 po de gravier et rabattez le tissu d'aménagement sur le gravier. Couvrez la rigole de terre et de gazon frais (photo de gauche). Installez un bloc parapluie à la sortie de la rigole, pour que l'eau de ruissellement se répande sans éroder le sol (photo de droite).

# Préparer et poser du mortier

Il est intéressant d'observer un briqueteur professionnel au travail, même pour les bricoleurs qui ont réalisé avec succès plusieurs ouvrages de maçonnerie. On dirait que le mortier s'envole de la truelle et atterrit à l'endroit précis qui doit recevoir la brique ou le bloc suivant.

Poser le mortier de cette façon est un art qui s'acquiert avec la pratique, mais vous pouvez utiliser avec succès les techniques de base si vous vous exercez un peu (pages 30 et 69).

Le premier point important est le mélange. Si le mortier est trop épais, il tombera de la truelle d'un coup, en tas, alors qu'il doit former un cordon égal. Si vous ajoutez trop d'eau au mélange, le mortier deviendra boueux et perdra toute résistance. Suivez les instructions du fabricant, mais n'oubliez pas que la quantité d'eau indiquée est approximative. Si vous n'avez jamais préparé de mortier auparavant, faites des essais avec de petites quantités jusqu'à ce que vous trouviez le mélange qui colle à la truelle juste assez longtemps pour que vous puissiez le déposer en un cordon uniforme, et que le mortier conserve sa forme une fois posé. Retenez la quantité d'eau utilisée dans chaque cas et consignez les proportions du meilleur mélange.

Pour un grand projet, préparez le mortier par lots ; s'il fait chaud et sec, un lot important risque de durcir avant que vous n'ayez eu le temps de l'utiliser. Si le mortier commence à durcir, ajoutez de l'eau (c'est le « rebattage » du mortier) ; utilisez le mortier rebattu dans les deux heures qui suivent.

**La pose du mortier** exige un mouvement rapide et souple qui requiert de la pratique. Chargez la truelle de mortier (page 30) et tenez la truelle au-dessus du point de départ, à quelques pouces de la brique. D'un seul geste, basculez votre poignet et déplacez rapidement la truelle le long de la surface à couvrir de manière à déposer un cordon régulier de mortier. Si le geste est bien effectué, vous devez obtenir une ligne de mortier de section arrondie ayant environ 2½ po de large et 2 pi de long.

> **Tout ce dont vous avez besoin**
>
> Outils : truelle, bêche, pelle.
>
> Matériel : mélange de mortier, boîte à mortier, blocs de contreplaqué.

## Choisir le bon mortier

Le mortier de maçonnerie est fait d'un mélange de ciment Portland, de sable et d'eau. On y ajoute parfois des ingrédients comme de la chaux et du gypse pour en contrôler la maniabilité et le temps de prise. Chaque mélange de mortier possède ses propriétés de résistance et de maniabilité, en plus d'autres qualités. Le mortier le plus résistant ne convient pas nécessairement à tous les travaux. S'il est trop résistant, il n'absorbera pas les contraintes occasionnées par les hausses et les baisses de température, ce qui peut causer des dommages à la construction en maçonnerie.

Pour chaque ouvrage ou réparation décrits dans ce livre, on indique le mortier à utiliser. Suivez toujours les directives qui s'appliquent à votre projet et aux matériaux que vous avez choisis, et lisez les recommandations du fabricant figurant sur l'emballage du mélange à mortier. Dans les descriptions qui suivent, on indique les applications normales des mélanges à mortier les plus courants vendus dans le commerce. Le mortier de type N est le plus souvent utilisé, parce qu'il est à la fois résistant et maniable.

## Types de mortiers et leurs usages

L'époque où le bricoleur devait préparer son mortier en mélangeant tous les ingrédients est révolue. Aujourd'hui, on ne parle plus de mortier, mais de mélange à mortier, c'est-à-dire de mélanges secs, emballés que l'on trouve dans les maisonneries. Pour la plupart des projets actuels, il suffit de choisir le mélange à mortier approprié, de le mélanger avec de l'eau et de l'étendre à la truelle. Dans le cas de certains projets de réparation, on recommande d'ajouter un fortifiant (page 241). Vous pouvez également teinter le mortier pour l'assortir aux autres matériaux.

### Type N
Mortier de résistance moyenne pour usage au-dessus du sol, dans la construction de murs autoporteurs, de barbecues, de cheminées, de maçonnerie en pierre tendre et pour le jointoiement.

### Type S
Mortier à résistance élevée pour usage à l'extérieur, au niveau du sol ou sous terre. On l'utilise généralement dans les fondations, les murs de retenue en briques ou en blocs, les entrées, les allées et les patios.

### Type M
Mortier spécial très résistant pour murs extérieurs autoporteurs de pierres, comprenant les murs de retenue de pierres et les parements.

### Mortier réfractaire
Mortier d'aluminate de calcium qui demeure stable à haute température; utilisé pour entourer les briques réfractaires des foyers et des barbecues. Le mortier à prise chimique est le meilleur, car il prend, même en présence d'humidité.

### Mortier pour pavés de verre
Mortier spécial blanc, de type S, réservé aux projets de construction comprenant des pavés ou des blocs de verre. Le mortier standard de type S, gris, convient également à ces projets.

## Comment mélanger et poser le mortier

**1** Déversez le mélange à mortier dans une boîte à mortier et faites un creux au centre que vous remplissez des 3/4 environ de la quantité d'eau recommandée ; mélangez le tout avec une bêche de maçon. Ne travaillez pas trop le mortier. Continuez d'ajouter de petites quantités d'eau et de mélanger jusqu'à ce que le mortier atteigne la consistance voulue. Ne préparez pas trop de mortier à la fois, car il est plus facile à utiliser quand il vient d'être fait.

**2** Installez un morceau de contreplaqué sur des blocs, à une hauteur commode, et renversez une pelle de mortier sur cette surface. Tranchez le tas de mortier avec le bord de votre truelle, glissez la truelle, pointe en avant, sous la partie tranchée de mortier et soulevez-la.

**3** Secouez légèrement la truelle vers le bas pour la débarrasser de l'excédent de mortier accroché aux bords. Placez la truelle au point de départ de la maçonnerie et posez un cordon de mortier sur la surface à couvrir (voir photos de la technique, page 28). À titre indicatif, la quantité de mortier d'une truelle doit être suffisante pour cimenter trois briques. N'essayez pas d'épargner du temps, car si vous déposez trop de mortier, il durcira avant que vous ne soyez prêt à y installer les briques.

**4** Faites « onduler » la ligne de mortier en tirant la pointe de la truelle au centre de la ligne, tout en lui imprimant un léger mouvement alternatif de haut en bas. Ce mouvement contribue à distribuer le mortier uniformément.

## Conseils pour utiliser le mortier avec des pierres

**Les ouvrages de construction en pierres cimentées avec du mortier demandent plus de mortier** que les mêmes projets réalisés avec des briques ou des blocs, à cause de la surface irrégulière des pierres. Il faut étaler une généreuse couche de mortier sur les surfaces de contact des pierres pour remplir les creux de chaque surface.

**Exercez-vous à étaler le mortier** sur les pierres, de sorte que celui-ci remplisse tout l'espace entre les deux pierres. Si les surfaces de contact sont très irrégulières, étalez le mortier sur la surface des deux pierres. Vous pouvez également, à l'aide de la truelle, créer un monticule (ci-dessus) ou une dépression pour que le mortier épouse la forme de la pierre adjacente.

## Conseils pour les traitements spéciaux des mortiers

**Si vous ajoutez un pigment au mortier pour le colorer,** ajoutez à chaque lot de mortier la même quantité de ce produit colorant. Après avoir déterminé la dose adéquate, prenez-en note pour pouvoir reproduire le bon mélange chaque fois.

**Utilisez un mélange ferme (sec)** de mortier pour le jointoiement, il aura moins tendance à se contracter et à se fissurer. Commencez par mélanger du mortier de type N avec la moitié de la quantité d'eau recommandée. Attendez une heure avant d'ajouter le reste d'eau et de terminer le mélange.

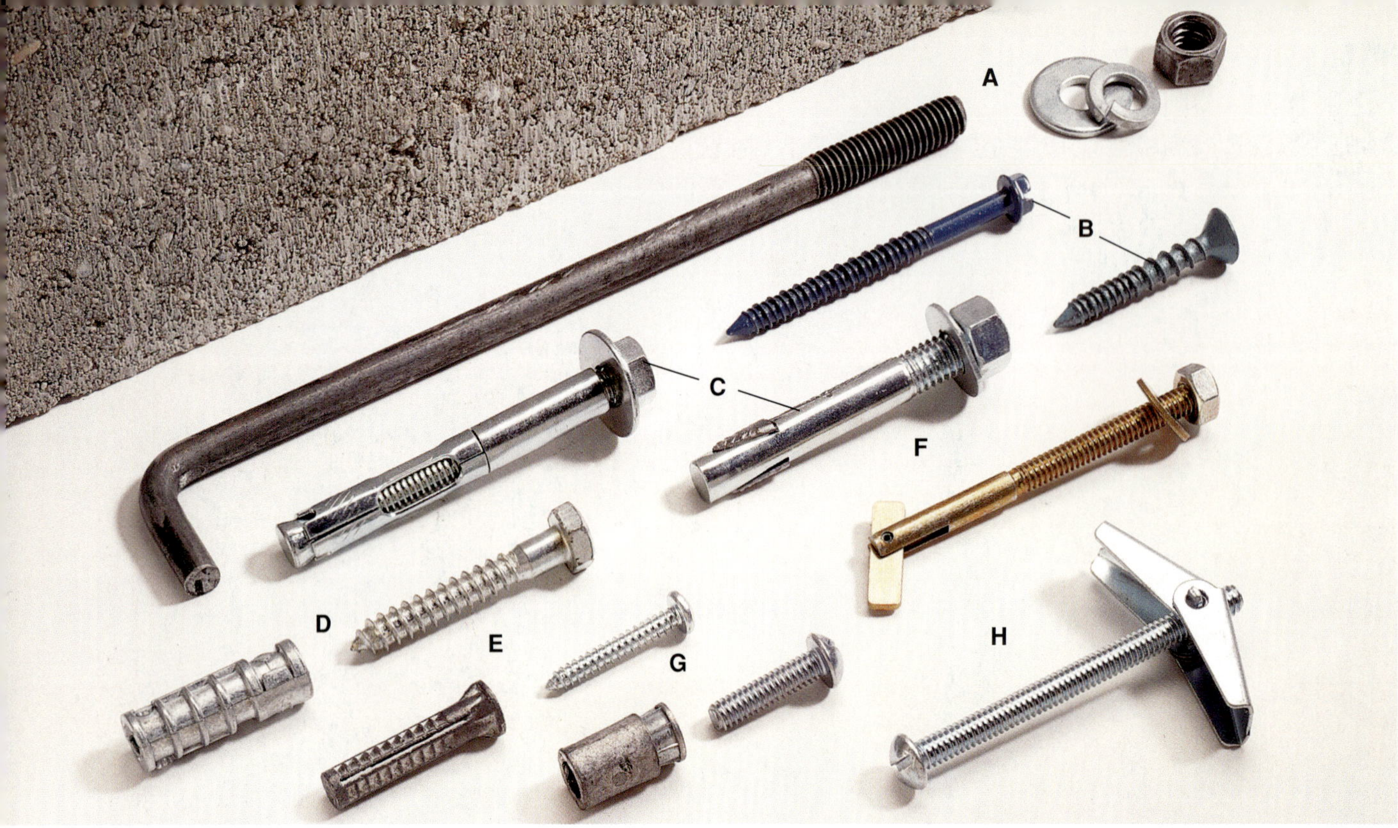

**Parmi les attaches de maçonnerie,** on trouve le boulon en J et ses rondelles (A) pour fixer des mains courantes à du béton fraîchement coulé ; la vis autotaraudeuse en acier gommé (B) pour pendre de la quincaillerie légère à des surfaces verticales ; l'ancrage à manchon (à gauche) et l'ancrage à cale (à droite) (C) pour installer les grilles et autres objets lourds sur les surfaces verticales ; le tire-fond à cheville expansible (D) pour installer les grilles et autres objets lourds ; l'ancrage en plastique et la vis à bois (E) pour les montages légers ; l'ancrage en T amovible (F) pour les trous de petit diamètre ; l'ancrage à manchon expansible affleurant et à vis (G) pour les applications où l'attache doit affleurer la surface de la maçonnerie ; le boulon à ailettes (H) pour le montage sur les briques ou les blocs creux.

## Les travaux utilisant les attaches de maçonnerie

Les attaches de maçonnerie vous permettent de monter des objets – dont la gamme va de la pancarte aux grilles – sur des surfaces de maçonnerie. La méthode la plus simple et la plus efficace consiste à placer la quincaillerie de montage dans le béton ou le mortier frais (photo de droite) tant qu'il est humide. Une fois que le béton ou le mortier aura séché, la quincaillerie sera fixée et restera solidement en place. Mais, si on décide de pendre une pancarte, une plaque d'adresse ou une grille alors que la surface est déjà durcie, il faut forer un trou au moyen d'une mèche à maçonnerie ou d'une scie cylindrique, ou – s'il s'agit d'installer un grand poteau – il faut pratiquer un trou à l'aide d'un maillet et d'un ciseau. Sur les surfaces horizontales, remplissez le trou avec du ciment d'ancrage et placez un boulon en J ou une autre attache dans le ciment. Maintenez l'attache en place pendant quelques minutes, soit le temps nécessaire pour que le ciment commence à durcir. Sur les surfaces verticales, utilisez des attaches en métal pouvant supporter le poids de l'objet que vous comptez pendre.

**La quincaillerie installée dans le mortier frais** tiendra solidement et elle sera protégée naturellement contre l'humidité. On peut également installer solidement de la quincaillerie sur des murs ou des piliers dont le mortier a déjà durci, pour autant que l'attache utilisée soit d'un type approuvé et qu'on utilise un produit de calfeutrage pour maçonnerie qui empêchera l'humidité de s'infiltrer.

## Conseils pour installer de la quincaillerie dans le béton

**Vous obtiendrez de meilleurs résultats en installant la quincaillerie dans le béton** encore humide. Fixez une main courante à un escalier extérieur fraîchement avec la quincaillerie qui s'attache à l'aide d'un boulon en J. Enfoncez le boulon dans le béton jusqu'à ce qu'il ne dépasse que de 3/4 po à 1 po. Vérifiez s'il est vertical et maintenez-le en place pendant plusieurs minutes, jusqu'à ce que le béton commence à durcir. Laissez sécher le béton pendant 24 heures avant d'attacher la main courante.

**Pour replacer les ancrages de maçonnerie détachés,** commencez par enlever ces ancrages, puis remplissez les anciens trous de ciment à ancrage (ce ciment se dilate lorsqu'il sèche, ce qui consolide la réparation). Enfoncez alors les nouveaux ancrages dans le ciment frais et assurez-vous que rien ne les fait bouger pendant que le ciment sèche, ce qui prend habituellement une heure.

## Conseils pour ancrer de la quincaillerie dans les murs construits avec du mortier

Dans le cas de constructions de briques, de blocs ou de pierres, **installez les attaches dans le mortier frais** si vous voulez obtenir de meilleurs résultats. Dessinez l'emplacement des attaches sur du papier millimétré ; ainsi vous saurez où cimenter les attaches dans les joints en construisant l'ouvrage. Vérifiez l'alignement et ajoutez la couche suivante de matériaux. Dans une construction existante, marquez l'emplacement des attaches et utilisez un marteau perforateur muni d'une mèche à pointe au carbure pour forer les trous. Laissez sécher le mortier pendant une semaine avant d'installer des grilles ou toute autre quincaillerie pesante.

**Pour installer des attaches sur un parement de maçonnerie,** utilisez des ancrages en T ou des boulons à ailettes (page 32). Marquez l'emplacement des éléments de quincaillerie et forez les trous au moyen d'un marteau perforateur muni d'une mèche à pointe au carbure, en suivant les spécifications du fabricant des attaches. Une fois les attaches en place, colmatez l'espace qui les entoure à l'aide d'un produit de calfeutrage pour maçonnerie. Laissez sécher le mortier pendant une semaine avant d'installer les grilles ou toute autre quincaillerie pesante.

Vous pouvez créer une grande variété de surfaces et d'ouvrages autour de votre maison en utilisant du **béton coulé.** Sur la photo ci-dessus, on a assemblé harmonieusement les marches et l'allée. La construction en béton coulé donne l'impression que ces deux éléments forment un tout.

# Travaux de construction en béton

Le béton coulé figure parmi les matériaux de construction les plus polyvalents et les plus durables existant sur le marché. Vous pouvez l'utiliser pour construire n'importe quel ouvrage extérieur. Le béton coûte moins cher que les autres matériaux de construction, tels que le bois traité sous pression ou les pavés de terre cuite. Vous pouvez créer différents effets décoratifs de surface au moyen de granulats apparents ou de teinture, ajoutés au mélange humide. À l'aide de simples outils, vous pouvez faire ressembler le béton à des pavés de terre cuite ou à des pierres de taille (page 110), ou à des pierres de pas japonais au cachet particulier (pages 118 et 119).

Que vous préfériez un pas japonais ou une entrée en béton coulé, les deux éléments les plus importants du projet en béton sont: le choix du moment et la préparation. Le béton coulé donnera un fini durable et attrayant si on le coule à une température comprise entre 50 °F et 80 °F (10 °C et 27 °C) et si l'on respecte l'ordre des étapes de finition décrites dans cette section.

À un certain moment, le béton durcira définitivement, que votre travail soit terminé ou non. La meilleure façon de ne pas être pris de court, c'est de préparer méticuleusement l'endroit au préalable. Une bonne préparation vous permettra d'éviter les embûches aux moments critiques et vous permettra de vous concentrer sur le placement et le lissage du béton plutôt que sur la solidification de coffrages instables ou la recherche d'outils égarés.

Limitez-vous à de petits projets jusqu'à ce que vous vous sentiez capable d'entreprendre des travaux de construction en béton, et embauchez des aides si vous entreprenez un projet important.

## Constructions courantes en béton

**La construction d'une allée en béton** dans l'arrière-cour, ou près du garage ou de l'entrée latérale, est un bon exercice de départ. Les techniques utilisées sont des techniques de base, même pour une allée sinueuse comme celle de la photo ci-dessus. Comme la plupart de ces allées ne requièrent pas de fondation résistant au gel et qu'on peut leur donner une pente progressive, ce projet demande peu de préparation. Voir « Construire une allée en béton coulé » (pages 106 à 109).

**On peut construire et finir une terrasse** qui s'harmonise aux éléments avoisinants, quels que soient le terrain ou la maison. En utilisant des coffrages permanents entre les sections, on peut diviser le projet global en une série de projets plus petits. Voir « Construire une terrasse à granulats apparents » (pages 154 à 157).

**Les marches en béton** sont des ouvrages durables qui résistent à l'usure et à la détérioration. Lorsqu'on rend leur revêtement antidérapant, comme c'est le cas de la surface « balayée » ci-dessus, on les rend à la fois sûrs et fiables. Voir « Construire des marches en béton » (pages 130 à 135).

**Les fondations en béton coulé** constituent une solide base pour les constructions en béton coulé et les constructions de briques ou de blocs. Dans les codes du bâtiment locaux, on précise les exigences auxquelles doivent répondre ces fondations. Voir « Couler des fondations » (pages 56 à 59).

**La préparation minutieuse du terrain** est l'une des clés du succès. En faisant preuve de patience et en prêtant attention aux détails lorsque vous creusez le sol, construisez le coffrage et préparez l'assise, vous aurez une construction finie qui sera de niveau et stable et qui durera de nombreuses années.

# Préparation du site

Les principales étapes de la préparation du site sont les suivantes :

1) délimiter l'endroit au moyen de piquets et de cordes ;
2) dégager l'endroit et enlever le gazon ;
3) Creuser à l'endroit de l'assise qui supportera la fondation (si nécessaire) et le béton ;
4) Construire l'assise de manière à assurer le drainage et la stabilité, et couler la fondation (si nécessaire) ;
5) Installer le coffrage en bois renforcé.

La préparation de l'endroit varie selon le projet et le site. Prévoyez une assise en gravier compactable. Certains travaux demandent une fondation dont la profondeur dépasse la profondeur de gel (pages 56 à 59) ; d'autres, tels que les allées, n'en exigent pas. Demandez à l'inspecteur local des bâtiments si vous devez utiliser des barres d'armature.

Si la pente de votre terrain excède 1 po par pi, il vous faudra ou ajouter ou enlever de la terre pour niveler la surface ; un ingénieur paysagiste ou un inspecteur des bâtiments peut vous conseiller le mode de préparation à adopter pour votre travail.

CONSEIL DE SÉCURITÉ : méfiez-vous des câbles électriques et des conduites de gaz enterrées. Avant de creuser, renseignez-vous auprès des services publics locaux.

---

### Tout ce dont vous avez besoin

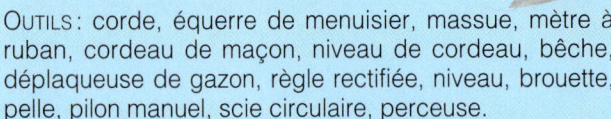

OUTILS : corde, équerre de menuisier, massue, mètre à ruban, cordeau de maçon, niveau de cordeau, bêche, déplaqueuse de gazon, règle rectifiée, niveau, brouette, pelle, pilon manuel, scie circulaire, perceuse.

MATÉRIEL : bois scié de 2 po x 4 po, vis de 3 po, gravier compactable, huile végétale ou agent de démoulage commercial.

## Conseils pour préparer l'endroit

**Mesurez la pente** du terrain à l'endroit de la construction pour déterminer si vous devez prévoir des travaux de nivellement avant d'entreprendre la construction. Commencez par enfoncer des piquets aux coins de la surface délimitée pour la future construction. Tendez entre les piquets un cordeau de maçon muni d'un niveau et mettez-le de niveau. Mesurez, à chaque piquet, la distance entre le sol et le cordeau. La différence entre les deux mesures (en pouces) divisée par la distance entre les piquets (en pieds) vous donnera la pente (en po par pi). Si elle excède 1 po par pi, vous devrez niveler le sol.

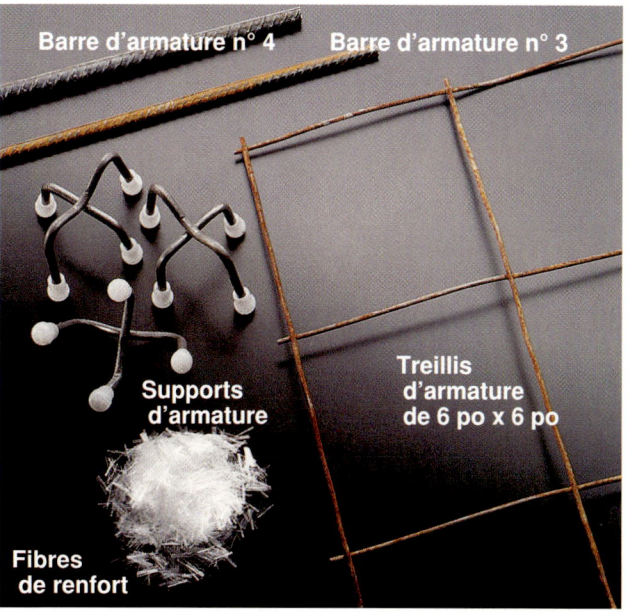

**Matériel de renfort:** *barre d'armature,* dont le diamètre peut varier du n° 2 (1/8 po de diamètre) au n° 5 (5/8 po de diamètre), utilisée comme renfort dans les dalles de béton minces (celles des allées, par exemple) et dans les murs en béton. La barre d'armature n° 3 (3/8 po de diamètre) convient à la plupart des travaux. Le *treillis d'armature* le plus courant est constitué de mailles de 6 po x 6 po, et on l'utilise pour les grandes surfaces telles que les terrasses. Les *supports* soutiennent les barres et le treillis d'armature à une certaine distance de l'assise. Dans les petits ouvrages qui ne subissent pas trop de contraintes, les *fibres de renfort* mélangées au béton rendent celui-ci plus résistant.

**Ajoutez une assise de gravier compactable** pour que le béton repose sur une surface horizontale stable. De plus, le gravier compactable améliore le drainage, facteur important si vous construisez l'ouvrage sur un sol argileux. Dans la plupart des cas, on étale une couche de gravier de 5 po d'épaisseur que l'on ramène à 4 po en la compactant à l'aide d'un pilon.

**Si le béton est coulé contre une construction existante,** collez un morceau de panneau de fibre imprégné d'asphalte, de 1/2 po d'épaisseur, sur la surface de la construction, pour que le béton ne se lie pas à celle-ci. Le panneau crée un joint d'isolation qui permet aux deux constructions de bouger indépendamment l'une de l'autre, ce qui diminue le risque de dommages.

## Comment délimiter et excaver le sol du site de construction

**1** Délimitez grossièrement l'endroit de la construction au moyen d'une corde ou d'un boyau, en établissant les angles droits à l'aide d'une équerre de menuisier. Pour délimiter le contour réel, commencez par enfoncer des piquets de bois aux quatre coins du contour grossier. Arrangez-vous pour que les piquets se trouvent à l'extérieur du contour réel, alignés parallèlement à ses bords. Si possible, placez les piquets à 1 pi de distance de chaque coin pour que les cordeaux se croisent à ces endroits (voir ci-dessous). NOTE : dans les ouvrages accolés à une construction, un des murs de la construction forme un côté du contour.

**2** Tendez des cordeaux entre les piquets. Les cordeaux doivent coïncider avec les limites réelles de la construction. Assurez-vous que les cordeaux sont perpendiculaires en utilisant la méthode du triangle 3-4-5 (pages 178 et 179) ; marquez des points à 3 pi du coin, sur un cordeau, et à 4 pi du coin sur l'autre cordeau qui croise le premier au coin. Mesurez la distance entre les deux marques et ajustez la position des deux cordeaux jusqu'à ce que cette distance soit exactement égale à 5 pi. Un aide vous sera utile pour effectuer cette opération.

**3** Déplacez si nécessaire les autres piquets, en fonction de la position définitive des deux cordeaux perpendiculaires. Vérifiez les quatre coins par la méthode 3-4-5 et faites les ajustements nécessaires pour que l'ensemble soit parfaitement d'équerre. Ce processus peut prendre du temps, car on procède par tâtonnements, mais il est essentiel à la réussite du projet, surtout si vous comptez bâtir sur la surface de béton.

**4** Attachez un niveau de cordeau à l'un des cordeaux : il vous servira de référence. Ajustez le cordeau vers le haut ou vers le bas jusqu'à ce qu'il soit horizontal. Ajustez les autres cordeaux jusqu'à ce qu'ils soient horizontaux, en vous assurant qu'ils se croisent à chaque coin (ainsi, ils seront tous à la même hauteur par rapport au sol).

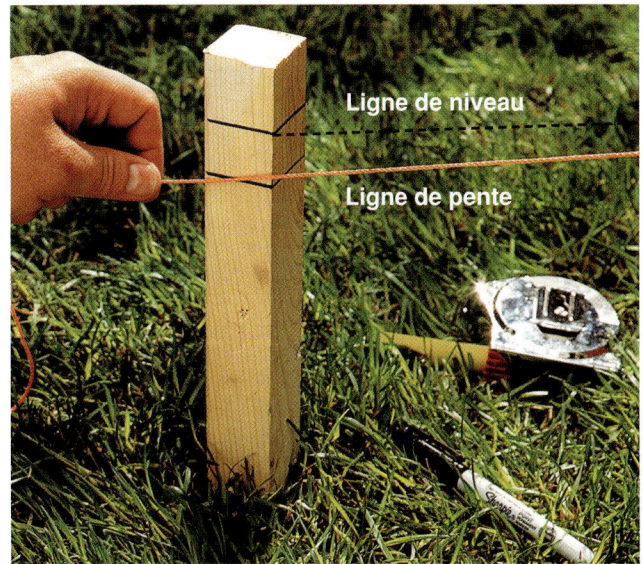 

**5** La plupart des surfaces de béton doivent présenter une légère pente pour permettre l'évacuation des eaux de ruissellement, surtout si elles se trouvent à proximité de la maison. Pour créer une pente, déplacez vers le bas la fixation des cordeaux aux piquets du site qui sont éloignés de la maison. Pour créer une pente standard de $1/8$ po par pi, multipliez la distance – en pieds – entre les piquets bordant un côté du site, par $1/8$. Par exemple, si les piquets sont espacés de 10 pi, ce calcul vous donnera $10/8$ po, c'est-à-dire $1 1/4$ po. Vous devrez donc abaisser de $1 1/4$ po les extrémités des cordeaux, sur les piquets qui se trouvent au bas de la pente.

**6** Avant de creuser, enlevez le gazon. Utilisez une déplaqueuse de gazon si vous comptez réutiliser le gazon ailleurs (replacez dès que possible le gazon à cet autre endroit). Sinon, découpez le gazon à l'aide d'une pelle rectangulaire. Enlevez le gazon jusqu'à 6 po minimum au-delà des cordeaux, afin de disposer de la place nécessaire pour installer les éléments de coffrage en 2 po x 4 po. Vous devrez peut-être enlever temporairement les cordeaux pour effectuer cette opération.

**7** Faites-vous un poteau de référence pour excaver l'endroit. Commencez par mesurer la hauteur du point haut de la ligne de pente par rapport au sol. Ajoutez $7 1/2$ po à cette distance (4 po pour la couche de l'assise et $3 1/2$ po pour la couche de béton si vous utilisez des coffrages en bois scié de 2 po x 4 po). Marquez la hauteur totale sur le poteau de référence. Enlevez la terre du site à l'aide d'une bêche. En creusant, vérifiez avec le poteau de référence si la profondeur de l'excavation est constante (la hauteur par rapport à la ligne de pente doit être la même partout). Vérifiez les endroits se trouvant à l'intérieur du contour en utilisant une règle rectifiée et un niveau placé sur le sol.

**8** Constituez l'assise (à moins que votre ouvrage n'exige une fondation résistant au gel, voir pages 56 à 59). Posez une couche de gravier compactable de 5 po d'épaisseur à l'intérieur du contour creusé et tassez-le jusqu'à ce qu'il ait une surface uniforme et une épaisseur de 4 po. NOTE : l'assise doit dépasser le contour d'au moins 6 po.

## Comment fabriquer et installer des coffrages en bois

**1** Un coffrage est un cadre habituellement construit en bois scié de 2 po x 4 po, qui entoure l'endroit de la construction, et à l'intérieur duquel on coule le béton, ce qui détermine l'épaisseur de la couche. Coupez les longueurs de bois scié de 2 po x 4 po aux dimensions intérieures de la surface à bétonner.

**2** Prenez les cordeaux qui délimitent l'ouvrage (pages 38 et 39) comme référence pour poser les planches. Commencez par la plus longue et placez-les de manière que le bord intérieur soit à la verticale des cordeaux.

**3** Coupez plusieurs morceaux de 2 po x 4 po, de 12 po de long au moins, que vous utiliserez comme piquets, après en avoir taillé une des extrémités en pointe. Enfoncez les piquets tous les 3 pi, contre le bord extérieur du coffrage, en les plaçant de façon qu'ils supportent les joints des planches du coffrage.

**4** Enfoncez, d'un côté, des vis de 3 po à travers les piquets et le bord du coffrage. Faites reposer une extrémité d'un niveau sur la planche fixée et l'autre extrémité sur la planche se trouvant de l'autre côté du coffrage, et fixez cette planche au même niveau que la première en vous servant du niveau comme repère (dans les projets importants, utilisez les cordeaux comme guide pour régler la hauteur de toutes les planches du coffrage).

**5** Fixez au moyen des piquets les éléments du coffrage pour qu'ils soient de niveau. Enfoncez des vis de 3 po dans les coins. Appliquez une couche d'huile végétale ou d'agent de démoulage commercial à l'intérieur du coffrage, pour éviter qu'il n'adhère au béton. CONSEIL: Enfoncez des clous à l'extérieur du coffrage pour indiquer l'emplacement des joints de rupture, en les écartant d'environ 1 1/2 fois la largeur de la dalle de béton (mais de 30 fois maximum son épaisseur).

## Variantes de coffrages

**Utilisez le contreplaqué (photo supérieure, à gauche)** pour construire des ouvrages plus hauts, tels que des marches d'escalier (pages 130 à 135). Coupez en une fois les panneaux de contreplaqué des côtés et supportez-les à l'aide de longerons de 2 po x 4 po fixés à des piquets, et de cales de 2 po x 4 po fixées aux côtés. **Utilisez la terre comme coffrage (photo inférieure, à gauche)** lorsque vous construisez une fondation en béton coulé destinée à supporter une construction (page 57). Si la fondation est visible, utilisez des éléments de coffrage standard en bois, pour la partie supérieure qui recevra la construction en briques ou en blocs. **Créez des courbes (en haut, à droite)** en utilisant des lames de bois dur de 1/8 po d'épaisseur, fixées dans les coins intérieurs du coffrage. Enfoncez des piquets derrière le coffrage courbe.

## Conseils pour l'installation d'armatures métalliques

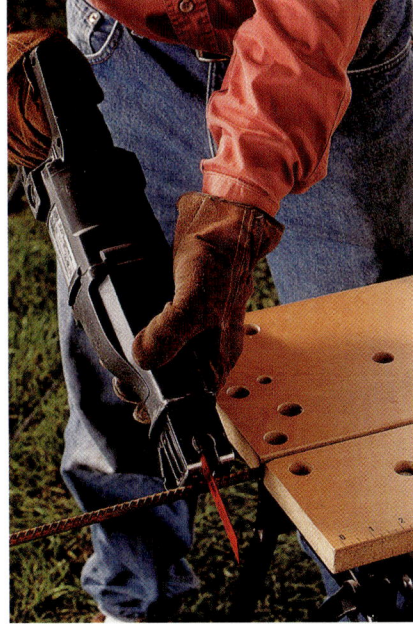

**Coupez les barres d'armature** avec une scie alternative équipée d'une lame à couper le métal (si vous utilisez une scie à métaux, attendez-vous à mettre 5 à 10 minutes par coupe). Utilisez des pinces coupantes pour couper le treillis d'armature.

**Faites chevaucher les barres d'armature** de 12 po au moins et attachez les extrémités ensemble à l'aide de fil d'acier de gros diamètre. Faites chevaucher le treillis d'armature de 12 po.

**Laissez au moins 1 po de distance** entre le coffrage et les bords ou les extrémités des renforts métalliques. Utilisez des supports ou de petits morceaux de béton pour tenir le treillis d'armature écarté de l'assise, mais assurez-vous qu'il se trouve à 2 po minimum des bords supérieurs du coffrage.

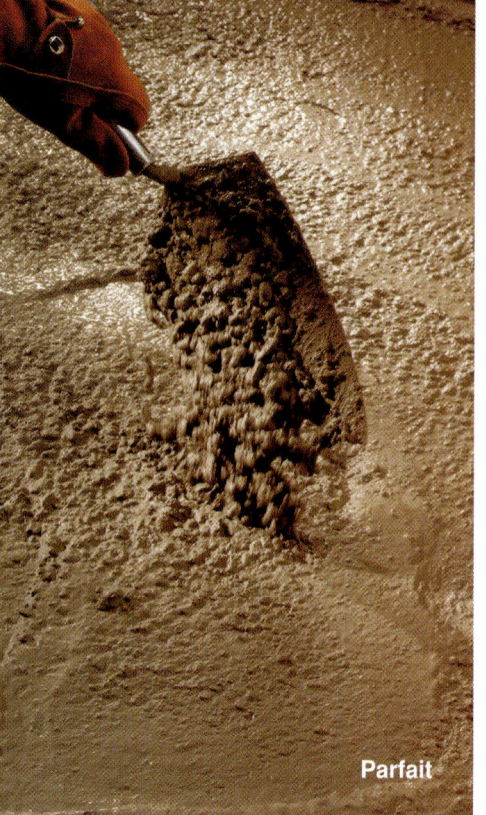

# Estimation de la quantité de béton nécessaire et mélange du béton

Si vous préparez le béton sur place, vous pouvez acheter les ingrédients séparément et les mélanger, ou acheter des sacs de béton prémélangé auquel il suffit d'ajouter de l'eau. Nous vous recommandons d'utiliser les produits prémélangés lors des petits travaux de bricolage; en suivant les instructions imprimées sur le sac, vous obtiendrez des résultats constants d'un lot à l'autre. Toutefois, ne préparez jamais moins d'un sac à la fois, car certains ingrédients peuvent s'être déposés dans le fond du sac.

S'il s'agit de petits travaux, une brouette ou une boîte à mortier suffisent largement à la préparation du mélange. Pour les travaux plus importants, envisagez la location ou l'achat d'une bétonnière à commande mécanique ou faites livrer le béton par un fabricant de béton tout préparé.

**La qualité du mélange** conditionne la réussite du projet. Un bon mélange de béton doit être assez humide pour prendre la forme qu'on lui donne lorsqu'on le serre dans la main, et assez sec pour conserver cette forme. S'il est trop sec, l'agrégat sera difficile à travailler et on éprouvera de la difficulté à l'étendre et à lui donner une surface lisse et uniforme. Le mélange trop humide glissera de la truelle et risquera plus tard de se fissurer et de présenter d'autres défauts en surface.

## Constituants du béton

**Les ingrédients de base du béton** sont toujours les mêmes, qu'on les achète séparément pour les mélanger ensuite, qu'on achète le béton prémélangé ou qu'on le fasse livrer par une centrale à béton. Le ciment Portland fait fonction de liant. Il contient de la chaux broyée et d'autres liants minéraux. Le sable et une combinaison d'agrégats augmentent le volume du béton et lui donnent sa résistance. L'eau active le ciment et s'évapore ensuite pour permettre au béton de prendre en une masse solide. En modifiant les proportions des ingrédients, les professionnels parviennent à créer des bétons possédant des propriétés spéciales, adaptés à certaines conditions particulières.

**Tous les bétons prémélangés** contiennent les différents constituants du béton. Il suffit d'ajouter de l'eau, de mélanger le tout et de couler le béton. Ces produits se vendent habituellement en sacs de 60 lb et un sac donne environ $1/2$ pi$^3$ de béton ; ils contiennent des ingrédients qui leur donnent des propriétés spéciales convenant à certaines applications. Le mélange de béton d'usage général (A) est habituellement le moins cher et il convient à la plupart des travaux de bricoleur nécessitant du béton coulé. Le mélange de béton de fibres (B) contient des fibres de verre qui augmentent sa résistance. Si l'inspecteur des bâtiments local approuve son utilisation, vous pouvez le substituer au béton d'usage général pour fabriquer certaines dalles, ce qui vous épargnera l'utilisation d'armatures de renfort. Le béton prémélangé à résistance initiale élevée (C) contient des agents qui accélèrent la prise, propriété qui peut s'avérer intéressante lorsqu'on doit couler le béton par temps froid. Le mélange de sable (D) ne contient pas d'agrégats et ne sert que pour les réparations dans lesquelles les agrégats sont déconseillés.

## Conseils pour estimer le volume de béton requis

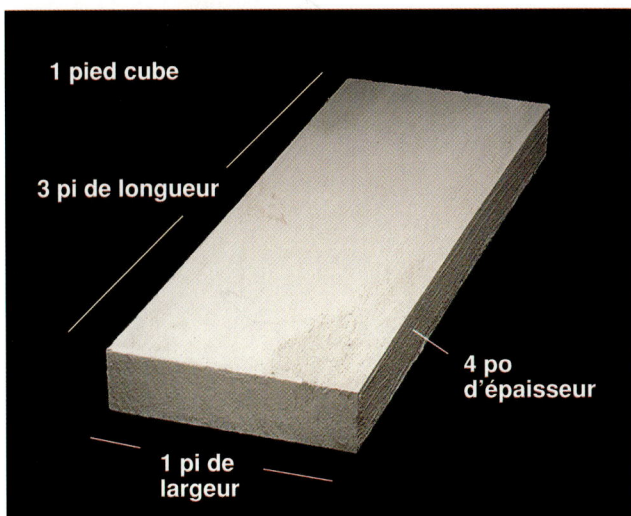

| Surface couverte par le béton | | |
|---|---|---|
| Volume | Épaisseur | Surface couverte |
| 1 vg$^3$ | 2 po | 160 pi$^2$ |
| 1 vg$^3$ | 3 po | 110 pi$^2$ |
| 1 vg$^3$ | 4 po | 80 pi$^2$ |
| 1 vg$^3$ | 5 po | 65 pi$^2$ |
| 1 vg$^3$ | 6 po | 55 pi$^2$ |
| 1 vg$^3$ | 8 po | 40 pi$^2$ |

**Mesurez,** en pieds, la largeur et la longueur de l'ouvrage projeté et multipliez ces dimensions pour obtenir la surface en pieds carrés. Mesurez l'épaisseur en pieds (4 po équivalant à $1/3$ pi) et multipliez la valeur de la surface par celle de l'épaisseur en pieds pour obtenir le volume en pieds cubes. Par exemple, 1 pi x 3 pi x $1/3$ pi = 1 pi$^3$. Vingt-sept pieds cubes équivalent à une verge cube (vg$^3$).

**Les taux de couverture** du béton coulé sont déterminés par l'épaisseur de la dalle. Le même volume de béton couvrira une moins grande surface si la dalle doit être plus épaisse. Le tableau ci-dessus montre la relation entre l'épaisseur de la dalle, la surface couverte par le béton et le volume de béton.

## Comment préparer manuellement le béton

**1** Videz les sacs de béton prémélangé dans une boîte à mortier ou une brouette. Faites un creux dans le monticule de mélange sec et versez-y de l'eau. Commencez par ajouter un gallon d'eau propre du robinet par sac de 60 lb.

**2** Mélangez le tout à l'aide d'une bêche, en continuant d'ajouter de l'eau jusqu'à ce que le béton ait atteint la bonne consistance (page 42). Raclez les coins s'ils contiennent des poches sèches. Ne travaillez pas trop le mélange. Retenez la quantité d'eau que vous avez utilisée pour le premier lot afin de pouvoir utiliser la même recette fiable pour les lots subséquents.

## Comment préparer le béton avec une bétonnière à commande mécanique

**1** Remplissez un seau de la quantité d'eau prévue pour le lot à raison d'un gallon d'eau par sac de 60 lb de béton que vous utiliserez (la plupart des bétonnières à commande mécanique peuvent contenir 3 sacs). Versez la moitié de l'eau dans la bétonnière. Avant de mettre la bétonnière en marche, lisez attentivement les instructions.

**2** Ajoutez tous les ingrédients secs et mélangez le tout pendant 1 minute. Ajoutez de l'eau progressivement, jusqu'à ce que le béton ait atteint la consistance voulue (pager 42) et continuez à mélanger encore pendant 3 minutes. Faites pivoter le tambour pour vider la bétonnière dans une brouette et rincez-le immédiatement.

Pour les grands projets, **faites livrer le béton par un fabricant de béton tout préparé.** Préparez le site, installez le coffrage et tâchez d'avoir de l'aide sous la main pour la mise en place du béton lorsqu'il arrive.

## Commander du béton tout préparé

Pour les travaux de bétonnage importants (1 vg$^3$ ou plus), faites-vous livrer le béton tout préparé par une centrale. Cela vous coûtera plus cher, mais vous gagnerez du temps. Essayez d'obtenir des références et consultez votre annuaire téléphonique sous la rubrique « Béton » pour trouver les fabricants de béton tout préparé.

> **Conseils pour se préparer à recevoir le béton**
> 
> - Préparez complètement le site (pages 36 à 41).
> - Discutez de votre projet avec des experts de la centrale de béton. Ils vous aideront à déterminer la quantité et le type de béton dont vous avez besoin. Le tableau de la page 43 vous aidera aussi à déterminer vos besoins.
> - La veille du jour prévu pour la livraison, appelez le fournisseur pour confirmer la quantité de béton commandée et l'heure de la livraison.
> - Lisez la recette que vous remet le conducteur. Elle vous apprend à quelle heure le béton a été préparé. Avant d'accepter la livraison, assurez-vous qu'il ne s'est pas écoulé plus de 90 minutes entre le moment où le béton a été préparé et le moment de sa livraison.

**Dégagez le chemin** pour que le camion de livraison puisse se rendre sur le site ; ainsi, vous serez prêt à couler le béton lorsque le camion se présentera. Posez des planches sur le coffrage et l'assise pour pouvoir passer avec des brouettes ou des trémies à béton. Si votre entrée asphaltée ou bétonnée est fissurée, faites stationner le camion dans la rue pour ne pas l'abîmer davantage.

## Mise en place du béton

La mise en place du béton consiste à le couler dans le coffrage, puis à l'araser et à le lisser à l'aide d'outils spéciaux de maçonnerie. Une fois la surface lisse et horizontale, on découpe les joints de rupture (étape 5, page 40 et pages 48 et 49) et on arrondit les bords. C'est en prêtant une attention spéciale à ces étapes que vous obtiendrez un résultat de professionnel. NOTE : si vous voulez réaliser un fini spécial, lisez la section « Finition et cure du béton » (pages 52 et 53) avant de commencer le travail.

### Tout ce dont vous avez besoin

OUTILS : brouette, bêche de maçon, bêche, marteau, truelle de maçon, lisseuse, fer à joints de rupture, fer à bordure.

MATÉRIEL : béton, bois scié de 2 po x 4 po, boîte à mortier ou bétonnière à commande mécanique, seau.

**Commencez à couler le béton** à l'endroit le plus éloigné de la source d'approvisionnement et rapprochez-vous petit à petit de celle-ci.

### Conseils pour couler le béton

**Ne surchargez pas votre brouette.** Faites un essai avec du sable ou avec le mélange sec pour déterminer le volume que vous pouvez transporter en brouette et manipuler sans difficulté. Ce faisant, vous vous rendrez compte du nombre de brouettes dont vous aurez besoin pour réaliser le travail.

**Posez des planches** au-dessus du coffrage pour former une rampe d'accès pour la brouette. Évitez de déranger le site de la construction en utilisant des supports de rampe. Assurez-vous de disposer d'une surface plane et stable entre la source d'approvisionnement en béton et le coffrage.

## Comment mettre en place le béton

**1** Chargez la brouette du béton fraîchement préparé. Assurez-vous que le trajet jusqu'au site est dégagé. Chargez toujours la brouette par l'avant, car en la chargeant par le côté, vous risquez de la faire basculer.

**2** Coulez le béton par charges uniformément espacées (on appelle chaque charge un « tas »). Commencez à l'extrémité la plus éloignée de la source de béton et coulez le béton de manière que le sommet du tas dépasse de quelques pouces le dessus du coffrage. Ne coulez pas le béton trop près du coffrage. NOTE : si vous utilisez une rampe, n'approchez pas la brouette trop près de son extrémité.

**3** Continuez à faire des tas de béton, en vous éloignant de plus en plus du premier. Ne coulez que le béton que vous pouvez travailler en une fois. Surveillez le béton pour vous assurer qu'il ne durcit pas avant que vous ne commenciez à le travailler.

**4** Distribuez uniformément le béton dans le coffrage, à l'aide d'une bêche de maçonnerie. Travaillez le béton à la bêche jusqu'à ce qu'il soit relativement plane et que sa surface dépasse légèrement le coffrage. Enlevez l'excédent de béton au moyen d'une pelle.

Suite à la page suivante

## Comment mettre en place le béton (suite)

**5** Introduisez immédiatement la lame d'une pelle rectangulaire le long des bords intérieurs du coffrage pour libérer les bulles d'air qui, emprisonnées, risqueraient d'affaiblir le béton.

**6** Frappez à l'aide d'un marteau ou de la lame d'une pelle sur les côtés du coffrage, pour aider le béton à se mettre en place. Ces coups déplacent les petites particules d'agrégat vers les parois du coffrage, ce qui donne au béton des parois latérales plus lisses, point particulièrement important dans la construction de marches d'escalier.

**7** Utilisez une planche à araser – un morceau de bois scié de 2 po x 4 po, droit, assez long pour reposer sur les bords opposés du coffrage – pour enlever l'excédent de béton avant que l'eau de ressuage n'apparaisse. Déplacez la planche vers vous en lui imprimant un mouvement de scie et en la gardant horizontale. Si la surface présente des creux, après l'opération, comblez-les en ajoutant un peu de béton à ces endroits et arasez de nouveau la surface à cet endroit.

**8** À l'aide d'une truelle de maçon, creusez des joints de rupture aux endroits prévus (étape 5, page 40), en vous servant d'un morceau de bois scié droit, de 2 po x 4 po comme guide. Les joints de rupture canalisent les fissures lors du gonflement et du tassement naturels du sol. Une dalle de béton ne présentant pas de joints de rupture risque d'être déparée, plus tard, par des fissures irrégulières.

**9** Attendez que l'eau de ressuage disparaisse (voir l'encadré) pour lisser la surface en effectuant un mouvement arrondi, le bord avant de l'outil étant dirigé vers le haut. Aplanissez la surface jusqu'à ce qu'elle soit lisse.

### L'eau de ressuage

Le temps joue un rôle capital dans la réussite du lissage d'une surface de béton. Lorsqu'on coule le béton, les particules grossières d'agrégat s'enfoncent progressivement, laissant à la surface une mince couche d'eau, appelée *eau de ressuage*. Pour que la surface ait bel aspect, il est important de laisser sécher cette eau avant de passer aux étapes suivantes. Observez les règles suivantes pour éviter les problèmes :

- Laissez le béton se mettre en place, arasez-le et tracez immédiatement les joints de rupture (étapes 5 à 8), avant que l'eau de ressuage n'apparaisse. Autrement, le béton risque de se crevasser, de s'écailler et de présenter d'autres défauts (page 243).

- Laissez sécher l'eau de ressuage avant de lisser le béton ou de finir les bordures. Le béton doit avoir suffisamment durci pour qu'une empreinte laissée par une pression du pied ne dépasse pas $1/4$ po de profondeur.

- Ne lissez pas exagérément le béton ; vous risqueriez de provoquer un nouveau ressuage. Arrêtez de lisser le béton (étape 9) si sa surface devient brillante et ne reprenez l'opération que lorsque ce lustre a disparu.

NOTE : Le béton aéré qu'on utilise dans les régions où la température descend souvent sous le point de congélation ne produit pas d'eau de ressuage.

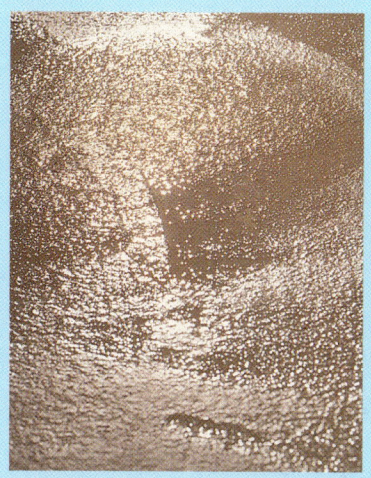

**10** Dès que l'eau de ressuage a séché, passez un fer à joints à l'endroit des joints de rupture (étape 8), en vous servant d'un morceau droit de bois scié de 2 po x 4 po comme guide. Vous devrez peut-être effectuer plusieurs passes avant d'obtenir un joint de rupture bien lisse.

**11** Finissez les bordures du béton, le long du coffrage, à l'aide d'un fer à bordure. Vous devrez peut-être effectuer plusieurs passes pour obtenir le fini désiré. À l'aide d'une taloche en bois, lissez les marques laissées par le fer à bordure.

# Construction en béton : aperçu étape par étape

Le projet décrit dans ces pages donne un aperçu des techniques et des processus utilisés dans la construction en béton. On montre comment couler une simple dalle de béton qui servira de base à l'installation d'un écran décoratif en blocs (voir la construction de l'écran pages 182 et 183). Les pages indiquées renvoient à la description détaillée des différentes étapes.

**1** Faites un plan de l'ouvrage (pages 12 à 15, 42 et 43) avant de délimiter la construction à l'aide de piquets et d'un cordeau de maçon. Sur la photo, on montre comment utiliser la méthode 3-4-5 pour assurer la perpendicularité des côtés de la dalle (étape 2, page 38). Une fois le contour délimité, enlevez le gazon et excavez le sol à l'endroit prévu (étape 6, page 39).

**2** Construisez une assise en damant du gravier compactable pour former une couche de l'épaisseur voulue. Utilisez un poteau de référence pour vous guider dans l'exécution de votre travail (étape 7, page 39).

**3** Installez des éléments de coffrage en bois scié de 2 po x 4 po sur le pourtour (pages 40 et 41). Le cas échéant, fixez des panneaux d'isolation aux constructions existantes adjacentes à l'ouvrage (page 37). Installez les renforts d'armatures nécessaires (page 41). NOTE : si le projet demande des fondations, coulez-les avant de préparer l'assise.

**4** Calculez le volume de béton dont vous aurez besoin pour réaliser l'ouvrage (tableau, page 43) et préparez-le ou faites-le livrer. Coulez le béton dans le coffrage et étalez-le uniformément au moyen d'une bêche de maçon. Passez la lame d'une pelle rectangulaire le long des bords intérieurs du coffrage et frappez avec un marteau sur les côtés du coffrage pour libérer les bulles d'air et pour tasser le béton (étape 6, page 48).

**5** Arasez le béton au niveau du coffrage, à l'aide d'une planche à araser. Laissez sécher l'eau de ressuage (page 49) et lissez ensuite la surface avec un aplanissoir. Si vous avez prévu de donner à la surface un cachet particulier, à l'aide de granulats apparents par exemple (pages 52 et 53), faites-le avant de finir le béton.

**6** À l'aide d'une truelle de maçon et d'un fer à joints, tracez les joints de rupture (étape 8, page 48 et étape 10, page 49), et finissez ensuite les bords de la dalle, le long du coffrage, au moyen d'un fer à bordure. Couvrez le béton de plastique et laissez-le durcir pendant une semaine.

**7** Enlevez le plastique et le coffrage; remplissez de terre l'espace entourant la dalle. Appliquez un produit de scellement à béton pour protéger le béton des dégâts occasionnés par le cycle gel-dégel (pages 54 et 55).

**Granulats apparents.** En appliquant des granulats apparents sur la surface du béton frais, on peut créer toute une gamme d'effets décoratifs. La photographie ci-dessus montre différents granulats et l'effet qu'ils produisent lorsqu'on les incruste dans la couche superficielle du béton.

**Fini brossé.** Travaillez le béton, puis frottez la surface à l'aide d'un balai. Si vous attendez que le béton soit ferme au toucher, vous obtiendrez une surface finement texturée, résistant mieux aux intempéries.

## Finition et cure du béton

La finition et la cure sont deux étapes cruciales de la construction d'un ouvrage en béton qui donnent au béton sa résistance maximale et éliminent les défauts qui pourraient le déparer. Il existe plusieurs théories sur la meilleure façon de faire durcir le béton, mais la règle de base est de le garder humide et couvert de plastique pendant au moins une semaine.

Le fini décoratif rehausse l'apparence du béton. On utilise couramment les finis à granulats apparents (page 53) dans le cas des allées et des patios. Le fini brossé (ci-dessus) est une bonne façon de rendre la surface antidérapante ; quant aux motifs à empreintes (pages 110 et 111), ils donnent des surfaces qui imitent la brique et d'autres matériaux. Jetez un coup d'œil dans votre voisinage, vous découvrirez d'autres exemples de finis reflétant la créativité de leurs auteurs.

### Comment faire durcir le béton

**Gardez le béton couvert et humide** pendant au moins une semaine pour qu'il atteigne sa résistance maximale et qu'il présente le minimum de défauts de surface. Soulevez de temps en temps le plastique et humidifiez la surface pour que le béton durcisse lentement.

> **Tout ce dont vous avez besoin**
>
> OUTILS : balai, brouette, pelle, aplanissoir en magnésium, fer à joints, fer à bordures, boyau d'arrosage, brosse dure.
>
> MATÉRIEL : plastique en feuille, granulats de surface, eau.

## Comment créer un fini à granulats apparents

**1** Après avoir lissé la surface avec une planche à araser (étape 7, page 48), attendez que l'eau de ressuage (page 49) ait disparu, puis étalez une couche uniforme de granulats propres, à l'aide d'une pelle ou à la main. S'ils sont de petite taille (diamètre maximum de 1 po), étalez-les en une seule couche; s'ils sont plus gros, laissez entre chaque pierre un espace au moins égal au diamètre de la pierre.

**2** Enfoncez les granulats dans le béton au moyen d'un aplanissoir et lissez ensuite la surface avec un aplanissoir en magnésium jusqu'à ce qu'une mince couche de béton recouvre les pierres. Ne lissez pas exagérément la surface. Si de l'eau de ressuage apparaît, laissez-la sécher avant de poursuivre le travail (page 49). Si vous avez à couvrir une surface étendue, utilisez du plastique en feuille pour empêcher le béton de durcir trop rapidement.

**3** Tracez les joints de rupture et façonnez les bords (étape 8, page 48 et étapes 10 et 11, page 49). Laissez prendre le béton pendant 30 à 60 minutes, pulvérisez un brouillard d'eau sur une partie de la surface et, à l'aide d'une brosse, enlevez le béton recouvrant les granulats. Si vous délogez quelques pierres, replacez-les et répétez le brossage plus tard. Lorsque vous ne détachez plus de pierres en brossant la surface, pulvérisez un léger brouillard d'eau sur toute la surface et frottez-la entièrement pour rendre les granulats apparents. Rincez la surface. Ne laissez pas le béton durcir trop longtemps avant de le brosser pour le nettoyer.

**4** Après avoir laissé le béton durcir pendant une semaine (page 52), enlevez la couverture de plastique et rincez la surface à l'aide d'un tuyau d'arrosage. Si vous trouvez encore des résidus sur la surface, brossez-la et si cette opération ne donne aucun résultat, lavez la surface avec une solution d'acide chlorhydrique, puis rincez-la immédiatement et généreusement avec de l'eau. VARIANTE: après trois semaines, appliquez un produit de scellement sur la surface à granulats apparents (page 55).

# Imperméabiliser et entretenir le béton

Le béton résiste plus longtemps s'il est protégé par un produit de scellement transparent pour béton, qui empêche l'eau de s'infiltrer à travers la surface. Il existe également d'autres produits d'usage général conçus pour protéger les surfaces de béton. Des peintures spéciales pour béton, par exemple, empêchent les minéraux présents dans le béton d'entrer en solution au contact de la peinture et de durcir en produisant une poudre blanche, poussiéreuse, caractéristique de l'*efflorescence*.

Le nettoyage régulier est un élément important de l'entretien du béton, car il prévient la détérioration de celui-ci par les huiles ainsi que par les sels de déglaçage. On conseille d'utiliser des produits de nettoyage pour béton lorsqu'on effectue des nettoyages périodiques, et des solutions spéciales lorsqu'on désire éliminer certaines taches (page 255). Il faut appliquer du produit de scellement pour béton chaque année si la surface subit des conditions difficiles.

> **Le matériel dont vous avez besoin**
>
> Outils : pinceau, rouleau à peindre et bac à peinture, brosse à poussière et ramassette, pistolet à calfeutrer, tampon pour peinture.
>
> Matériel : peinture pour maçonnerie, diluant à peinture, pâte à calfeutrer pour béton, produit de scellement, produit de recouvrement du béton.

**Recouvrez les surfaces de peinture imperméabilisante pour béton**. La peinture pour béton est conçue pour résister au farinage et à l'efflorescence. Les commerçants ont ce produit en plusieurs couleurs en stock, mais vous pouvez également obtenir une couleur particulière sur demande, à partir d'une teinte de base.

## Conseils pour le nettoyage et l'entretien du béton

**Enlevez les taches d'huile** en imbibant d'un diluant à peinture de la sciure de bois et en l'appliquant sur la tache. Le diluant à peinture décomposera l'huile de la tache et celle-ci sera absorbée par la sciure. Brossez la sciure lorsque l'opération est terminée et répétez-la si nécessaire.

**Remplissez les joints de rupture** des allées, entrées et autres surfaces de béton au moyen de pâte à calfeutrer pour béton, qui imperméabilisera le joint et empêchera l'eau de s'y accumuler, ce qui risquerait de détériorer le béton.

## Manières d'imperméabiliser le béton

**Le produit de scellement pour granulats apparents** est spécialement conçu pour empêcher les granulats de se détacher. Il faut l'appliquer trois semaines environ après avoir coulé la surface en béton. Avant de l'appliquer, nettoyez soigneusement la surface et laissez-la sécher. Versez un peu de produit dans le bac à peinture. Mettez une petite quantité de produit dans un coin de la dalle et étendez-le uniformément au moyen d'un rouleau à peindre muni d'un manche.

**Le produit de scellement transparent** recouvre la surface du béton neuf ou ancien d'une couche imperméable. Les produits de ce type vendus actuellement sont à base de composés acryliques et n'attirent pas la poussière. La plupart des fabricants de ces produits recommandent de garder humide le béton fraîchement coulé et de le couvrir de plastique pendant au moins une semaine avant d'appliquer le produit de scellement. Lisez attentivement les instructions du fabricant avant d'appliquer ce type de produit.

**Les produits de recouvrement pour maçonnerie** s'appliquent comme de la peinture et donnent à la maçonnerie l'aspect du neuf, lorsqu'ils sèchent. On les utilise souvent pour rafraîchir les couleurs des murs, mais ils ne sont pas très efficaces en tant que produits imperméabilisants.

**Le code du bâtiment exige que l'on creuse des fondations** pour les ouvrages de béton, de briques et de blocs, accolés à des structures permanentes ou qui dépassent la hauteur limite autorisée par les codes locaux pour les constructions sans fondation. Les *fondations résistant au gel* doivent avoir une profondeur qui dépasse de 8 à 12 po la profondeur de gel. Les *dalles de fondation*, qui ont normalement 8 po d'épaisseur, peuvent être utilisées pour supporter des ouvrages de faible hauteur, autoporteurs, construits avec du mortier ou du béton coulé. Avant d'entreprendre votre projet, demandez à un inspecteur des bâtiments quelles sont les recommandations et les exigences en matière de fondations dans votre région.

## Couler des fondations

Les fondations assurent aux ouvrages de briques, de blocs, de pierres et de béton coulé une base stable et horizontale. Elles distribuent uniformément le poids de l'ouvrage, l'empêchent de s'enfoncer et de se déplacer sous l'effet du cycle gel-dégel.

C'est habituellement la *profondeur de gel* – variant d'une région à l'autre – qui détermine la profondeur des fondations. La profondeur de gel est l'épaisseur verticale du sol qui peut geler. Dans les climats froids, elle peut atteindre ou dépasser 48 po. La profondeur des fondations résistant au gel (c'est-à-dire conçues pour empêcher le mouvement des ouvrages lorsqu'il gèle) doit être de 12 po supérieure à la profondeur de gel dans la région. L'inspecteur des bâtiments de votre région peut vous renseigner à ce sujet.

**Conseils de planification**

- Décrivez l'ouvrage projeté à l'inspecteur local des bâtiments qui déterminera s'il faut prévoir des fondations et si elles doivent avoir une armature renforcée. Dans certains cas, on peut utiliser une dalle de 8 po d'épaisseur pour autant que l'assise assure un drainage suffisant.

- Séparez les fondations de votre construction de celles des constructions accolées, au moyen de panneaux d'isolation (page 37).

- Lorsqu'il s'agit de petits ouvrages en béton coulé, envisagez de couler la fondation et l'ouvrage en une seule fois.

- Un ouvrage comportant plusieurs murs – comme un barbecue – nécessite parfois une fondation flottante (page 235).

## Types de coffrages de fondations

**Pour un ouvrage en béton coulé,** utilisez la terre comme coffrage. Enlevez le gazon entourant la zone de la construction et arasez le béton au moyen d'une planche à araser appuyant sur le sol, de part et d'autre de la tranchée.

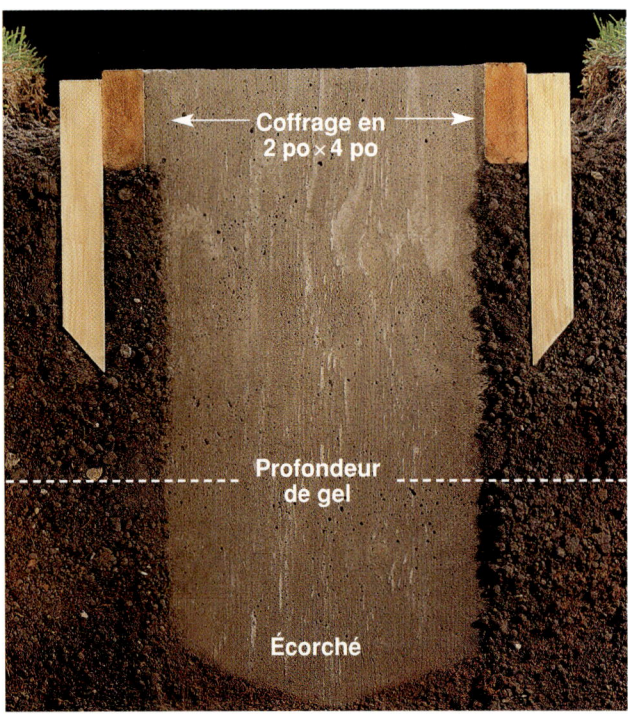

**Pour un ouvrage de briques, de blocs ou de pierres,** installez un coffrage constitué d'éléments en bois qui est de niveau et écarté de la future fondation. Pour créer une surface horizontale et uniforme, sur laquelle vous construirez les unités de maçonnerie, arasez le béton au moyen d'une planche à araser appuyant sur les bords du coffrage.

## Conseils pour la construction des fondations

**Faites les fondations deux fois plus larges** que le mur ou l'ouvrage qu'elles doivent supporter. Prolongez-les également de 12 po au moins au-delà des extrémités de la zone de construction.

**Ajoutez des tiges d'ancrage** si vous comptez couler du béton sur la fondation. Enfoncez jusqu'à 6 po de profondeur, dans le béton en train de prendre, des barres d'armature de 12 po. Elles serviront à fixer les fondations à l'ouvrage qu'elles supportent.

## Comment couler une fondation

**1** Dessinez le contour approximatif de la fondation au moyen de corde ou de tuyau flexible. Avec des piquets et du cordeau de maçon, délimitez la zone de la construction (page 38).

**2** Enlevez le gazon sur une surface dépassant de 6 po maximum les côtés de la future construction et creusez la tranchée de la fondation dont la profondeur doit être de 12 po supérieure à la profondeur de gel.

**3** Construisez et installez un coffrage en bois scié de 2 po x 4 po ; alignez-le sur les cordeaux (page 40). Fixez-le en place au moyen de piquets et mettez-le de niveau.

**VARIANTE :** si la construction est en contact avec une autre construction, telle que la fondation d'une maison, glissez un morceau de panneau de fibres dans la tranchée pour créer un joint d'isolation entre les deux fondations (page 37). Maintenez-le en place à l'aide de quelques points d'adhésif de construction.

**4** Fabriquez deux cadres en barres d'armature n° 3 pour renforcer la fondation. Pour chaque cadre, coupez deux morceaux de barre d'armature n° 3, plus courts de 8 po que la longueur de la fondation, et deux morceaux, plus courts de 4 po que la profondeur de la fondation. Nouez les morceaux à l'aide de fil, de diamètre n° 16, pour former chaque cadre rectangulaire. Placez les cadres verticalement dans la tranchée, en laissant 4 po entre les cadres et les bords de la tranchée. Enduisez les bords intérieurs du coffrage d'huile végétale ou d'un agent de démoulage commercial.

**5** Préparez le béton et coulez-le jusqu'à ce qu'il atteigne le dessus du coffrage (pages 46 à 49). Arasez la surface à l'aide d'un morceau de bois scié de 2 po x 4 po. Ajoutez des tiges d'ancrage si nécessaire (page 57). Lissez le béton jusqu'à ce qu'il soit parfaitement plane.

**6** Attendez une semaine que le béton durcisse avant de construire un ouvrage reposant sur la fondation. Enlevez le coffrage et remplissez de terre les espaces vides le long des bords de la fondation (page 51).

## Fixer des poteaux dans le béton

Qu'il serve à supporter une clôture, une boîte aux lettres, ou un panier de basket-ball, un poteau demeurera solidement en place et droit pendant de nombreuses années si vous le fixez dans le béton. Les fondations de poteaux sont faciles à couler et elles protègent le bois et le métal contre la pourriture et la rouille.

La plupart des codes du bâtiment exigent que les poteaux supportant des ouvrages, tels qu'une terrasse, reposent sur des fondations d'une profondeur excédant la profondeur de gel (pages 56 et 57). Vérifiez auprès de votre inspecteur local des bâtiments quelles sont les exigences qui s'appliquent aux fondations de votre projet.

> **Tout ce dont vous avez besoin**
>
> OUTILS : pelle, bêche preneuse, barre à mine, pilon manuel, scie, perceuse, maillet, niveau, truelle.
>
> MATÉRIEL : gravier, mélange de béton, bois pour poteaux, bois scié de 2 po x 4 po, vis, apprêt pour bois (pour poteaux).

**Le béton à prise rapide ne requiert aucun mélange,** ce qui en fait le béton idéal pour des fondations de poteaux. Il suffit de remplir le trou creusé pour le poteau à l'aide du mélange de béton sec et d'ajouter de l'eau. Si vous désirez travailler ou donner une forme particulière à la surface supérieure de la fondation, préparez à l'avance le mélange de béton, mais faites vite, car certains mélanges prennent en 20 minutes.

### Conseils pour l'installation des poteaux

**Pour que les poteaux en bois ne pourrissent pas,** choisissez du cèdre, du séquoia, ou du pin traité sous pression. Avant de couler le béton autour des poteaux, imperméabilisez les extrémités coupées en y appliquant un apprêt pour bois. Taillez le sommet des poteaux ou couvrez-les de coiffes pour empêcher l'eau de s'y accumuler et ainsi éviter que le bois ne pourrisse.

**Pour entretoiser les poteaux en métal,** fabriquez un collier en bois scié de 2 po x 4 po que vous installerez à mi-hauteur du poteau, au moyen de vis de 3 po. Utilisez des intercalaires pour maintenir le collier à sa place. Placez le poteau verticalement et fixez des entretoises à deux côtés adjacents du collier (étape 3, page 61).

## Comment fixer un poteau dans du béton

**1** Creusez un trou dont la largeur (ou le diamètre) équivaut à trois fois celle (ou celui) du poteau et dont la profondeur soit égale à ⅓ de la longueur du poteau, plus 6 po. Utilisez une bêche preneuse pour effectuer le gros du travail et une barre à mine pour déloger les pierres et ramollir le sol compact.

**2** Versez du gravier dans le fond du trou pour former une couche épaisse de 6 po, qui assurera le drainage du trou. Tassez le gravier à l'aide d'un pilon manuel ou d'un poteau en bois.

**3** Placez le poteau dans le trou. Attachez des entretoises en bois scié de 2 po x 4 po à deux côtés adjacents du poteau. Vérifiez si le poteau est vertical et enfoncez un piquet dans le sol, près de l'extrémité de chacune des entretoises. Fixez ensuite les extrémités des entretoises aux piquets.

**4** Remplissez le trou de béton à prise rapide jusqu'à 4 po du niveau du sol. Vérifiez une dernière fois si le poteau est vertical et ajoutez ensuite le volume d'eau recommandé. Lorsque le béton est sec, recouvrez la fondation de terre ou de gazon.

**VARIANTE :** Pour protéger davantage le bois contre la pourriture, préparez le béton à l'avance et coulez-le dans le trou en dépassant quelque peu le bord. À l'aide d'une truelle, façonnez rapidement la surface du béton en forme de dôme, ce qui éloignera l'eau de la base du poteau.

**Créez un décor soigné** autour de votre maison en utilisant des briques et des blocs. Les marches et le parement de briques de la maison ci-dessus lui donnent une allure soignée. La brique a, sur les autres matériaux de construction, l'avantage d'être très facile à entretenir.

# Travailler avec des briques et des blocs

Les professionnels parlent souvent de la satisfaction qu'ils ont à travailler avec les briques et les blocs. Chaque brique et bloc posés marquent un progrès dans la construction, qu'il s'agisse d'un mur de jardin en blocs de béton (pages 180 et 181), d'un patio en carreaux de terre cuite (pages 146 à 153), ou d'un mur de parement (pages 210 à 213).

Si vous suivez de bonnes règles de conception, les différentes couleurs et textures des briques et des blocs donneront à l'ensemble de votre propriété l'impression d'un équilibre harmonieux. Les projets de construction en briques et en blocs comme ceux décrits à la page suivante peuvent également accroître le côté fonctionnel de votre maison et de votre terrain.

En apportant toute l'attention nécessaire à sa conception et à sa planification, vous réaliserez un projet de construction cadrant parfaitement avec votre maison, votre terrain et votre budget. Planifiez votre projet de manière à éviter d'inutiles coupes de produits de maçonnerie (page 66).

Les couleurs et les textures des briques et des blocs décoratifs peuvent varier fortement d'une région à l'autre en fonction des tendances inhérentes à ces régions. La production en série de ces articles étant souvent arrêtée sans préavis, il est prudent d'acheter un excédent de matériaux en prévision d'éventuelles réparations.

## Projets courants en briques et en blocs

**La construction d'un mur de jardin** est un projet à la portée des débutants. Si le mur a moins de 3 pi de haut et s'il n'est pas relié à un autre ouvrage, sa construction ne requiert probablement pas de fondation résistant au gel. Vérifiez auprès de l'inspecteur local des bâtiments si vous pouvez simplifier le projet en construisant un mur sur une simple dalle. Commencez par vous familiariser avec les techniques de base de la construction en briques (pages 64 à 71).

**L'écran en blocs décoratifs** forme une barrière visuelle qui ne supprime pas complètement la lumière, et sa structure ajourée permet la circulation de l'air. Ainsi, l'écran ci-dessus permet d'embellir le jardin et de clôturer les zones utilitaires (pages 182 et 183).

**Un palier intermédiaire et une jardinière en pavés de terre cuite** offrent l'exemple d'une combinaison à la fois attrayante et utile. On a construit le palier intermédiaire directement sur l'allée existante (pages 143 à 145, 230 et 231).

**Le parement en briques** fait normalement partie des éléments attrayants de la construction originale d'une maison, mais vous pouvez l'installer plus tard si les murs de fondation sont en bon état et que vous désirez embellir votre maison (pages 210 à 213). Si vous n'êtes pas certain de l'état des fondations de la maison, demandez à un entrepreneur de les examiner avant d'entreprendre vos travaux.

**Les types courants de briques et de blocs** de béton utilisés dans la construction résidentielle comprennent le bloc décoratif (A) coloré ou non ; le pavé décoratif en béton (B), la brique réfractaire (C), le bloc de béton standard de 8 po x 8 po x 16 po (D), le demi-bloc (E), le bloc combiné de coin (F), la grande brique (G), le pavé de terre cuite standard (H), la brique de construction standard (I) et le couronnement de mur en calcaire (J).

# Techniques de la construction en briques et en blocs

Lorsque vous envisagez la construction d'un patio, d'un mur ou de tout autre ouvrage en briques ou en blocs, commencez par choisir une méthode de construction qui s'y prête et par vous exercer à appliquer les techniques que vous utiliserez. Si vous construisez un mur (pages 72 à 75) ou recouvrez de briques ou de pavés de terre cuite une vieille dalle de béton (pages 114 et 115), vous devrez utiliser du mortier humide pour que les éléments adhèrent bien. La technique du sable et celle du mortier sec conviennent aux patios et aux entrées, car le sable ou le mortier sec suffisent pour tenir les briques fermement en place. La plupart des murs de blocs sont construits avec du mortier humide, mais on peut construire un mur de jardin attrayant en assemblant des blocs à sec et en les revêtant d'une couche de ciment de surface (pages 214 et 215).

En plus de choisir une méthode de construction, vous devez choisir un style (ci-dessus) et un modèle (page 65) qui correspondent à vos goûts et à la méthode de construction. Utilisez le tableau de la page 17 pour estimer le nombre de briques ou de blocs dont vous aurez besoin.

**Les pavés de terre cuite à emboîtement** ont différentes formes et différentes couleurs. Parmi les plus demandés, citons le pavé UNI-Decor (à gauche) et le pavé Symetry (à droite). (Se reporter à la page 281 pour avoir d'autres renseignements sur ces produits.) Les patios construits avec des pavés à emboîtement ont habituellement une bordure faite de pavés de terre cuite standard.

## Modèles courants de briques et de pavés de terre cuite standard

On peut agencer **les briques et les pavés de terre cuite standard** de différentes manières: l'appareil en panneresse (A) et l'agencement côte à côte (B), appelé aussi *appareil damier* lorsqu'on l'utilise dans des projets de briques. L'appareil damier n'est pas aussi solide que l'appareil en panneresse. Il faut souvent renforcer les ouvrages faits de briques agencées de cette manière. On peut également disposer les pavés de terre cuite en arête de poisson (C) ou adopter l'appareil en vannerie (D). L'appareil damier et l'appareil en vannerie nécessitent moins de coupes le long des bordures. Les pavés standard sont munis de saillies qui règlent automatiquement les joints à une largeur de 1/8 po.

## Variantes dans l'installation des pavés de terre cuite

**Joints en sable:** les pavés reposent sur un lit de sable de 1 po d'épaisseur recouvrant une assise de gravier compactable de 4 po d'épaisseur. Des bordurettes de plastique rigide tiennent le sable en place. Les joints ont une largeur de 1/8 po et sont faits de sable damé; ils assurent la cohésion des pavés tout en leur permettant de bouger légèrement en fonction des variations de température.

**Joints en mortier sec:** installation semblable à celle des joints en sable, mais la largeur des joints atteint 3/8 po et ceux-ci sont constitués d'un mélange de sable et de mortier, imbibés d'eau et terminés en V à l'aide d'un outil à mortier. Cette installation ressemble plus à de la maçonnerie finie que l'installation à joints en sable, mais il faut périodiquement réparer les joints.

**Joints en mortier humide:** utilisés lorsqu'on installe les pavés sur un ancien patio ou une ancienne entrée (pages 114 et 115). Les joints ont une largeur de 1/2 po. On peut utiliser le mortier humide pour installer un dallage. Délimitez un patio construit de cette façon par des bordurettes en plastique rigide ou des pavés de terre cuite placés verticalement sur une de leurs extrémités.

## Conseils sur la planification d'un projet de construction en briques ou en blocs

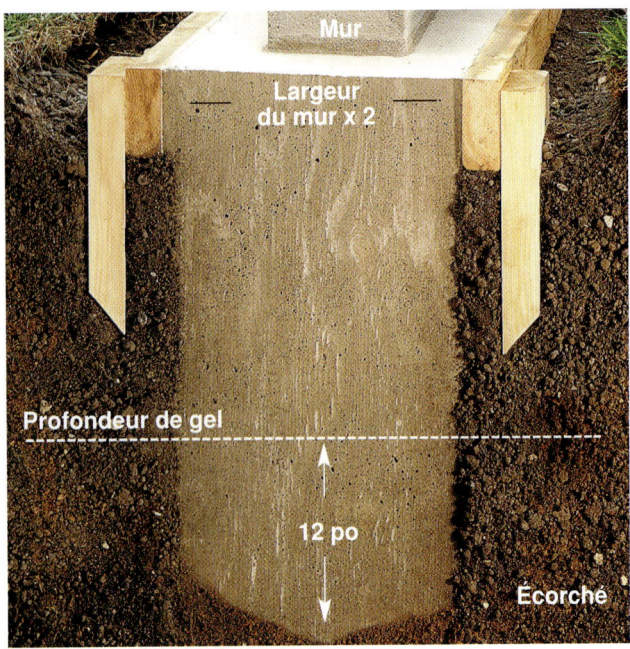

**Coulez une fondation résistant au gel** si la construction a plus de 2 pi de haut ou si elle est reliée à une autre construction existante (voir la photo, page suivante, en bas, à gauche). La fondation résistant au gel doit avoir deux fois la largeur de la construction qu'elle supportera et elle doit être de 8 à 12 po plus profonde que la profondeur de gel (pages 56 à 59).

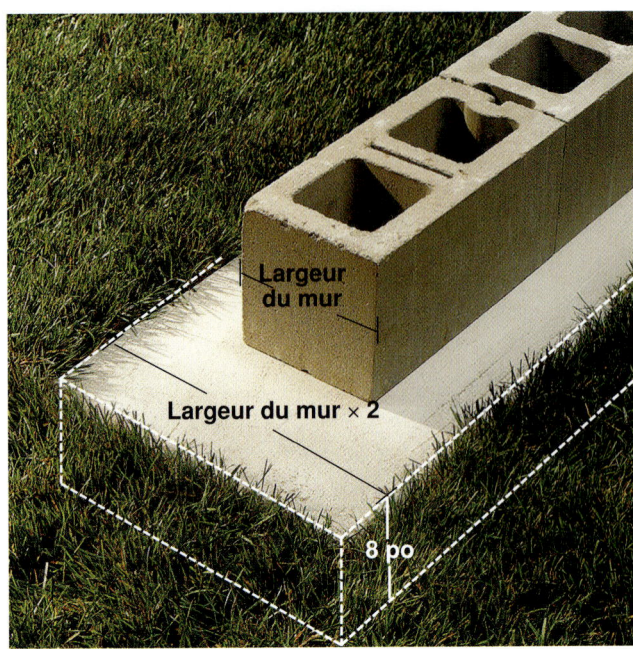

**Coulez une dalle de béton armé** pour supporter des constructions autoporteuses en briques, en blocs ou en pierres ayant moins de 2 pi de haut. La dalle doit avoir deux fois la largeur du mur, arriver au ras du sol et avoir au moins 8 po d'épaisseur. Demandez à votre inspecteur des bâtiments quelles sont les exigences locales à ce sujet. Coulez la dalle en appliquant les techniques utilisées pour couler le béton d'une allée (pages 102 et 103, et 106 à 109).

**N'ajoutez aucune valeur aux dimensions totales** des constructions faites en briques ou en blocs, en prévision de l'épaisseur des joints de mortier. Les dimensions réelles des briques et des blocs sont inférieures de 3/8 po à leurs dimensions nominales, c'est-à-dire qu'elles comprennent les 3/8 po d'épaisseur des joints de mortier. Si on construit, par exemple, un mur avec quatre briques de 9 po et des joints de mortier de 3/8 po, ce mur mesurera 36 po de longueur (4 x 9 po).

**Testez la disposition des matériaux** en utilisant des séparateurs de 3/8 po entre les éléments de maçonnerie, afin de vous assurer que les dimensions concordent avec les dimensions prévues. Faites en sorte que le plan d'agencement que vous tracez ne comporte que des briques ou des blocs entiers : vous réduirez d'autant les coupes à effectuer.

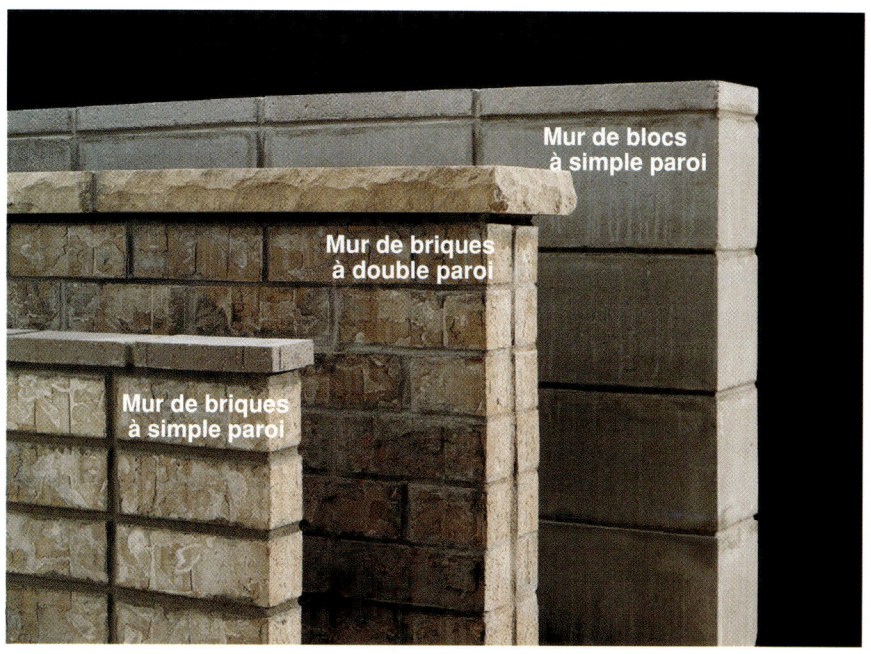

**Choisissez un mode de construction** qui s'adapte à votre projet. Il existe deux méthodes de base pour empiler les briques ou les blocs. Les constructions qui n'ont qu'un élément de largeur sont appelées à simple paroi et utilisées dans des ouvrages comme les barbecues ou les jardinières, ou pour construire des parements. Les murs à double paroi comprennent deux éléments dans la largeur et sont utilisés dans les applications autoporteuses. La plupart des constructions en blocs de béton sont à simple paroi.

**Construisez des piliers d'extrémité** aux extrémités libres des constructions autoporteuses, surtout lorsque vous utilisez des blocs non porteurs comme les blocs décoratifs ci-dessus. Ce pilier de support utilise des blocs de béton de 6 po x 6 po.

**Prévoyez des constructions aussi basses que possible.** Les codes locaux exigent des fondations résistant au gel et des renforts supplémentaires lorsqu'on construit des murs ou d'autres ouvrages dont la hauteur dépasse une certaine limite. Donc, on simplifie le projet en concevant des murs dont la hauteur ne dépasse pas cette limite.

**Ajoutez un panneau de treillis ou un autre élément décoratif** sur des murs permanents pour accentuer l'isolement sans avoir à renforcer la structure de l'ouvrage de maçonnerie.

## Conseils pour renforcer les ouvrages en briques et en blocs

**Dans les constructions de briques à double paroi,** utilisez des attaches métalliques en guise de renforts entre les parois. Placez les attaches directement dans le mortier, à 2 ou 3 pi d'intervalle, toutes les trois rangées. Introduisez des barres d'armature dans l'espace entre les deux parois, tous les 4 à 6 pi (vérifiez les codes de construction locaux à ce sujet). Introduisez des tubes de plastique de ¾ po de diamètre entre les parois pour maintenir celles-ci alignées. Coulez une mince couche de mortier entre les parois pour améliorer la résistance du mur.

**Dans les constructions en blocs,** remplissez de mortier fluide les espaces vides (âmes) des blocs. Introduisez des sections de barre d'armature dans le mortier pour augmenter la rigidité verticale de la construction. Vérifiez auprès de l'inspecteur local des bâtiments s'il faut renforcer la construction.

**Renforcez la rigidité horizontale des murs de briques ou de blocs** en installant des cadres d'armature métallique dans le mortier toutes les trois rangées. Vous pouvez acheter ces cadres, comme la plupart des autres produits d'armature, chez les fournisseurs de briques et de blocs. Faites chevaucher de 6 po les cadres qui se rencontrent.

## Conseils pour travailler avec les briques

**Exercez-vous** sur un morceau de bois scié de 2 po x 4 po aux techniques de la pose du mortier (pages 28 à 31) et du briquetage. Vous pouvez nettoyer et réutiliser ces briques pour effectuer plusieurs essais si vous le jugez utile, mais ne les réutilisez pas dans la construction proprement dite, car le vieux mortier pourrait compromettre l'adhérence des éléments.

**Testez le taux d'absorption de l'eau par les briques** pour pouvoir déterminer leur densité. À l'aide d'un compte-gouttes, déposez 20 gouttes d'eau au même endroit, sur la surface d'une brique. Si la surface est complètement sèche après 60 secondes, humidifiez les briques avec de l'eau avant de les poser, pour qu'elles n'absorbent pas l'humidité du mortier avant que celui-ci ne durcisse.

**Utilisez une équerre en T** et un crayon pour tracer la ligne de coupe sur plusieurs briques à la fois. Assurez-vous que les extrémités des briques sont bien alignées.

**Tracez les lignes de coupe en angle** en posant les briques à sec (comme les pavés ci-dessus) et en plaçant la brique ou le bloc à sa place. Prévoyez des joints de 3/8 po de largeur dans les constructions avec mortier. Les pavés sont munis de saillies réglant l'écartement à 1/8 po. Tracez les lignes de coupe au moyen d'un crayon et d'une règle rectifiée lorsqu'il est possible de tracer des lignes droites.

## Comment rayer et fendre les briques

Commencez par **rayer les quatre faces de la brique** avec un ciseau et un maillet lorsque l'âme de la brique n'intercepte pas le plan de coupe. Frappez sur le ciseau pour créer des lignes de coupe de 1/8 à 1/4 po de profondeur et frappez ensuite fermement un dernier coup qui cassera la brique. Les briques bien entaillées cassent d'un coup, et la fracture est nette.

**VARIANTE :** lorsque vous devez fendre plusieurs briques au même endroit et rapidement, utilisez une scie circulaire munie d'une lame de maçonnerie pour rayer les briques et fendez-les ensuite une à une avec un ciseau. Pour les rayer rapidement, attachez-les solidement ensemble aux extrémités à l'aide d'un serre-joint à tuyau ou à barre en vous assurant que les briques sont bien alignées. N'oubliez pas de porter des lunettes de sécurité lorsque vous utilisez des outils percutants ou coupants.

## Comment fendre une brique suivant un angle

**1** Tracez la ligne de coupe sur la brique. Vous éviterez de détruire la brique en progressant graduellement vers cette ligne. Rayez la brique dans la partie à rejeter, suivant une première ligne partant d'un point situé à environ 1/8 po du point de départ de la ligne de coupe finale et perpendiculaire au bord de la brique. Cassez la brique suivant cette première ligne de coupe.

**2** Placez le ciseau au même point de départ, faites-le pivoter légèrement et rayez une nouvelle fois la brique, puis cassez-la suivant cette nouvelle ligne de coupe. Il est important de conserver le point de pivotement du ciseau au bord de la brique. Répétez l'opération jusqu'à ce que vous ayez enlevé toute la partie à rejeter de la brique.

## Comment casser une brique au moyen d'une fendeuse de briques

**1** La fendeuse de briques permet d'effectuer des coupes nettes dans les briques ou les pavés sans devoir les rayer au préalable. Vous avez intérêt à en louer une si vous devez effectuer de nombreuses coupes pour réaliser votre ouvrage. Pour l'utiliser, commencez par tracer la ligne de coupe sur la brique. Placez ensuite la brique sur la table de la fendeuse en faisant coïncider la ligne de coupe et la lame.

**2** La brique se trouvant en position sur la table de la fendeuse, actionnez d'un coup sec le manche vers le bas. La lame de la fendeuse cassera la brique le long du plan de coupe. CONSEIL : pour gagner du temps, marquez les lignes de coupe sur plusieurs briques à la fois (voir page 69).

## Comment couper un bloc de béton

**1** Tracez les lignes de coupe sur les deux faces du bloc et à l'aide d'une scie circulaire munie d'une lame de maçonnerie, faites des rayures de $1/8$ à $1/4$ po de profondeur le long de ces lignes.

**2** Utilisez un ciseau de maçon et un maillet pour fendre une face du bloc, le long de la ligne de coupe. Retournez le bloc et fendez l'autre face.

**VARIANTE :** coupez en demi-blocs les blocs combinés de coin. Les blocs de coin comportent un creux mince, préformé, au centre du bloc. Entaillez légèrement le bloc dans le plan de ce creux et d'un coup de maillet sec sur le ciseau, cassez le bloc en deux.

# Poser des briques

La patience, le soin et la bonne technique sont les principaux facteurs qui vous permettront d'exécuter des ouvrages en briques qui auront de l'allure. Commencez par construire une fondation solide, horizontale (pages 56 à 59) et ne vous en faites pas si vous n'êtes pas un briqueteur talentueux au début. Vérifiez souvent votre travail et arrêtez-vous lorsque vous découvrez un problème. Tant que le mortier est mou, vous pouvez retirer des briques et les reposez ensuite.

Dans cette section, on décrit l'une des méthodes à suivre pour construire un mur de briques en érigeant tout d'abord les extrémités pour monter l'intérieur ensuite. Mais en décrivant la construction d'un mur de blocs (pages 76 à 79), on décrit également une autre méthode, qui consiste à poser une rangée de briques à la fois.

> **Tout ce dont vous avez besoin**
>
> OUTILS: gants, truelle, cordeau traceur, niveau, blocs d'alignement, cordeau de maçon, mirette.
>
> MATÉRIEL: mortier, briques, attaches murales, barres d'armature (facultatif).

**Le *tartinage*** est le terme utilisé pour décrire l'application du mortier à l'extrémité d'une brique ou d'un bloc avant de l'ajouter à l'ouvrage en construction. Appliquez une épaisse couche de mortier sur une extrémité de la brique et coupez l'excédent de mortier avec la truelle.

## Comment construire un mur de briques à double paroi

**1** Placez à sec la première couche de briques en disposant deux rangées de briques parallèles, espacées de ¾ à 1 po. Tracez l'emplacement du mur sur la dalle au moyen d'un cordeau traceur et tirez au crayon, sur la dalle, les lignes qui délimitent les extrémités des briques. Vérifiez l'écartement des briques au moyen de séparateurs de ⅜ po de diamètre et indiquez les emplacements des joints qui vous serviront de repères lorsque vous aurez retiré les séparateurs.

**2** Humidifiez la dalle de béton ou la fondation, ainsi que les briques ou les blocs si nécessaire (page 69). Préparez le mortier et posez-en une couche sur la fondation sur laquelle vous allez poser les deux premières briques d'une des parois du mur, à une de ses extrémités. Tartinez l'extrémité intérieure de la première brique et pressez-la dans le mortier pour créer une couche de mortier de ⅜ po d'épaisseur (étape 2, page 76). Enlevez l'excédent de mortier.

**3** À l'aide d'un niveau, vérifiez l'aplomb du côté de la première brique. Frappez légèrement la brique, avec le manche de la truelle, pour corriger sa position, si nécessaire. Mettez la brique de niveau. Tartinez l'extrémité de la deuxième brique (page 72) et pressez-la dans le mortier en appuyant son extrémité sèche contre la première brique, de manière à créer un joint de 3/8 po d'épaisseur.

**4** Tartinez et placez une troisième brique, en utilisant les cordeaux traceurs comme références générales, et le niveau pour vérifier l'aplomb de la brique. Ajustez les briques qui ne sont pas alignées en frappant légèrement au bon endroit avec le manche de la truelle.

**5** Posez les trois premières briques de l'autre paroi, parallèlement à la première. Mettez les parois de niveau et alignez les joints de mortier des briques extrêmes. Remplissez de mortier le creux entre les parois, à l'extrémité du mur.

**6** Coupez une brique en deux (pages 70 et 71). Posez un lit de mortier ondulé, pour y placer la première demi-brique au-dessus de la première couche de briques. Tartinez l'extrémité de la demi-brique et pressez-la dans le mortier pour former un joint de 3/8 po d'épaisseur. Enlevez l'excédent de mortier. Vérifiez si les briques sont horizontales et d'aplomb.

**7** Ajoutez les autres briques et demi-briques aux deux parois, à l'extrémité du mur, jusqu'à ce que vous vous apprêtiez à poser les premières briques de la quatrième couche. Alignez les briques sur les lignes de référence. NOTE: pour construire les coins, posez une boutisse à l'extrémité de deux parois parallèles. Placez la boutisse de chacune des couches perpendiculairement à la boutisse de la couche qui la précède.

Suite à la page suivante

# Comment construire un mur de briques à double paroi (suite)

**8** Vérifiez l'écartement des briques d'extrémité au moyen d'une règle rectifiée. Les briques bien espacées formeront une ligne droite lorsque vous poserez la règle rectifiée sur les extrémités en escalier des briques. Si leur alignement n'est pas parfait, ne bougez pas les briques déjà attachées. Contentez-vous de corriger progressivement la situation lorsque vous installerez les briques intérieures (étape 9), en réduisant ou en augmentant légèrement l'épaisseur des joints entre les briques.

**9** Toutes les 30 minutes, interrompez la pose des briques et lissez les joints de mortier au moyen d'un fer à joints (mirette). Lissez d'abord les joints horizontaux, puis les verticaux. Enlevez, à l'aide de la truelle, l'excédent de mortier pressé hors des joints. Lorsque le mortier a durci mais pas trop, brossez l'excédent de mortier présent à la surface des briques.

Bloc d'alignement

**10** Construisez l'autre extrémité du mur en appliquant la même méthode et en utilisant des cordeaux traceurs comme références. Tendez le cordeau de maçon entre les deux extrémités du mur, pour établir une ligne droite, horizontale, au ras des briques, et gardez-le tendu au moyen de blocs d'alignement. Commencez la pose des briques intérieures (c'est-à-dire entre les extrémités) de la première couche, en vous guidant sur le cordeau de maçon tendu.

**11** Posez les autres briques intérieures. La dernière – appelée clausoir – doit être tartinée aux deux extrémités. Centrez-la entre les deux briques adjacentes et placez-la en vous aidant du manche de la truelle. Remplissez les trois couches de chaque paroi, en déplaçant le cordeau de maçon d'un cran vers le haut après chaque couche.

**12** Lors de la construction de la quatrième couche, enfoncez, dans le lit de mortier d'une paroi, des attaches métalliques qui reposeront sur les briques adjacentes de l'autre paroi. Espacez les attaches de 2 à 3 pi, et mettez-en toutes les trois rangées. Pour consolider le tout, installez des barres d'armature dans les cavités séparant les parois, et remplissez ces cavités de mortier fluide (page 68).

**13** Posez les couches de briques restantes en installant des attaches métalliques toutes les trois rangées. Vérifiez fréquemment l'alignement des briques à l'aide du cordeau de maçon et utilisez un niveau pour vérifier si le mur est horizontal et d'aplomb.

**14** Tapissez la couche supérieure d'un lit de mortier, ondulé, et placez des blocs de couronnement sur le mur, pour couvrir les espaces vides et donner au mur un aspect de fini. Enlevez l'excédent de mortier. Vérifiez l'alignement des blocs de couronnement et vérifiez s'ils sont de niveau. Remplissez de mortier les joints qui les séparent.

# Poser des blocs

Étant donné la taille des blocs de béton, on peut construire des murs de blocs assez rapidement. Il faut toutefois effectuer cette tâche avec autant de patience et attacher autant d'importance aux détails que s'il s'agissait d'un mur de briques. Vérifiez souvent votre travail et n'hésitez pas à reprendre le travail d'une ou de deux étapes pour corriger vos erreurs.

Dans cette section, nous vous montrons comment construire un mur en blocs de béton posés couche par couche. Avant de commencer, assurez-vous que la fondation sur laquelle doit reposer le mur est solide et de niveau (pages 56 à 59).

> **Tout ce dont vous avez besoin**
>
> OUTILS : truelle, cordeau traceur, niveau, cordeau de maçon, blocs d'alignement, mirette (fer à joints).
>
> MATÉRIEL : mélange à mortier, blocs de béton de 8 po x 8 po, piquets, blocs de couronnement, barres d'armature, cadres d'armature métallique.

**Tartiner un bloc de béton** consiste à déposer d'étroites bandes de mortier sur les deux bords de l'extrémité du bloc qui sont séparés par un creux. Il n'est pas nécessaire de tartiner le creux à moins que la solidité de la construction ne l'exige.

## Comment poser des blocs de béton

**1** Commencez par poser à sec la première couche (ou « assise »), en écartant les blocs de ³⁄₈ po (page 66). Tirez des lignes de référence sur la fondation pour indiquer les extrémités de l'assise et prolongez ces lignes bien au-delà des bords des blocs. À l'aide d'un cordeau traceur, tirez des lignes de repère de part et d'autre de l'assise, à 3 po des blocs. Ces lignes vous guideront lorsque vous poserez les blocs dans le mortier.

**2** Humidifiez légèrement la fondation et mélangez ensuite le mortier, avant d'en déposer deux bandes ondulées (pages 28 à 30) à une extrémité du mur, où elles serviront de lit d'assise pour un bloc combiné de coin. Humidifiez les blocs poreux avant de les poser sur leur lit de mortier (page 69).

**3** Placez un bloc combiné de coin (page 64) sur le lit de mortier. Enfoncez-le dans le mortier pour que le lit d'assise ait 3/8 po d'épaisseur. Tenez le bloc en place et enlevez l'excédent de mortier (conservez-le pour l'utiliser dans le lit de mortier suivant). En vous servant d'un niveau, mettez le bloc de niveau et d'aplomb en frappant dessus avec le manche d'une truelle, à l'endroit le plus élevé. Prenez garde de ne pas déplacer trop de mortier.

**4** Enfoncez un piquet à chaque extrémité du futur mur et attachez-y les deux extrémités d'un cordeau de maçon, une à chaque piquet. Placez un niveau de cordeau et réglez le cordeau pour qu'il soit horizontal et qu'il vienne au ras de l'arête supérieure du bloc de coin. Posez un lit de mortier et le bloc de coin à l'autre extrémité du mur. Ajustez le bloc pour qu'il soit de niveau et d'aplomb, en veillant à ce qu'il soit aligné sur le cordeau de maçon.

**5** Posez un lit de mortier pour le deuxième bloc, à une extrémité du mur : tartinez de mortier l'extrémité d'un bloc standard et placez-le contre le bloc de coin, en laissant un joint de 3/8 po d'épaisseur entre les deux. À l'aide du manche d'une truelle, ajustez le bloc jusqu'à ce qu'il vienne au ras du cordeau de maçon ; conservez l'épaisseur du joint (3/8 po).

**6** Posez tous les blocs de la première assise, en progressant des extrémités vers le centre. Alignez les blocs sur le cordeau de maçon. Enlevez l'excédent de mortier de l'assise avant qu'il ne durcisse.

Suite à la page suivante

## Comment poser des blocs de béton (suite)

**7** Tartinez les bords des deux extrémités d'un bloc standard que vous utiliserez comme « clausoir ». Glissez le clausoir en place entre les blocs, en conservant des joints de même épaisseur de part et d'autre. Alignez le bloc sur le cordeau de maçon.

**8** Posez un lit de mortier de 1 po d'épaisseur à l'une des extrémités du mur, pour commencer la deuxième rangée par un demi-bloc.

**9** Posez le demi-bloc sur le lit de mortier, les faces lisses à l'extérieur. À l'aide d'un niveau, vérifiez son alignement vertical sur le premier bloc de coin et ajustez-le si nécessaire. Installez un demi-bloc à l'autre extrémité.

**VARIANTE :** si le mur se termine en coin, commencez la deuxième rangée par un bloc entier d'extrémité qui couvrira le joint vertical formé à la rencontre des deux pans de murs perpendiculaires. Vous créerez ainsi un appareil en panneresse (page 65).

**10** Attachez un cordeau de maçon de référence, fixé soit au moyen de blocs d'alignement (page 74), soit au moyen de clous. Si vous ne disposez pas de blocs d'alignement, plantez un clou dans le mortier humide à chaque extrémité du mur, autour duquel vous enroulerez le cordeau avant de le faire passer autour du coin supérieur de la deuxième rangée, comme le montre la photo ci-dessus. Tendez le cordeau entre les deux clous. Posez le lit de mortier du bloc suivant et remplissez ainsi la deuxième rangée, en vous servant du cordeau de maçon comme ligne de référence.

**11** Toutes les demi-heures, égalisez les joints frais à l'aide d'une mirette et enlevez l'excédent de mortier. Commencez par les joints horizontaux et passez ensuite aux joints verticaux. Enlevez l'excédent de mortier au moyen de la lame d'une truelle. Lorsque le mortier a pris, mais qu'il n'est pas encore trop dur, brossez-en l'excédent sur les faces des blocs. Continuez à construire le mur et terminez-le.

**OPTION :** si vous construisez un mur à appareil en damier (dont les joints verticaux sont alignés), augmentez sa résistance aux forces horizontales en incorporant des cadres d'armature métallique dans une rangée sur trois (ou conformément aux prescriptions des codes locaux). Le cadre doit être complètement enfoncé dans le mortier. À la page 68, on décrit d'autres manières de renforcer les murs de blocs de béton.

**12** Installez des blocs de couronnement (page 64) au sommet du mur, pour couvrir les espaces vides des blocs et donner au mur un aspect de fini. Enfoncez chaque élément de couronnement dans un lit de mortier et enduisez ensuite son extrémité de mortier. Mettez l'élément de niveau et finissez les joints comme les autres joints du mur.

**Travailler avec des pierres exige** de la patience et une grande attention aux détails, mais on est largement récompensé de cet effort, car peu de matériaux de maçonnerie peuvent rivaliser avec la pierre pour la beauté et la durabilité. La section traitant des fondations (pages 56 à 59) vous indiquera comment couler une fondation adaptée à votre projet.

# Travailler avec des pierres

La construction d'ouvrages de pierres peut devenir une activité très agréable si vous aimez apprendre un métier et que vous ne craignez pas les travaux manuels. Vous êtes entièrement libre de décider de plusieurs points qui influeront sur l'aspect définitif du mur, du pilier, de l'arche, de l'allée ou de tout autre ouvrage de maçonnerie dont vous envisagez la construction. Les travailleurs de la pierre préfèrent souvent que les joints de mortier soient en retrait, car ils font ainsi ressortir la pierre plutôt que le mortier, mais vous pouvez décider de souligner une belle teinte de mortier en jointoyant les pierres. Apprenez à utiliser le mortier (pages 28 à 31) pour créer l'effet que vous souhaitez. Vous pouvez également faire preuve de créativité dans votre manière d'« habiller » les pierres de l'ouvrage, en taillant les faces des pierres par exemple, ou leur conserver leur aspect naturel (pages 84 à 87). Dans les pages suivantes, on vous montre comment utiliser des techniques éprouvées avec des outils et du matériel modernes pour tirer le maximum de satisfaction de votre ouvrage de pierres.

**Portez une ceinture de levage** qui supportera les muscles de votre dos et ceux de l'estomac, et pliez toujours les genoux lorsque vous soulevez une pierre. Si vous n'arrivez pas à redresser les genoux, c'est le signe que la pierre est trop lourde pour être soulevée par un seul homme. Trouvez un aide et envisagez d'utiliser une autre technique pour amener la pierre à l'emplacement voulu (pages 81, 88 et 89).

## Conseils pour travailler avec des pierres

**Le travail de la pierre est un métier laborieux.** La construction d'un ouvrage important en pierres exigera plusieurs jours si vous l'entreprenez seul. Il vaut mieux constituer une équipe et prévoir la rotation des responsabilités, pour que tout le monde participe activement à la construction. À cinq ou plus, vous pourrez réaliser plusieurs travaux au cours d'une même fin de semaine.

**Les pierres pèsent en moyenne 165 lb/pi$^3$,** ce qui ne facilite pas la précision de leur mise en place. Il existe plusieurs techniques excellentes pour déplacer efficacement les pierres et en toute sécurité (pages 88 et 89). Utilisez des rampes et des moyens de levage ou de déplacement simples, tels que des chaînes : cela vous facilitera la tâche chaque fois qu'une pierre sera trop lourde pour être soulevée sans risques.

**La taille des pierres** constitue un aspect important du travail de ce matériau (pages 84 à 87). Ayez à portée de la main une scie circulaire munie d'une lame de maçonnerie au carbure de silicium, un maillet et un ciseau. Certains travailleurs de la pierre préfèrent effectuer tout le travail au maillet et au ciseau pour éviter les coupes droites, artificielles, mais lorsqu'il s'agit d'une tâche exigeante, il est parfois plus indiqué qu'une personne trace un trait à la scie et qu'une autre casse la pierre à l'aide du ciseau et du maillet.

**Classez les pierres** en fonction de leur taille et de leur forme avant d'entreprendre les travaux. En y passant le temps nécessaire au début, vous vous épargnerez de nombreux efforts par la suite. Si vous construisez un mur, empilez les longues pierres qui serviront d'ancrages (pages 88 et 89) dans un endroit, les pierres de remplissage ou de coin dans un autre, et les autres pierres dans un troisième endroit.

# Reconnaître les types et les formes de pierres

Avant de choisir des pierres, décidez quels types et formes des pierres vous utiliserez.

Les pierres les plus fréquemment utilisées dans la construction extérieure sont indiquées à gauche. Non seulement chaque type de pierre a son aspect propre, mais chacune se caractérise aussi par sa durabilité et son pouvoir de taille. Si vous prévoyez devoir fendre de nombreuses pierres, demandez à votre fournisseur local de vous aider à choisir une pierre qui se fend facilement. Si vous projetez la construction d'une allée, choisissez des pierres qui supportent bien la circulation des piétons. Évidemment, le coût est un autre facteur qui entre en ligne de compte. Vous trouverez que les pierres de votre région sont les plus économiques.

La forme d'une pierre dépend de son contour naturel ou de la taille qu'on lui a donnée. Les formes courantes (à droite) comprennent la pierre de taille, le galet, le moellon, la pierre des champs, la pierre de dallage et la pierre de parement. Certaines pierres ne sont pas taillées parce que leur forme naturelle se prête à certains types d'ouvrages. La pierre taillée mince est utilisée comme parement et comme pierre de couronnement. C'est souvent la nature de la construction qui détermine la forme de pierre à utiliser. Par exemple, les pierres utilisées dans la construction de la plupart des arches doivent avoir des côtés lisses, plus ou moins perpendiculaires – comme c'est le cas pour la pierre de taille – qu'on peut unir par des joints de mortier très minces.

Une fois que vous avez déterminé le type et la forme de pierre qui conviennent à l'ouvrage projeté, vous pouvez examiner la gamme étendue de tons et de textures offerts sur le marché et choisir la pierre qui s'harmonise le mieux avec le décor de votre propriété.

NOTE : vous découvrirez peut-être que, dans votre région, on donne des appellations diverses aux différents types de pierres. Demandez au personnel de service de vous aider.

**Calcaire :** pierre lourde, relativement facile à tailler, de résistance moyenne à élevée, utilisée dans la construction de murs de jardin, de rocailles, d'allées, de marches et de patios. Principaux États producteurs aux États-Unis : l'Indiana, le Wisconsin, le Kansas et le Texas.

**Granit :** pierre dense, lourde, difficile à tailler, utilisée dans la construction d'allées, de marches d'escaliers et de murs ; la plus utilisée des pierres de construction. Principaux États producteurs aux États-Unis : le Massachusetts, la Géorgie, le Minnesota, la Caroline du Nord, le Dakota du Sud et le Vermont.

**Grès :** pierre relativement légère dont il existe des variétés « tendres » et « denses » ainsi que de nombreuses couleurs. Le grès tendre est facile à tailler mais de faible résistance ; on l'utilise dans la construction de murs, surtout dans les endroits où il ne gèle pas. Principaux États producteurs aux États-Unis : l'État de New York, l'Arizona, l'Ohio et la Pennsylvanie.

**Ardoise :** pierre mince, de densité moyenne, tendre et facile à tailler, mais de faible résistance ; trop fragile pour être utilisée dans la construction de murs, mais couramment utilisée dans la construction d'allées, de marches d'escaliers et de patios ; les couleurs de l'ardoise varient considérablement d'une région à l'autre. Principaux États producteurs aux États-Unis : la Pennsylvanie, la Virginie, le Vermont, le Maine, l'État de New York et la Géorgie.

**Pierre de dallage :** grande plaque de pierre de carrière taillée en morceaux ayant jusqu'à 3 po d'épaisseur ; elle est utilisée dans la construction des allées, des marches d'escaliers et des patios. Aux États-Unis, on appelle souvent « *steppers* » les morceaux plus petits que 16 po².

**Pierre des champs fendue**

**Pierre des champs** : pierre recueillie dans les champs, les lits asséchés des rivières et sur les flancs des collines ; utilisée dans la construction de murs. On l'utilise souvent dans la construction, en la jointoyant à l'aide de mortier, après l'avoir cassée en petits morceaux plus faciles à manier. On l'appelle « *roche de rivière* » dans certaines carrières, vu qu'elle provient parfois des lits des rivières.

**Moellon :** morceau de pierre de carrière de forme irrégulière, dont une face est habituellement fendue ou présente un fini ; utilisée intensivement dans la construction.

**Pierre de taille :** pierre de carrière à faces lisses, débitée en grandes plaques ; idéale pour construire des ouvrages aux arêtes nettes et aux joints minces.

**Pierre de parement :** morceau de pierre naturelle ou synthétique, taillé ou moulé pour être utilisé dans des applications non porteuses, décoratives, telles que le parement d'un mur extérieur ou d'un mur en blocs de béton autoporteur.

**Galet :** petit morceau de pierre de carrière ou de pierre de dallage ; utilisé dans la construction des allées et des sentiers.

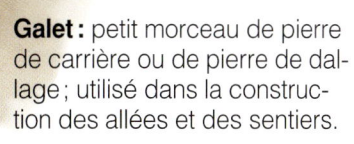

## Tailler des pierres

On peut tailler la plupart des pierres en les plaçant sur une partie plane de sol mou, comme de l'herbe ou du sable, qui absorbera une partie des chocs provenant des coups de maillet sur le ciseau. Utilisez un sac de sable comme support supplémentaire. Vous pouvez aussi construire une plate-forme simple appelée *établi de maçon* (page 85) pour supporter les pierres sur un lit de sable. Protégez-vous en utilisant des lunettes de sécurité, des gants épais et en utilisant les outils appropriés au travail à effectuer. Le ciseau et le marteau standard de briqueteur sont trop légers, et le marteau de charpentier, trop léger également, est fabriqué dans un métal fragile, qu'on risque d'ébrécher lorsqu'on frappe le ciseau. Les meilleurs outils à utiliser pour tailler les pierres sont la chasse (page 85), qui permet d'effectuer des coupes longues et nettes, le ciseau à épointer (page 85) qui sert à enlever les petites aspérités, le ciseau à pierres ordinaire (page 85) et le maillet avec lequel on frappe le ciseau. Le marteau de maçon – dont la tête est munie d'une extrémité pointue – permet d'enlever des petits éclats de pierre.

Il est assez pratique de marquer une pierre à tailler lorsqu'elle est en place sur le mur ou sur toute autre construction, mais ne la taillez jamais à cet endroit, même pour éliminer une petite saillie : vous risqueriez de fendre les pierres voisines et de détruire le lien du mortier éventuel. Pour fendre la pierre, placez-la sur du sol mou ou sur un établi de maçon, à la base du mur.

**Tout ce dont vous avez besoin**

OUTILS : maillet, ciseau à pierres, chasse, ciseau à épointer, marteau de maçon, scie circulaire, lames de maçonnerie au carbure de silicium, rallonge munie d'une prise à disjoncteur de mise à la terre.

MATÉRIEL : pierres, sable, morceaux de bois scié de 2 po x 2 po, panneau de contreplaqué.

## Conseils pour tailler les pierres

**Il est plus facile de poser les pierres** pour les tailler lorsque leurs faces (y compris les faces supérieure et inférieure) sont plus ou moins d'équerre. Si une des faces est fortement inclinée, entamez-la et fendez-la à l'aide d'une chasse, et éliminez les petites aspérités au moyen d'un ciseau à épointer ou d'un marteau de maçon. N'OUBLIEZ PAS qu'une pierre doit toujours reposer à plat, sur sa face inférieure ou supérieure, sans osciller.

**Pour achever de tailler une pierre,** enlevez les arêtes irrégulières ou les saillies indésirables à l'aide d'un ciseau à épointer et d'un maillet. Inclinez le ciseau de 30 à 45° par rapport à la base de la partie à enlever. Frappez légèrement sur le ciseau tout le long du contour de la ligne de cassure et frappez un dernier coup, plus fort, pour provoquer la cassure. Placez soigneusement le ciseau pour qu'il puisse recevoir le coup de maillet.

**Construisez un établi de maçon** si vous devez effectuer un grand nombre de tailles. Cette plateforme simple mais robuste contient un lit de sable qui constitue une surface de travail absorbant les chocs. Vous pouvez placer l'établi sur deux colonnes faites de blocs de béton si vous préférez vous tenir debout pour fendre les pierres. Construisez deux cadres en bois scié de 2 po x 2 po et placez un morceau de contre-plaqué de ¾ po d'épaisseur, en sandwich entre les deux cadres. Fixez le tout à l'aide de vis à plaques de plâtre de 3½ po et remplissez l'établi de sable.

**À l'aide d'une meule à commande mécanique, meulez la tête** d'un ciseau lorsqu'elle commence à prendre la forme d'un champignon sous l'effet des coups de maillet, car de petits éclats de métal risquent alors de se détacher et de devenir de dangereux projectiles. N'OUBLIEZ PAS de toujours porter des lunettes de protection lorsque vous utilisez des outils tranchants.

## Conseils pour tailler des pierres avec une scie circulaire

**La scie circulaire** permet de mieux contrôler la taille des pierres qui ont de grandes surfaces et de les tailler plus précisément qu'avec un ciseau. Mais c'est un outil bruyant et vous devez porter des bouchons d'oreille, un masque antipoussières et des lunettes de sécurité si vous l'utilisez. Installez une lame sans dents sur la scie et commencez l'opération, la profondeur de coupe étant réglée à 1/8 po. (Assurez-vous que la lame convient au matériau que vous taillez. Certaines lames de maçonnerie sont conçues pour couper les matériaux durs tels que le béton, le marbre et le granit; d'autres sont conçues pour couper les matériaux plus tendres comme le bloc de béton, la brique, la pierre de dallage et la pierre calcaire.) Humidifiez la pierre avant de la couper, l'opération dégagera moins de poussière; faites trois passes en augmentant chaque fois la profondeur de coupe de 1/8 po. Répétez l'opération après avoir retourné la pierre. Placez une mince planche sous le pied de la scie pour le protéger contre la rugosité de la surface des matériaux de maçonnerie. N'OUBLIEZ PAS de toujours utiliser une rallonge munie d'une prise à disjoncteur de mise à la terre lorsque vous utilisez des outils à commande mécanique à l'extérieur.

## Comment tailler la pierre des champs

**1** Placez la pierre sur un établi de maçon, ou coincez-la entre des sacs de sable, et marquez à la craie ou au crayon le contour de la taille à effectuer. Tâchez d'utiliser les fissures naturelles de la pierre comme lignes de coupe.

**2** Entamez la pierre le long de la ligne, en frappant des coups de maillet modérés sur le ciseau et frappez solidement le dernier coup, avec une chasse, pour fendre la pierre. Achevez le travail en éliminant les aspérités au moyen d'un ciseau à épointer (page 85).

## Comment tailler la pierre de dallage

**1** Si vous essayez de fendre en deux une grande pierre de dallage, vous risquez de provoquer plusieurs cassures imprévues. Il vaut mieux tailler de petites parties à la fois. Marquez la pierre des deux côtés à l'aide d'une craie ou d'un crayon, aux endroits où vous voulez la casser. S'il existe une fissure à proximité, faites passer la ligne à cet endroit, car c'est probablement là que la pierre cassera le plus facilement.

**2** Entamez la surface de la pierre le long de la ligne tracée sur la face arrière de la pierre (celle qui ne sera pas exposée) en déplaçant le ciseau le long de cette ligne et en le frappant avec le maillet à coups modérés. VARIANTE : si vous devez fendre un grand nombre de pierres, évitez la fatigue que cause le martelage en utilisant une scie circulaire pour entamer les pierres, et en les cassant au moyen d'un marteau et d'un ciseau. Pour réduire le dégagement de poussière, gardez les pierres humides pendant que vous les sciez.

**3** Retournez la pierre, placez un morceau de tuyau ou de bois scié de 2 po x 4 po juste en dessous de la ligne tracée à la craie et frappez vigoureusement avec le maillet sur l'extrémité de la partie à détacher.

**VARIANTE :** si une pierre de pavement vous semble démesurée par rapport à toutes les autres, posez-la simplement à sa place et à l'aide d'un maillet, frappez un coup vigoureux au centre. Elle se brisera certainement en plusieurs morceaux utilisables.

# Poser des pierres

**Les joints minces sont les plus résistants.** Les joints qu'on remplit de mortier doivent avoir 1/2 à 1 po d'épaisseur. Le but du mortier n'est pas d'écarter les pierres, mais de remplir les espaces vides, inévitables, et de renforcer l'adhérence des pierres les unes aux autres. Faites jouer la pierre lorsqu'elle est en place, pour qu'elle soit le plus possible en contact avec les pierres qui l'entourent.

La pierre naturelle est un matériau lourd ; elle pèse en moyenne 165 lb/pi$^3$. Donc, lorsqu'on pose des pierres, il faut avant tout les manipuler avec prudence, de manière à ne pas se blesser ni blesser les autres. Il existe autant de méthodes que de maçons pratiquant cette activité, mais tous respectent néanmoins les principes généraux suivants :

- Les joints minces sont les plus solides. Que vous utilisiez ou non du mortier, plus vous établissez de contact entre les pierres, moins elles auront tendance à se détacher.

- Les *pierres d'ancrage* sont essentielles dans les constructions verticales telles que les murs et les piliers. Ces pierres, dont la longueur atteint au moins les deux tiers de la largeur de la construction, retiennent les autres pierres plus courtes qui les entourent.

- S'ils utilisent du mortier, les maçons jointoient généralement les pierres en façonnant des joints profonds, plus esthétiques. Moins on voit le mortier, plus on met la pierre en valeur.

- Les longs *joints montants* sont les points faibles d'un mur. Recouvrez-les des pierres de l'assise suivante, comme dans l'appareil en panneresse d'un mur de briques ou de blocs (page 65).

- Pour leur assurer une résistance maximale, il faut donner aux côtés d'un mur en pierres une inclinaison vers l'intérieur (appelée *fruit*). Ce point est particulièrement important dans le cas des pierres posées à sec (page 89). Dans les murs construits avec du mortier, le fruit peut être moins prononcé.

**Mêlez de grosses et de petites pierres** dans les allées ou les constructions verticales pour accentuer l'aspect naturel de l'ensemble. En plus d'améliorer l'aspect de l'ouvrage, les longues pierres d'une allée ont le même effet que les pierres d'ancrage dans les murs : elles renforcent l'ensemble en maintenant les autres pierres en place.

**Posez les pierres face irrégulière vers le bas** en creusant le sol jusqu'à ce que la pierre repose à plat. Faites de même dans le cas d'un mur de pierres sans mortier, en vous assurant qu'à la base du mur, les pierres sont inclinées vers la tranchée (pages 188 et 189).

## Conseils pour poser les pierres d'un mur ou d'autres constructions

**Les *pierres d'ancrage*** sont de longues pierres qui couvrent presque toute la largeur du mur (pages 188 et 189), consolidant ainsi l'assemblage de pierres plus courtes et augmentant la résistance du mur. Toute construction devrait contenir 20 % de pierres d'ancrage.

Pierre de parement

**La *pierre de parement*** produit l'effet contraire de celui de la pierre d'ancrage : c'est une pierre dont la face exposée est plate et qui ne consolide pas le mur. On s'en sert quand aucune autre pierre ne convient à l'endroit à couvrir. Utilisez-les le plus rarement possible et posez des pierres d'ancrage à proximité, pour compenser.

**Posez autant que possible les pierres en assises,** suivant la technique de la construction en *pierres de taille*. Si nécessaire, empilez deux ou trois pierres minces pour atteindre l'épaisseur des pierres voisines.

**Dans le cas de pierres irrégulières,** comme les pierres des champs ou les moellons bruts, il est difficile de construire le mur en superposant les assises. Il vaut mieux poser les pierres de manière à remplir les espaces et à recouvrir les joints verticaux.

**Utilisez une mesure du fruit** et un niveau pour que les constructions en pierres sans mortier soient inclinées vers l'intérieur. Inclinez les côtés du mur de 1 po tous les 2 pi de hauteur, inclinez-les moins dans le cas des murs en pierres de taille et des murs autoporteurs, mais inclinez-les davantage s'il s'agit de murs en moellons ou de murs de retenue.

# Travailler avec des carreaux

**On utilise souvent les carreaux de grès cérame** pour les planchers extérieurs, car ils présentent un fini de terre cuite naturelle, et on peut les installer solidement. Quel que soit le carreau de plancher que vous choisissez pour l'extérieur, assurez-vous qu'il est fait pour résister aux cycles de gel-dégel annuels.

Grâce à sa durabilité exceptionnelle, le carreau d'extérieur représente le matériau de décoration idéal. Vous pouvez l'utiliser pour finir un perron, refaire la surface d'une terrasse ou ajouter une touche de couleur à une allée bétonnée.

Il faut respecter les trois importantes règles suivantes lorsqu'on envisage d'utiliser des carreaux d'extérieur : n'utilisez que des carreaux fabriqués pour usage extérieur – dont la surface ne devient pas glissante lorsqu'ils sont mouillés –, posez-les sur une surface plane et solide, et scellez le coulis et les carreaux (si le fabricant le recommande) pour les protéger contre les dommages.

Dans le projet décrit aux pages 158 à 171, on vous montre comment couler une nouvelle dalle de béton sur un ancien patio pour former une base lisse en vue de l'installation de nouveaux carreaux. Vous trouverez également des conseils pour installer directement les nouveaux carreaux sur l'ancien patio.

## Conseils pour travailler avec des carreaux

**Choisissez les carreaux** pour leur taille, leur forme, leur couleur et leur style. Des carreaux de couleur pâle éclairent une surface et l'agrandissent, mais ceux-ci sont plus salissants que les carreaux foncés. Les grands carreaux sont plus faciles à installer que les petits et ils nécessitent généralement moins d'entretien.

**Organisez soigneusement la disposition des carreaux**. Arrangez-vous pour avoir des carreaux entiers aux endroits les plus visibles et réservez les fragments pour les endroits dissimulés. Agencez le tout pour que les morceaux soient au moins de la taille d'un demi-carreau. Tirez des lignes de référence : elles faciliteront l'installation des carreaux (étape 3, page 165).

# Travailler avec des matériaux divers

En utilisant les informations et les techniques décrites dans ce livre, vous pouvez associer des matériaux de maçonnerie et d'autres éléments pour créer des objets décoratifs particuliers dans votre maison et dans votre jardin.

L'architecture paysagère offre des ressources inépuisables de combinaisons de matériaux en vue de la réalisation d'ouvrages particuliers. Par l'assemblage de matériaux fabriqués et de matériaux naturels, vous pouvez mettre en valeur les qualités distinctes de chacun d'eux et rendre le tout plus attrayant.

Le béton est utile pour effectuer des travaux au moyen de divers matériaux, car on peut lui donner à peu près n'importe quelle forme. On peut y incruster des ornements (pages 118 et 119), le marquer d'empreintes, ou lui donner une texture particulière au moyen de techniques de finition (pages 52 et 53). Si on les utilise avant qu'ils ne sèchent, le stuc et le mortier permettent également au constructeur d'exprimer sa créativité.

Servez-vous des idées contenues dans ces pages pour concevoir des travaux réalisables dans divers matériaux, et découvrez dans ce livre des ouvrages dans lesquels on utilise des matériaux particuliers et les techniques correspondantes. Vous pourrez ainsi harmoniser les matériaux que vous avez choisis, et planifier et réaliser plus facilement vos travaux.

**Combinez les matériaux pour créer des motifs attrayants**, comme c'est le cas dans cette allée pavée de pierres naturelles, de pavés en terre cuite et de carreaux céramiques. Lorsque vous devez choisir des matériaux pour réaliser des travaux extérieurs, tenez compte de leur résistance à la fois aux intempéries, à la circulation piétonne intense et à l'utilisation du mobilier de jardin.

## Conseils pour travailler avec des matériaux divers

**Décorez le béton** en marquant la surface d'empreintes de feuilles ou de rameaux, ou en y incrustant de petits ornements après l'avoir arasé (pages 118 et 119). À la truelle, saupoudrez de pigment et de ciment sec la surface humide du béton pour lui donner une couleur distincte.

**Utilisez des matériaux naturels** pour donner une touche rustique à une allée en béton. Dans cette allée, on a utilisé à la fois du béton lisse et du béton contenant des granulats apparents (pages 52 et 53). Les murets de retenue en pierres de taille font le lien entre le béton et les plantes, les buissons et le sol.

**Mélangez le stuc sec** et l'eau en suivant les instructions du fabricant pour chacune des couches. Pour la couche de finition, préparez tout d'abord un lot d'essai. Ajoutez des quantités mesurées de stuc et de teinture jusqu'à ce que vous obteniez la combinaison désirée. Notez la recette pour pouvoir la reproduire pour les autres lots. La couche de finition requiert un peu plus d'eau que les autres couches (page 95).

# Travailler avec le stuc

Le travail du stuc est pratiqué depuis des siècles. Le stuc actuel est un mélange de ciment Portland, de ciment de maçonnerie, de sable et (dans la couche de finition) de chaux éteinte, le tout étant additionné d'eau. On trouve facilement dans le commerce des sacs contenant le mélange des ingrédients secs. On applique le mélange humide sur les murs et on le travaille soit à la truelle, soit au pinceau, selon le fini qu'on désire obtenir.

Revêtir de stuc tous les murs de la maison est un travail exigeant. Mais réparer ou modifier de petites sections (pages 278 et 279) ne présente pas de difficulté. Les murs que l'on conserve en bon état et qu'on rafraîchit à l'occasion à l'aide d'une couche d'appoint peuvent durer des décennies.

On peut appliquer le stuc sur des surfaces de maçonnerie, comme les blocs de béton, ou sur le bois ou d'autres matériaux qu'on a préalablement recouverts de papier de construction et de grillage métallique. Sur les briques ou les blocs, on applique deux couches de stuc : une couche de base de ⅜ po d'épaisseur et une couche de finition de ¼ po d'épaisseur. Sur le papier de construction et le grillage métallique, on appliquera trois couches : une couche éraflée (de ⅜ à ½ po d'épaisseur), une couche brune (de ⅜ po d'épaisseur) et une couche de finition (de ⅛ po d'épaisseur).

Suivez les instructions du fabricant relatives aux temps de séchage entre les couches.

### Tout ce dont vous avez besoin

Outils : bétonnière, planche à mortier, truelle rectangulaire, marteau, agrafeuse, couteau universel, cisaille de type aviation, pelle, seau, balayette, râteau métallique.

Matériel : papier de construction de 15 lb résistant aux intempéries, autofourrure, bordure métallique, cueillie, clous pour couverture galvanisés de 1½ po ou agrafes industrielles, mélange de stuc.

## Conseils de préparation des surfaces pour le stuc

**Attachez le papier de construction** à la charpente, au moyen d'agrafes industrielles ou de clous pour couverture. Faites chevaucher les feuilles de 4 po. Dans certaines régions, il faut utiliser plus d'une couche de papier de construction. Demandez à votre inspecteur local des bâtiments quelles sont les exigences des codes à ce sujet.

**Installez l'autofourrure** sur le papier, en utilisant des clous pour couverture de 1½ po, enfoncés dans les poteaux, tous les 6 po. Les feuilles métalliques doivent se chevaucher sur 1 po horizontalement et sur 2 po verticalement. Installez la fourrure de manière que le côté rugueux soit à l'extérieur.

**Installez la bordure métallique** le long des bords des murs, et la cueillie à la base des murs, pour que les coins et les bordures soient nets lorsque vous appliquerez le stuc. Vérifiez si la bordure est d'aplomb et fixez-la avec des clous pour couverture.

**À l'aide d'une cisaille de type aviation** enlevez l'excédent d'autofourrure, de bordure métallique et de cueillie. Portez des lunettes de sécurité, et des gants épais pour vous protéger contre le tranchant des arêtes.

## Conseils pour la préparation des surfaces qui doivent recevoir le stuc

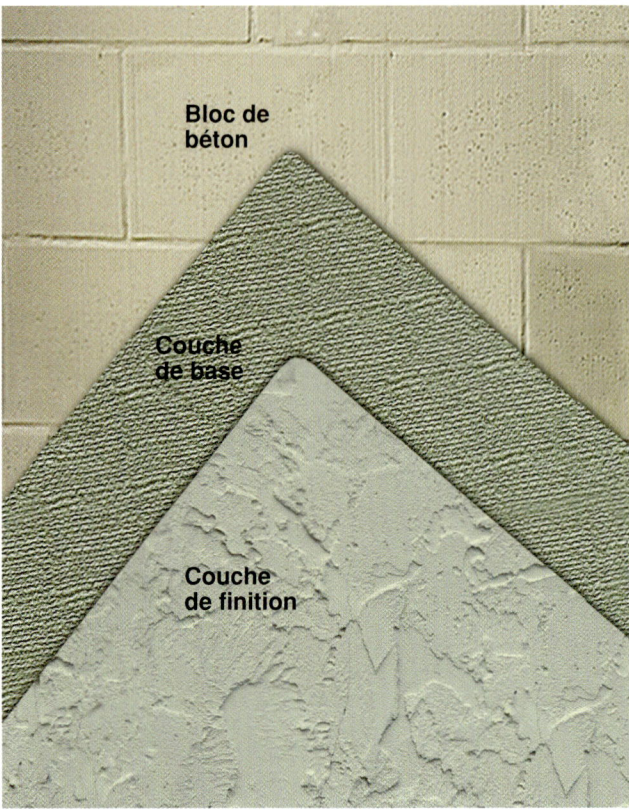

**Le mode de préparation de la surface** et le nombre de couches de stuc nécessaires dépendent de la construction du mur. Une construction à ossature en bois ou une surface en panneaux isolants seront recouvertes de papier de construction et de grillage avant de recevoir trois couches de stuc. Par contre, on peut appliquer le stuc directement sur les blocs de béton, en deux couches.

## Conseils pour appliquer le stuc

**Utilisez une bétonnière** pour les travaux importants. Ajoutez de l'eau au mélange jusqu'à obtention d'une pâte malléable, en suivant les instructions du fabricant.

**Commencez en haut ou en bas du mur.** Tenez une planche à mortier près du mur et enfoncez le stuc dans l'autofourrure avec une truelle rectangulaire. Appuyez fermement pour remplir les vides et faites en sorte que la couche qui couvre le grillage soit la plus lisse possible.

## Conseils pour la finition du stuc

**Mettez au point une formule de préparation** qui donne un stuc de texture et de couleur uniformes. Faites l'essai de différents stucs de finition en les appliquant sur un morceau de bois non utilisé. Laissez sécher les échantillons pendant une heure au moins, pour avoir une idée de la couleur qu'aura le stuc lorsqu'il sera sec. Notez les proportions du mélange.

**Mélangez le lot de finition,** pour qu'il contienne un peu plus d'eau que celui des couches éraflée et brune. Le mélange doit toutefois rester sur la planche à mortier sans couler.

**Recouvrez un aplanissoir d'un morceau de moquette :** vous obtiendrez l'outil parfait pour donner à la surface une texture d'enduit taloché. Faites d'abord un essai sur une petite partie de la surface.

**Vous obtiendrez un fini crépi** en projetant le stuc sur la surface ou en la *crépissant* et en laissant sécher le stuc tel quel.

**Pour obtenir une texture de fini crépi à la truelle**, crépissez la surface de stuc à l'aide d'un balai (à gauche) et aplatissez ensuite le stuc à la truelle.

**Les matériaux nécessaires à la fabrication d'hypertuf** ne coûtent pas cher et sont faciles à trouver. Ils comprennent du ciment Portland, de la perlite, de la tourbe, des fibres de verre, du sable de maçonnerie, de la teinture à béton, un grillage métallique, une bâche en plastique, un masque antipoussières et des gants de caoutchouc.

### Recette n° 1

2 seaux de ciment Portland
3 seaux de tourbe tamisée
3 seaux de perlite
1 poignée de fibres de verre
Teinture à béton en poudre
 (facultative)

Mélanger le ciment, la tourbe et la perlite dans une brouette ou un bac. Ajouter les fibres de verre et la teinture (au choix). Mélanger jusqu'à ce que les fibres soient bien réparties dans le mélange.

### Recette n° 2

3 seaux de ciment Portland
3 seaux de sable de maçonnerie
3 seaux de tourbe tamisée
Teinture à béton en poudre
 (facultative)

Mélanger soigneusement les ingrédients secs, comme ci-dessus. Ajouter l'eau par petites quantités jusqu'à ce que le mélange ait la consistance du fromage cottage.

# Travailler avec l'hypertuf

L'hypertuf est un matériau de maçonnerie qui contient de la tourbe et qui convient à la construction de jardinières, de socles et de bains d'oiseaux rustiques. On tasse l'hypertuf humide dans des moules où on le laisse sécher.

Nous proposons ci-dessus deux recettes d'hypertuf; la première contient des fibres de verre et produit un mélange léger, durable, idéal pour la fabrication des jardinières de tailles moyenne ou imposante; l'autre contient du sable et sert à fabriquer des objets plus petits et des récipients qui doivent contenir de l'eau. On trouve tous les ingrédients entrant dans la fabrication de l'hypertuf dans les maisonneries ou les centres de jardinage.

Utilisez du ciment Portland plutôt qu'un mélange à béton préparé, inutilement lourd et donnant une surface de béton finie plus rugueuse. Dans la recette n° 1, la perlite, un produit qui allège le sol, remplace l'agrégat classique. Dans la recette n° 2, l'emploi de sable de maçonnerie fin produit un récipient plus solide que s'il était fabriqué avec du sable plus grossier.

La tourbe naturelle contient des particules de toutes dimensions, dont certaines sont trop grosses pour l'hypertuf. La solution consiste donc à tamiser la tourbe à travers un grillage métallique. Si vous prévoyez la fabrication de plusieurs éléments en hypertuf, achetez un gros ballot de tourbe, tamisez-le entièrement et stockez le produit tamisé pour l'utiliser au fur et à mesure.

La recette n° 1 demande des fibres de verre séparées qui augmentent la résistance du mélange. On trouve ce produit dans la plupart des maisonneries, mais si vous n'en trouvez pas facilement, adressez-vous à un centre de produits de maçonnerie.

L'hypertuf sec a naturellement la couleur du béton. Si vous préférez une autre couleur, ajoutez une teinture à béton en poudre pendant la phase de mélange. Les produits de teinture étant fortement concentrés, commencez par ajouter une petite quantité et ajoutez-en davantage si nécessaire.

## Comment préparer et couler l'hypertuf

**1** Placez le grillage métallique sur un grand seau ou sur une brouette. Frottez la tourbe sur le grillage pour la tamiser. Rejetez les particules qui ne traversent pas le grillage.

**2** Mélangez les ingrédients dans les quantités prescrites dans la recette (page 96). Ajoutez de l'eau jusqu'à ce que le mélange ait la consistance voulue.

**3** Tassez l'hypertuf dans les moules faits de morceaux de polystyrène isolant assemblés au moyen de ruban adhésif et de vis (pages 225 et 228). Ajoutez et tassez de plus en plus d'hypertuf jusqu'à ce qu'il remplisse le moule à la hauteur voulue (pages 224 à 227). Couvrez le moule de plastique et laissez reposer le tout pendant 48 heures.

**4** Démontez le moule et enlevez le récipient pour le laisser sécher. Si l'hypertuf contient des fibres de verre, laissez-le sécher, puis brûlez les fibres qui dépassent de la surface, en balayant celle-ci lentement à l'aide d'une torche à propane. S'il s'agit de bassins ou d'autres éléments qui doivent contenir de l'eau appliquez-y un produit de scellement pour maçonnerie.

### Conseils pour sécher l'hypertuf

Le séchage complet de l'hypertuf prend du temps. Enveloppez la pièce dans du plastique et laissez-la dans un endroit frais, pendant un mois. Ôtez ensuite l'enveloppe de plastique et laissez sécher la pièce à l'air, à l'extérieur, pendant plusieurs semaines. Si la pièce est une jardinière, rincez-la régulièrement avec de l'eau additionnée de vinaigre, pour diminuer l'alcalinité de l'hypertuf et protéger les plantes. Placez finalement la pièce dans un endroit sec, à l'intérieur, et laissez-la sécher pendant plusieurs semaines.

# Projets de maçonnerie

# Projets de maçonnerie

Dans les pages qui suivent, on vous montre étape par étape quelques travaux impressionnants. Dans cette section, on présente avec chaque groupe de travaux des renseignements sur l'architecture paysagère et sur les outils et techniques spécialisés dont on se sert. Pour de plus amples renseignements sur les travaux effectués avec des matériaux de maçonnerie, nous renvoyons le lecteur aux techniques de base qu'on peut trouver à partir de la page 24.

## Allées, sentiers et marches (pages 102 à 139)

**Vous pouvez construire des allées, des sentiers et des marches** dans une foule de matériaux, dont l'éventail va des pierres de dallage naturelles aux pavés de terre cuite, en passant par les blocs de béton manufacturé. Pour que le sentier que vous envisagez soit facile à construire et d'aspect rustique, vous pouvez poser des pierres de dallage ou des pavés directement sur le sol ou sur un lit de pierres concassées. Les pierres, pavés et autres matériaux de maçonnerie posés dans le mortier donnent une allure plus austère à l'ensemble. Pour construire des allées, des sentiers ou des marches en béton coulé ou constitués de matériaux de maçonnerie cimentés, il vous faudra des outils et des matériaux supplémentaires, et le travail vous prendra au moins une journée complète ; mais les résultats seront impressionnants et durables.

## Paliers, patios et entrées (pages 140 à 175)

**Les patios font partie des ouvrages de maçonnerie les plus populaires.** Après avoir construit un patio, vous construirez plus facilement une entrée ou une autre dalle, car ces travaux utilisent les mêmes techniques. Dans cette section, on vous montre, à travers plusieurs ouvrages, comment construire un palier, un trottoir ou un patio en vous servant d'une dalle de béton existante comme base. À condition que le béton de la surface originale soit sain, vous pouvez y couler une dalle de béton frais ou poser sur cette surface des pavés ou des carreaux.

## Murs, piliers et arches (pages 176 à 207)

**Que vous projetiez de construire** un simple mur ou un ouvrage plus compliqué, les techniques de base sont les mêmes. La construction d'arches exige de la patience et fait appel à quelques techniques supplémentaires, et vous devrez construire un coffrage simple en bois pour supporter l'ouvrage pendant le séchage du mortier.

## Finition des murs de la maison et du jardin (pages 208 à 221)

**La maçonnerie offre des solutions attrayantes** lorsqu'on veut finir les murs extérieurs d'une maison, d'un garage ou d'un abri, ou qu'on projette de rafraîchir les murs de jardin. La brique, la pierre, le stuc et le ciment adhérant aux surfaces constituent autant de revêtements muraux idéaux, car ils offrent une excellente protection des murs contre les intempéries et nécessitent peu d'entretien.

## Objets décoratifs d'extérieur (pages 222 à 239)

**Dans cette section,** on vous parlera de matériaux anciens tels que la pierre calcaire, utilisée dans la construction de cette borne d'entrée (à droite), et de matériaux modernes tels que l'hypertuf, utilisé pour construire des bains d'oiseaux, des jardinières et d'autres accessoires de jardin attrayants (ci-dessous). Ces ouvrages rehausseront l'aspect de votre jardin.

**Les trottoirs en pierres de dallage** allient le charme et la durabilité et se prêtent à différents agencements, fantaisistes ou austères. Souvent, on utilise la pierre de dallage pour construire les patios et on peut la poser dans le sable ou le mortier (pages 120 et 121). CONSEIL : évitez d'abîmer les bordures en utilisant une tondeuse à fil plutôt qu'une tondeuse à lame près des trottoirs.

# Allées, sentiers et marches

Les trottoirs et les sentiers servent de « couloirs » entre les endroits très fréquentés de votre cour et les entrées de votre maison. Ils peuvent également servir à diriger les utilisateurs vers un endroit particulier du jardin, comme un étang ou un massif de fleurs, et ils peuvent encore créer un couloir visuel entre différents endroits.

Les sentiers sinueux dégagent une impression de douceur et de détente, tandis que les chemins rectilignes ou angulaires s'intègrent bien à l'architecture paysagère moderne.

On construit souvent les allées de jardin avec des matériaux en vrac, tels que la pierre concassée, tenus en place par des bordures. Les allées de promenade dureront plus longtemps si elles sont en pierres ou en pavés de terre cuite, posés sur un lit de sable ou de mortier. Les trottoirs en béton coulé sont pratiques et extrêmement résistants. La plupart des techniques utilisées dans la construction des patios (pages 140 à 171) peuvent également servir à la construction d'allées.

Il ne faut pas prévoir de fondation résistant au gel pour les allées, les sentiers et les marches, mais il faut enlever le gazon et creuser le sol pour construire la plupart de ces ouvrages. La profondeur de creusage varie d'un ouvrage à l'autre en fonction de l'épaisseur du matériau de maçonnerie et de l'assise de sable ou de gravier compactable. L'assise assure une surface plus stable que le sol brut et permet à l'eau de s'écouler au lieu de s'accumuler sous la maçonnerie.

## Conseils pour construire une allée

**Utilisez une déplaqueuse à gazon** pour enlever une bande de gazon à l'endroit prévu pour l'allée. La plupart des centres de location louent ces machines qui permettent d'enlever une couche de gazon d'épaisseur uniforme. Le gazon ainsi coupé peut être reposé ailleurs sur le terrain.

**Installez des piquets et des cordeaux** pour délimiter les allées rectilignes et prenez les mesures à partir des cordeaux pour que les côtés soient droits et que la profondeur d'excavation soit uniforme.

## Conseils pour que l'eau s'écoule hors des allées

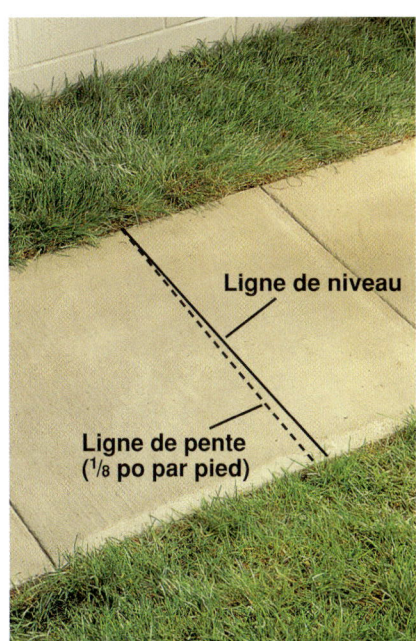

**Inclinez les allées** pour éloigner l'eau de la fondation de la maison ou du sous-sol. Délimitez l'allée en installant des cordeaux de maçon qui soient de niveau dont vous abaisserez ensuite l'extrémité éloignée de la maison pour créer une pente de 1/8 po par pied (voir pages 37 à 39).

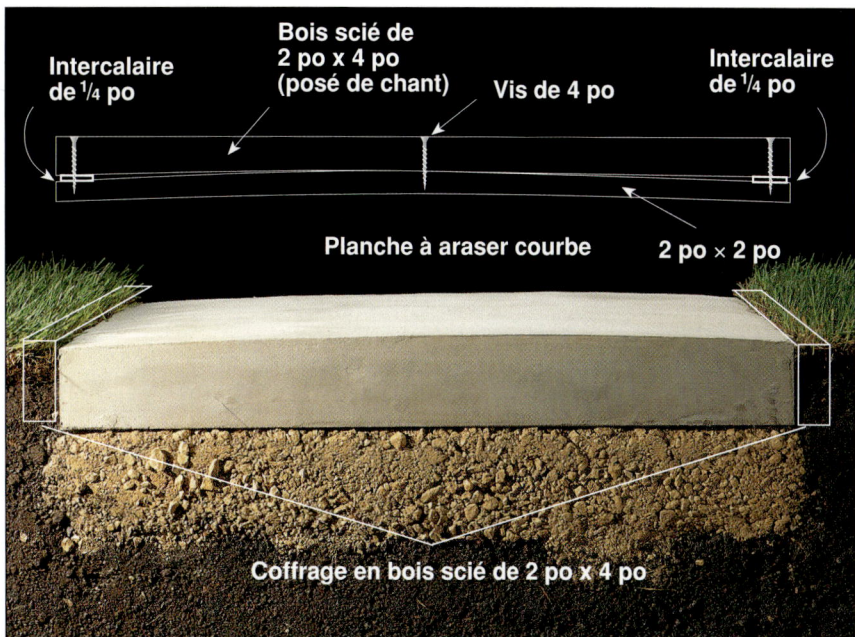

**Bombez l'allée** de manière qu'elle soit surélevée de 1/4 po au centre par rapport aux bords. Cela empêchera l'accumulation d'eau sur la surface. Pour réaliser cette convexité de la surface, construisez une planche à araser concave en coupant des morceaux de bois scié de 2 po x 2 po et de 2 po x 4 po assez longs pour qu'ils reposent sur les éléments du coffrage. Placez les deux morceaux de bois l'un contre l'autre et insérez entre eux, aux deux extrémités, un intercalaire de 1/4 po. Attachez-les au moyen de vis de 4 po, enfoncées au centre et aux extrémités. Le morceau de bois de 2 po x 2 po viendra en contact avec le morceau de 2 po x 4 po, ce qui créera la concavité nécessaire. Arasez le béton avec la planche ainsi construite, le bord concave orienté vers le sol.

# Construction d'un sentier de pierres en vrac

**Les bordures de briques** sont parfaites pour délimiter les sentiers rectilignes ou sinueux, construits avec des pierres en vrac.

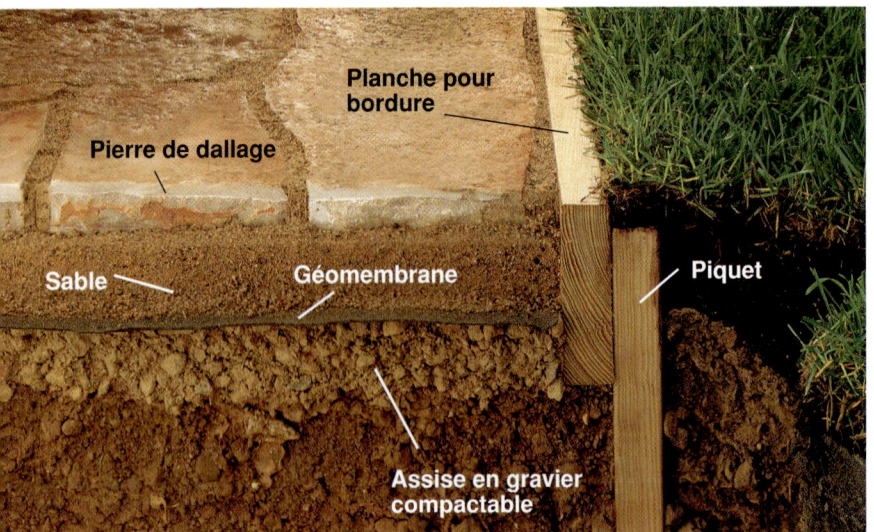

**Les bordures de bois** délimitent solidement les allées rectilignes, construites en pierres de dallage ou en pavés de terre cuite posés dans le sable.

**La bordure en plastique rigide** est facile à installer et convient bien aux allées rectilignes et sinueuses, construites en pavés de pierre ou en pavés de terre cuite, posés dans le sable.

Vous utiliserez des bordures pour tenir les matériaux de l'allée en place et lui donner l'aspect d'une allée bien finie. Choisissez le type de bordure en tenant compte des facteurs suivants : le coût, l'apparence, la polyvalence et la facilité d'installation.

**La bordure de briques** posée directement dans une tranchée creusée dans le sol convient aux sentiers simples, peu fréquentés, mais il ne faut l'envisager que si le sol est dense et bien drainé. (Si le sol est meuble ou détrempé, les briques ne conserveront pas leur position initiale.) On peut placer les briques verticalement ou les incliner latéralement pour former une bordure en dents de scie. On peut également cimenter des pavés de terre cuite sur les côtés d'un ancien trottoir pour qu'ils constituent les bords de la nouvelle surface qu'on va construire (étapes 2 à 4, page 114).

**La bordure en bois** traité sous pression, en séquoia ou en cèdre est à la fois bon marché et facile à installer. On laisse dépasser le dessus des planches pour embellir la bordure. Pour tenir les bordures en place, on les attache à des piquets de bois enfoncés tous les 12 po sous le niveau du sol, à l'extérieur des bordures.

**La bordure en plastique rigide** est dissimulée, durable et facile à installer. On l'a créée pour border les pavés de terre cuite posés dans le sable. Elle est maintenue en place grâce au poids du sol et aux grands clous galvanisés qu'on enfonce à travers sa bride arrière. La bordure de vinyle en rouleau convient aux allées simples et aux parterres. Elle ne coûte pas cher et elle est souple.

### Tout ce dont vous avez besoin

OUTILS : tuyau de jardin ou corde, pioche, bêche ou déplaqueuse louée, râteau, maillet en caoutchouc.

MATÉRIEL : géomembrane, briques, gravier, pierres concassées, écorce ou copeaux de bois, bois scié de 1 po x 4 po.

## Comment construire un sentier en utilisant des matériaux en vrac et des bordures de briques

**1** Délimitez le sentier à l'aide d'un tuyau de jardin ou d'une corde (page 12) et, au moyen d'une pioche, d'une bêche ou d'une déplaqueuse à gazon, excavez l'endroit jusqu'à 2 à 3 po de profondeur (page 103). Nivelez le sol à l'aide d'un râteau.

**2** À l'aide d'une pelle ou d'une bêche, creusez des tranchées de bordure étroites qui seront plus profondes de 2 po environ que la surface du sentier.

**3** Posez la géomembrane entre les tranchées de bordure : elle empêchera les mauvaises herbes de pousser. Faites chevaucher les feuilles de membrane de 6 po minimum.

**4** Posez les briques debout dans les tranchées de bordure en les laissant dépasser légèrement au-dessus du niveau du sol. Tassez la terre derrière et sous les briques et ajustez celles-ci, si nécessaire, pour que les rangées soient uniformes.

**5** Achevez de construire le sentier en étalant le matériau en vrac (gravier, pierres concassées, écorce, ou copeaux de bois) entre les rangées de briques. Égalisez la surface à l'aide d'un râteau. Le matériau en vrac doit atteindre un niveau légèrement supérieur à celui du sol. Tapotez la face intérieure de chacune des briques, pour que celles-ci soient bien implantées dans le sol. Inspectez et ajustez les briques une fois par an en ajoutant du matériau en vrac là où c'est nécessaire.

# Construire une allée en béton coulé

Construire une allée en béton coulé est un des ouvrages les plus intéressants que peut accomplir un propriétaire. Après que vous aurez excavé un endroit et coulé le béton d'une allée, vous pourrez attaquer avec confiance des travaux plus importants tels que la construction d'un patio ou d'une entrée.

Dans ce projet, on vous montre comment délimiter l'allée (avec ses changements de direction éventuels), excaver l'endroit, construire le coffrage, étendre la couche de gravier de l'assise, et couler et travailler le béton. Pour de plus amples renseignements sur ces différentes étapes et sur les meilleures techniques à utiliser, reportez-vous à la section des techniques de base employées pour le béton (pages 34 à 61).

### Tout ce dont vous avez besoin

Outils : niveau de cordeau, marteau, pelle, déplaqueuse à gazon, brouette, pilon, perceuse, planche à araser, règle rectifiée, cordeau de maçon, taloche de maçon, truelle de maçon, fer à bordure, fer à rainure, balai à poils raides.

Matériel : piquets de jardin, barres d'armature, supports d'armature, bois scié de 2 po x 4 po, vis de 2½ po et de 3 po, mélange à béton, produit de scellement pour béton, panneau isolant, gravier compactable, adhésif de construction, clous.

## Comment construire une allée

**1** Tracez l'allée, changements de direction compris. Délimitez le tracé définitif à l'aide de piquets reliés par des cordeaux de maçon. Déterminez la pente le cas échéant (pages 38 et 39). Enlevez le gazon sur une surface allant jusqu'à 6 po au-delà des cordeaux, de chaque côté ; puis, excavez l'endroit au moyen d'une pelle, de sorte que la profondeur soit supérieure de 4 po à l'épaisseur qu'aura la dalle, en respectant les lignes de pente de manière à garder une profondeur constante (page 39).

**2** Étalez une couche de 5 po de gravier compactable, qui servira d'assise. À l'aide d'un pilon, tassez-la jusqu'à ce qu'elle ait une épaisseur uniforme de 4 po (page 39).

**3** Construisez un coffrage avec des morceaux de bois scié de 2 po x 4 po placés sur chant (page 40). Biseautez les extrémités des éléments du coffrage pour former les angles et placez les éléments en alignant leur bord intérieur sur les cordeaux. Fixez les éléments du coffrage avec des vis de 3 po et enfoncez ensuite des piquets en bois scié de 2 po x 4 po le long des éléments, tous les 3 pi. Attachez les piquets au coffrage au moyen de vis de 2 1/2 po. À l'aide d'un niveau, vérifiez si les éléments du coffrage sont de niveau ou ont la pente désirée. Enfoncez des piquets de part et d'autre des angles du coffrage.

**4** À l'aide d'adhésif de construction, collez un panneau isolant (page 37) aux marches, à la fondation de la maison, ou à tout autre élément de construction adjacent à l'allée.

**VARIANTE :** Renforcez la dalle de l'allée à l'aide de barres d'armature n° 3 (page 41). Pour une allée de 3 pi de large, placez deux longueurs de barres d'armature, également espacées à l'intérieur du coffrage. Utilisez des supports d'armature (assurez-vous que les barres d'armature sont au moins 2 po plus bas que le dessus du coffrage). Pliez les barres d'armature aux angles de l'allée ou courbez-les dans les virages éventuels et, aux joints des angles, faites chevaucher les barres sur une longueur de 12 po minimum. Marquez l'emplacement des joints de rupture (que vous tracerez plus tard avec un outil à rainure) et enfonçant des clous sur les bords extérieurs du coffrage, en les espaçant d'environ 3 pi (étape 5, page 40).

Suite à la page suivante

## Comment construire une allée (suite)

**5** Mélangez le béton et coulez-le dans le coffrage (pages 42 à 47). Étalez-le uniformément à l'aide d'une bêche de maçonnerie. Après avoir coulé tout le béton, passez la lame d'une pelle rectangulaire le long des bords intérieurs du coffrage et frappez ensuite les bords extérieurs de celui-ci à l'aide d'un marteau, pour que le béton se tasse.

**6** Fabriquez une planche à araser concave (page 103) et utilisez-la pour bomber la surface du béton lorsque vous le lissez. NOTE : la présence d'un aide vous facilitera la tâche.

**7** Lissez la surface à l'aide d'une taloche (page 49). Tracez les joints de rupture aux endroits marqués (page 48) en utilisant une truelle et une règle rectifiée. Laissez sécher le béton jusqu'à ce que l'eau de ressuage ait disparu (page 49).

**8** Finissez les bords de l'allée en béton en glissant un fer à bordure le long du coffrage. À l'aide d'une taloche, lissez les marques laissées par le fer à bordure. Levez légèrement le bord avant du fer à bordure et celui de la taloche pendant cette opération.

**9** Quand l'eau de ressuage a disparu, tracez les joints de rupture à l'aide d'un fer à rainure et d'un morceau droit de bois scié de 2 po x 4 po. Lissez toutes les marques d'outils au moyen d'une taloche.

**10** Si vous voulez créer une surface texturée antidérapante traînez un balai à poils raides, propre, sur la surface de béton (page 52). Si vous voulez imiter l'apparence des pierres de dallage ou le fini des pavés en terre cuite, reportez-vous aux pages 110 et 111. Évitez de faire chevaucher les traces de balai. Couvrez l'allée de plastique et laissez sécher le béton pendant une semaine (page 52).

**11** Enlevez les éléments du coffrage et remplissez de terre ou de gazon les espaces vides le long des côtés de l'allée en béton. Si vous le désirez, imperméabilisez le béton (pages 54 et 55), en suivant les instructions du fabricant.

**Donnez à une allée en béton fraîchement coulée** l'apparence d'un sentier en pierres de dallage naturelles en creusant des lignes dans la surface après l'avoir lissée et en la lissant de nouveau pour lui donner un fini durable.

# Imiter les pierres de dallage dans le béton d'une allée

En creusant des joints dans une allée en béton, vous imiterez facilement l'apparence des dalles naturelles, et votre allée sera plus attrayante que ne le serait un sentier ordinaire. En colorant le béton avant de le couler et de le creuser, vous créerez une allée ressemblant à un sentier fait de pierres de dallage serrées les unes contre les autres, d'où le nom de *faux dallage* qu'on donne souvent à cette technique de finition.

Commencez par observer des sentiers dallés dans votre voisinage et dessinez sur une feuille de papier le motif que vous désirez créer. Vous pourrez ainsi avoir une idée de la couleur que vous voulez obtenir en teintant le mélange à béton. Tenez compte de la couleur de votre maison et de l'architecture paysagère et faites des essais jusqu'à ce que vous trouviez la nuance assortie. Pour savoir comment couler une allée en béton, reportez-vous au projet de construction d'une allée en béton coulé (pages 106 à 109). Utilisez la technique du balayage pour obtenir une surface antidérapante (page 52).

### Tout ce dont vous avez besoin

Outils : outil à jointoyer ou tuyau de cuivre courbé de ¾ po de diamètre, planche à araser, taloche en magnésium.

Matériel : bois scié de 2 po x 4 po, mélange à béton, teinture, produit de scellement pour béton.

### Comment imiter l'apparence du dallage dans une allée en béton

**1** Coulez le béton dans le coffrage, en appliquant la technique de base (pages 106 à 109) et lissez la surface avec une planche à araser et une taloche en magnésium.

**2** Creusez des lignes peu profondes dans le béton, en utilisant un outil à jointoyer ou un morceau de tuyau de cuivre courbé. Lissez de nouveau la surface et enlevez le coffrage lorsque le béton est sec. Protégez la surface à l'aide d'un produit de scellement transparent (pages 54 et 55).

# Imiter l'apparence des pavés de terre cuite dans le béton d'une allée

On peut utiliser une technique, différente de la technique d'imitation du dallage (page 110), qui consiste à couler le béton de l'allée section par section, en se servant d'un moule, ce qui donne l'illusion de pavés de terre cuite ou d'un pas japonais. Il n'est pas nécessaire de construire un coffrage pour ces travaux, car le béton prend la forme du moule lorsqu'on le coule en place. Après avoir délimité l'allée et étalé le matériau de l'assise (pages 106 et 107), vous pouvez couler directement le béton dans le moule. Mais vous devez être très attentif, lorsque vous placez le moule, à ce que l'allée suive le chemin que vous avez tracé. Comme dans le projet de « faux dallage » (page 110), vous pouvez colorer le béton avant de le couler pour recréer les couleurs des pierres ou des pavés naturels. Reportez-vous aux sections traitant de l'excavation (pages 38 et 39) et de l'estimation de la quantité de béton nécessaire, du mélange et de la coulée du béton (pages 42 à 47). Utilisez la technique du balayage pour obtenir une surface antidérapante (page 52).

> **Tout ce dont vous avez besoin**
>
> OUTILS : truelle, moule à béton, pelle.
>
> MATÉRIEL : mélange à béton, teinture, panneau isolant, gravier compactable, produit de scellement pour béton, sable de maçonnerie, mortier.

**Coulez le béton frais** dans des moules en plastique pour former des dalles qui auront l'apparence de pavés de terre cuite bien rangés. On trouve dans le commerce des moules permettant de créer des « briques » ou des « pierres » de forme et de taille variées.

## Comment utiliser les moules à pavés de béton

**1** Placez le moule au début de la surface excavée. Remplissez chaque cavité du moule et, à l'aide d'une truelle, arasez la surface pour que le béton affleure le bord du moule. Laissez sécher l'eau de ressuage (page 49), enlevez le moule et mettez-le sur le côté.

**2** Lissez les bords du béton avec une truelle, en ajoutant éventuellement du béton dans les espaces vides. Pour couler les sections suivantes, orientez le moule de la même façon ou tournez-le d'un quart de tour. Continuez à placer et à remplir le moule jusqu'à l'extrémité de l'allée. Au dernier emplacement, ne remplissez que les cavités aboutissant à l'extrémité de l'allée. Attendez une semaine et appliquez un produit de scellement pour béton transparent (pages 54 et 55). OPTION : finissez l'allée en remplissant les joints de sable ou de mortier sec (étapes 29 et 30, page 153).

# Refaire la surface d'une allée en béton

On peut restaurer le béton d'une surface abîmée, mais toujours solide, en y déposant une mince couche de béton neuf. Si l'ancienne surface est profondément crevassée ou fortement abîmée, cette mesure ne résoudra que temporairement le problème. Le béton neuf adhère mieux à l'ancien s'il est damé ; il est donc préférable d'utiliser un mélange à béton assez sec et ferme que l'on pourra tasser à l'aide d'une pelle.

Vous pouvez obtenir un effet entièrement différent en transformant une ancienne allée de béton en allée revêtue de pavés en terre cuite, cimentés à l'aide de mortier (pages 114 et 115). Dans ce projet, le mortier appliqué sur l'ancien béton sert de fondation à la nouvelle surface de pavés.

**Refaites la surface de béton** si elle est endommagée, si elle s'écaille ou présente des cratères. Utilisez un mélange à béton au sable, car la couche de béton neuf doit être mince (1 à 2 po d'épaisseur). Si vous faites livrer le béton par une centrale à béton, assurez-vous que la préparation ne contient pas de granulats de plus de 1/2 po.

## Comment refaire une surface en utilisant du béton frais

**1** Nettoyez soigneusement la surface. Si elle s'écaille ou présente des cratères, grattez-la avec une pelle pour déloger le plus de débris de béton possible ; ensuite, balayez la surface.

**2** Creusez une tranchée de 6 po de large autour de la surface en vue d'y installer un coffrage en bois scié de 2 po x 4 po.

### Tout ce dont vous avez besoin

**Outils :** pelle, taloche en bois, balai, scie circulaire, maillet, perceuse, pinceau, rouleau et bac à peinture, brouette, planche à araser, fer à rainure, fer à bordure, tuyau d'arrosage, truelle de briqueteur, mirette, maillet en caoutchouc, niveau, sac à mortier.

**Matériel :** piquets, bois scié de 2 po x 4 po, huile végétale ou agent de démoulage, vis à plaques de plâtre de 4 po, mélange à béton au sable, adhésif à béton, feuilles de plastique, pavés de terre cuite, mortier de type N.

**3** Enfoncez les éléments du coffrage en bois scié de 2 po x 4 po contre les bords des dalles de béton et faites les dépasser de 1 à 2 po (assurez-vous que leur hauteur est constante). Fixez-les à l'aide de piquets plantés tous les 3 pi et à l'endroit de chaque joint des éléments du coffrage. Marquez sur la face extérieure du coffrage l'emplacement des joints de contrôle existants. Recouvrez les bords intérieurs du coffrage d'une couche d'huile végétale ou d'un agent de démoulage.

**4** Appliquez une mince couche d'adhésif à béton sur toute la surface. Suivez attentivement les instructions du fabricant, car celles-ci peuvent différer d'un produit à l'autre.

**5** Utilisez un mélange à béton au sable (pages 42 à 44) et brassez-le de manière qu'il soit légèrement plus ferme (plus sec) que le béton normal. Étalez-le et tassez-le dans le coffrage, à l'aide d'une pelle ou d'un morceau de bois scié de 2 po x 4 po. Égalisez la surface au moyen d'une planche à araser.

**6** Lissez le béton au moyen d'une taloche en bois, finissez les bords à l'aide d'un fer à bordure et tracez les joints de rupture (page 49) aux emplacements originaux. Reproduisez éventuellement l'ancien traitement de surface, au balai par exemple (page 52). Laissez sécher la surface pendant une semaine, après l'avoir recouverte de plastique. Imperméabilisez le béton (page 54).

## Comment installer des pavés de terre cuite sur du béton

**1** Choisissez un modèle de pavé (pages 64 et 65). Creusez une tranchée autour du béton, qui soit légèrement plus large que l'épaisseur d'un pavé et qui descende à une profondeur d'environ 3½ po sous la surface de béton. Humidifiez les pavés, car les pavés secs affaiblissent le mortier en absorbant l'eau qu'il contient.

**2** Balayez l'ancien béton et arrosez-le pour le débarrasser de la saleté et des débris. Mélangez une petite quantité de mortier en suivant les instructions du fabricant. Pour plus de facilité, placez le mortier sur un morceau de contre-plaqué non utilisé.

**3** Installez les pavés du pourtour en appliquant une couche de mortier de 1½ po d'épaisseur sur le côté de la dalle de béton et sur un des côtés de chaque pavé. Placez les pavés dans la tranchée, contre le béton. Le contour de pavés devrait dépasser la dalle de béton d'une hauteur de 1½ po supérieure à l'épaisseur des pavés.

**4** À l'aide d'une mirette (étape 9), finissez les joints des pavés de bordure, puis préparez du mortier et, à l'aide d'une truelle, appliquez-en une couche de ½ po d'épaisseur sur une extrémité de la dalle. Travaillez par section ne dépassant pas 4 pi², car le mortier durcit très rapidement.

**5** Fabriquez une planche à araser pour égaliser le mortier, en encochant les extrémités d'un morceau de bois scié de 2 po x 4 po pour que la partie entaillée s'insère entre les pavés de bordure. La profondeur des encoches doit être égale à l'épaisseur des pavés. Faites glisser la planche à araser sur les pavés de bordure jusqu'à ce que le mortier soit lisse.

**6** Posez les pavés l'un après l'autre dans le mortier, en les espaçant de 1/2 po. (Un morceau de contreplaqué non utilisé convient parfaitement pour mesurer l'écart.) Enfoncez les pavés en leur donnant de légers coups de maillet en caoutchouc.

**7** Lorsque vous avez terminé de paver une section, vérifiez à l'aide d'un niveau si la surface est parfaitement plane.

**8** Lorsque tous les pavés sont installés, utilisez un sac à mortier pour remplir les joints de mortier frais. Travaillez par section de 4 pi² et évitez de déposer du mortier sur la face supérieure des pavés.

**9** À l'aide d'une mirette, finissez les joints de chaque section de 4 pi² avant de passer à la section suivante. Vous obtiendrez de meilleurs résultats si vous finissez d'abord les joints longs, puis les courts. Enlevez l'excédent de mortier avec une truelle.

**10** Laissez sécher le mortier pendant quelques heures et enlevez ensuite le résidu en frottant les pavés avec un chiffon rugueux imbibé d'eau. Couvrez l'allée de plastique et laissez sécher le mortier pendant deux jours minimum. Ensuite, enlevez le plastique, mais ne marchez pas sur les pavés avant une semaine.

**La forme la plus simple de maçonnerie** consiste à disposer artistiquement les pierres d'un pas japonais sur des assises de gravier. Ce travail simple ajoute pourtant du caractère à un décor. Le pas japonais peut être une allée droite, uniforme, ou un passage sinueux comme ce sentier en ardoise qui mène dans les bois.

## Poser un pas japonais

Que vous cherchiez à paver un endroit fréquenté ou à créer une impression de mouvement dans votre décor, le pas japonais vous offre un moyen intéressant et peu coûteux d'ajouter une allée à votre jardin. Les pierres judicieusement disposées d'un pas japonais invitent à la promenade et vous pouvez rehausser à peu près n'importe quel décor en choisissant les pierres appropriées.

Si vous envisagez l'installation d'un pas japonais, rappelez-vous que les sentiers onduleux, composés de petites et grandes pierres savamment agencées sont souvent plus attrayants que les sentiers rectilignes faits de pierres de même taille. La distance entre les pierres a également de l'importance ; placez les pierres de manière que l'on puisse passer de l'une à l'autre sans effort.

On trouve dans le commerce toute une gamme de matériaux qui conviennent à la construction de pas japonais, qui va de la pierre naturelle aux pavés de béton manufacturé. Choisissez le matériau qui s'harmonise avec les éléments existants de votre jardin. Les pierres naturelles de la région sont souvent un excellent choix (pages 82 et 83). De nombreux marchands de pierres vendent des roches sédimentaires de 1 à 2½ po d'épaisseur qui sont idéales pour la construction d'un pas japonais.

Si vous recherchez un effet moins rustique, utilisez des pierres de dallage ou des pavés rectangulaires.

Même si le sentier a un but décoratif plutôt que fonctionnel, ne négligez pas la sécurité lors de sa conception. Choisissez des pierres assez grandes pour qu'on puisse facilement s'y tenir et dont les surfaces sont planes, uniformes et assez rugueuses pour être antidérapantes.

Les pas japonais – comme les autres surfaces pavées – subissent les effets des intempéries. Si les pierres ne reposent pas sur une base solide, elles perdront leur stabilité ou formeront un ensemble irrégulier. Préparez soigneusement la base de chaque pierre et vérifiez chaque printemps s'il ne faut pas ajuster les pierres du sentier pour éviter tout danger.

### Tout ce dont vous avez besoin

OUTILS : pelle, pilon manuel.

MATÉRIEL : sable, pierres de pas japonais.

## Comment créer un pas japonais

**1** Placez les pierres du pas japonais sur le gazon et marchez dessus pour tester leur agencement. Déplacez-les si nécessaire, jusqu'à ce que vous puissiez parcourir aisément le sentier.

**2** Laissez les pierres en place pendant trois à cinq jours pour tuer le gazon ou le couvre-sol sous-jacents. Leur empreinte délimitera l'emplacement de chaque pierre et facilitera l'excavation.

**3** Excavez les surfaces ainsi délimitées, jusqu'à une profondeur supérieure de 2 po au moins à l'épaisseur des pierres. Étalez une couche de 2 po de sable dans chaque trou. Si les pierres ont des épaisseurs différentes, ajustez en conséquence la quantité de sable que vous placez dans les trous.

**4** Replacez les pierres et ajoutez ou enlevez du sable jusqu'à ce que chacune d'elles repose à plat. Tenez-vous sur chaque pierre et balancez-vous d'avant en arrière. La pierre doit reposer fermement sur sa base, sans basculer.

**OPTION :** pour que votre pas japonais s'intègre parfaitement au décor et donne l'impression de s'y trouver depuis toujours, entourez les pierres de plantes couvre-sol. Elles mettront l'endroit en valeur par contraste, tout en assimilant le sentier au paysage. Voici quelques plantes qui conviennent parfaitement à ce genre de situation : l'alysson, l'arabette de Lyall, l'arménia, l'œillet miniature, le thlaspi, la lobélie, le myosotis, le saxifrage, le sédum, le thymus, la mousse d'Écosse, la mousse d'Irlande, le thym laineux et le fraisier des Indes.

**Un pas japonais** produira l'effet ornemental voulu en fonction des matériaux que vous aurez choisis. Les pierres fabriquées peuvent imiter n'importe quelle sorte de pierre et même être incrustées de petites pierres, de fragments de céramique et d'empreintes qui donnent à chacune d'elles un cachet unique.

## Fabriquer vos propres pierres de pas japonais

Il est facile de fabriquer entièrement des pierres de pas japonais, et les matériaux nécessaires à leur fabrication sont faciles à trouver dans le commerce. Comme vous pouvez colorer le béton avec de la teinture achetée dans votre maisonnerie locale, vous pouvez fabriquer des pierres de n'importe quelle couleur. Tout ce dont vous avez besoin, c'est d'un mélange de béton à prise rapide et de quelques récipients que vous trouverez chez vous. Comptez un sac de mélange à béton de 40 lb pour une pierre de 18 po x 18 po. N'oubliez pas que le mélange est toxique : portez un masque anti-poussières et des gants de caoutchouc lorsque vous mélangez, coulez ou travaillez le béton ; et lavez avec un détergent doux tout résidu collant à votre peau.

Essayez différents motifs, textures et formes. Si vous n'aimez pas un motif, lissez la surface et recommencez. Évitez toutefois de travailler trop la surface, car cela affaiblit le béton. Et n'oubliez pas non plus que le béton à prise rapide prend en 20 à 40 minutes. Pour ralentir le séchage, vous pouvez pulvériser un léger brouillard d'eau sur la surface après avoir effacé le motif indésirable.

Si vous voulez obtenir une surface texturée et anti-dérapante, vous pouvez la saupoudrer de fins granulats après l'avoir lissée. Vous pouvez aussi la décorer en l'incrustant de fragments de porcelaine ou de poterie.

Le temps qu'il fait dans votre région vous incitera peut-être soit à rentrer les pierres fabriquées pour les mettre à l'abri à l'intérieur pendant l'hiver, soit à les imperméabiliser avec un produit de scellement pour béton (pages 54 et 55).

> **Tout ce dont vous avez besoin**
>
> OUTILS : seau, truelle de maçon, taloche, fer à bordure, pelle.
>
> MATÉRIEL : formes (moules à tartes, soucoupes ou couvercles en plastique, boîtes peu profondes en carton ou en contreplaqué), huile végétale ou agent de démoulage, mélange de béton à prise rapide, pierres, tessons de poterie, ou tampons décoratifs, bois scié de 1 po x 4 po, sable.

**1** Fabriquez des formes ou choisissez des récipients ayant une profondeur de 1½ po à 2 po et 12 à 18 po de côté. Recouvrez-les d'une couche d'huile végétale dans les coins et sur les bords. Préparez le mélange à béton en l'additionnant d'eau et de teinture (le cas échéant) conformément aux instructions du fabricant. Dosez le mélange pour qu'il garde sa forme lorsqu'on le presse dans la main. Remplissez les formes de béton. Arasez la surface à l'aide d'un morceau de bois scié de 1 po x 4 po pour remplir les creux et enlever l'excédent de béton. Lissez la surface dès que l'eau de ressuage s'est évaporée (page 49).

**2** Enfoncez des cailloux, des tessons de verre usés ou d'autres objets d'ornement dans la surface, en les immergeant partiellement dans le béton. Enfoncez-les jusqu'à ce qu'ils soient bien incrustés dans la pierre de pas japonais. Finissez les bords à l'aide d'une truelle ou d'un fer à bordure. Laissez sécher la pierre jusqu'au lendemain et enlevez la forme.

**3** Faites un essai de pose des pierres ainsi fabriquées, puis creusez des trous ayant une profondeur supérieure d'au moins 2 po à l'épaisseur des pierres. Étalez une couche de 2 po de sable dans chaque trou. Compensez la différence d'épaisseur entre les pierres par la quantité de sable dont vous remplissez chaque trou.

**OPTION :** pendant que la surface est humide, marquez-la d'empreintes d'objets tels que des feuilles, des brindilles, des coquillages ou des pierres que vous enlèverez ensuite. Ou utilisez des tampons en caoutchouc pour créer des empreintes décoratives.

# Construire une allée en pierres de dallage

À l'aide de pierres de dallage, de sable et de bordures en bois vous pouvez construire, en moins d'une journée, une allée ayant un cachet naturel et qui résistera longtemps au passage. Tout ce que vous devrez faire pour l'entretenir sera d'ajouter chaque année un peu de sable dans les joints pour compenser l'érosion et le tassement.

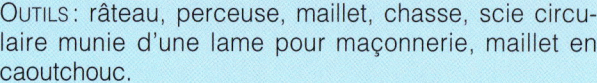

### Tout ce dont vous avez besoin

OUTILS : râteau, perceuse, maillet, chasse, scie circulaire munie d'une lame pour maçonnerie, maillet en caoutchouc.

MATÉRIEL : bois scié de 2 po x 6 po (bois traité sous pression, séquoia ou cèdre), piquets en bois traité sous pression, vis galvanisées de 2½ po, gravier compactable, géomembrane, sable de maçonnerie, pierres de dallage.

**Faites des essais de pose** pour trouver la meilleure disposition des pierres de dallage ne nécessitant pas un nombre excessif de tailles. Laissez, entre les pierres, des espaces allant de ⅜ po à 2 po. À l'aide d'une craie, marquez les pierres en vue de la taille ; enlevez-les ensuite et taillez-les sur une surface plane (pages 84 à 87).

## Comment construire une allée en pierres de dallage

**1** Délimitez l'endroit de l'allée et excavez le sol jusqu'à une profondeur de 6 po. Laissez suffisamment de place sur les côtés pour installer la bordure et les piquets (étape 2). Si l'allée est droite, utilisez des piquets et des cordes pour délimiter le contour. Ajoutez une couche de 2 po de gravier compactable pour former l'assise et égalisez la surface avec un râteau.

**2** Installez une bordure en bois traité sous pression de 2 po x 6 po. Enfoncez des piquets de 12 po à l'extérieur de la bordure, en les espaçant de 12 po. Les sommets des piquets doivent arriver sous le niveau du sol. Fixez la bordure aux piquets à l'aide de vis galvanisées.

**3** Posez des feuilles de géomembrane sur l'assise, pour empêcher les mauvaises herbes et le gazon de pousser entre les pierres. (Ne posez pas de géomembrane si vous comptez semer du gazon ou planter du couvre-sol entre les pierres.) Déposez sur la géomembrane une couche de sable de 2 po, qui servira d'assise aux pierres de dallage.

**4** Fabriquez une planche à araser le sable en encochant les extrémités d'un court morceau de bois scié de 2 po x 6 po de manière que la partie entaillée de la planche s'insère entre les côtés de la bordure (bas de la photo). La profondeur des encoches doit être égale à l'épaisseur des pierres, c'est-à-dire habituellement 2 po. Égalisez l'assise en traînant le morceau de 2 po x 6 po d'une extrémité à l'autre de l'allée. En cas de besoin, ajoutez du sable jusqu'à ce que vous obteniez une base uniforme.

**5** En commençant dans un coin de l'allée, posez les pierres sur la base de sable, en laissant entre elles un espace de 3/8 po minimum, et 2 po maximum. Posez les pierres bien à plat, en enlevant ou en rajoutant du sable si nécessaire, et en les enfonçant dans le sable à l'aide d'un maillet en caoutchouc ou d'un morceau de bois scié de 2 po x 6 po.

**6** Remplissez de sable les espaces entre les pierres. (Utilisez de la terre si vous comptez semer du gazon ou planter un couvre-sol dans les espaces entre les pierres.) Damez le sable avec les doigts ou avec un morceau de bois inutilisé et aspergez légèrement d'eau le sable pour le tasser. Ajoutez du sable si nécessaire, jusqu'à ce que les espaces soient complètement remplis.

**On peut construire de simples marches de jardin** à l'aide de plateformes de béton entourées de morceaux de bois scié de 5 po x 6 po. Les marches de jardin sont moins hautes et plus longues que les marches des escaliers extérieurs qui mènent au seuil des maisons. Les contremarches des escaliers de jardin ne doivent pas dépasser 6 po et les girons doivent avoir au moins 11 po de profondeur.

# Construire des marches de jardin

Les marches de jardin facilitent l'accès aux endroits inclinés et les rendent plus sûrs. Elles permettent aussi d'incorporer de nouveaux matériaux au paysage.

Vous pouvez utiliser différents matériaux pour construire des marches de jardin : des pierres de dallage, des briques, du bois d'œuvre, des blocs de béton ou du béton coulé. Quel que soit votre choix, assurez-vous que les marches sont de niveau et fermement ancrées, pour qu'on puisse les gravir facilement et qu'elles offrent une bonne adhérence. Si vous finissez les marches avec du béton, consultez la rubrique « Finition et cure du béton » (pages 52 et 53) avant de le couler.

### Tout ce dont vous avez besoin

OUTILS : maillet, scie circulaire ou alternative munie d'une lame de 12 po à scier le bois, mètre à ruban, niveau, cordeau de maçon, marteau, pelle, perceuse munie d'une mèche plate et d'une rallonge de mèche, râteau, truelle, brouette, bêche de maçon, équerre de charpentier, taloche, fer à bordure, balai à poils raides.

MATÉRIEL : bois scié de 1 po x 4 po, vis de 1 po, bois scié de 5 po x 6 po pour paysage, tuyau en fer noir de 3/4 po de diamètre intérieur, grands clous galvanisés de 12 po, mélange à béton, gravier compactable, gravier à incruster (diamètre de 1/2 po maximum), morceau de bois scié de 2 po x 4 po, feuilles de plastique, toile de jute.

## Conseils pour mélanger le béton

**Pour les grandes quantités** (plus de ½ vg³), vous pouvez mélanger vous-même le béton dans une brouette ou une bétonnière louée. Utilisez les proportions suivantes : 1 partie de ciment Portland (A), 2 parties de sable (B) et 3 parties de gravier (C). Reportez-vous à la page 43 pour savoir comment calculer la quantité de béton nécessaire.

**Pour les petites quantités** (mois de ½ vg³), achetez des sacs de béton sec mélangé (pages 42 et 43). Un sac de mélange à béton de 60 lb donne environ ½ pi³ de béton. Une bêche de maçon munie de trous vous aidera à mélanger le béton (page 18).

## Conseils pour construire des marches de jardin

Pente descendante de ⅛ po par pied

**Donnez une légère pente descendante** aux marches extérieures pour que l'eau s'écoule au lieu d'y former des mares, mais veillez à ce que l'inclinaison ne dépasse pas ⅛ po par pied.

**Si toutes les marches ont les mêmes dimensions,** achetez des morceaux de bois scié sur mesure pour réduire le temps d'installation. Certains marchands de matériaux de construction font payer au client un léger supplément pour couper le bois à la dimension voulue.

## Comment planifier la construction de marches dans un jardin

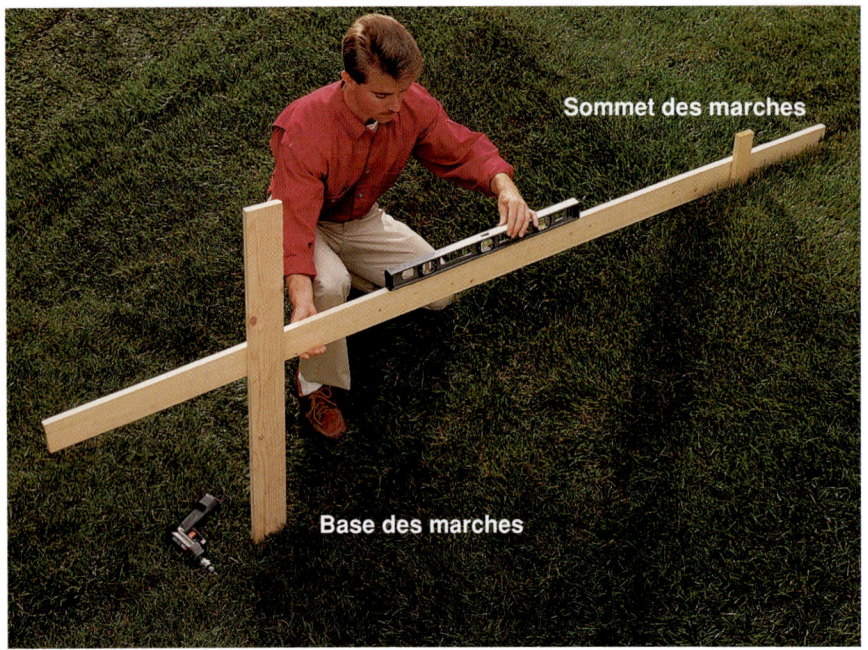

**1** Enfoncez un long piquet dans le sol, à la base des futures marches. Veillez à ce qu'il soit d'aplomb. Enfoncez un piquet plus court au sommet des futures marches. Appliquez un long morceau de bois scié droit de 1 po x 4 po perpendiculairement aux piquets, dont une extrémité reposera sur le sol, près du piquet supérieur. Tenez le morceau de 1 po x 4 po de niveau et fixez-le aux piquets avec des vis. (Pour de longues portées, utilisez un cordeau de maçon au lieu du morceau de bois scié de 1 po x 4 po.)

**2** Mesurez la distance entre le sol et le bas du morceau de 1 po x 4 po pour trouver la dénivellation totale de l'escalier. Divisez le nombre obtenu par celui de l'épaisseur des madriers (environ 6 po si vous utilisez des morceaux de 5 po x 6 po) pour trouver le nombre de marches à prévoir. Arrondissez le quotient au premier nombre entier supérieur.

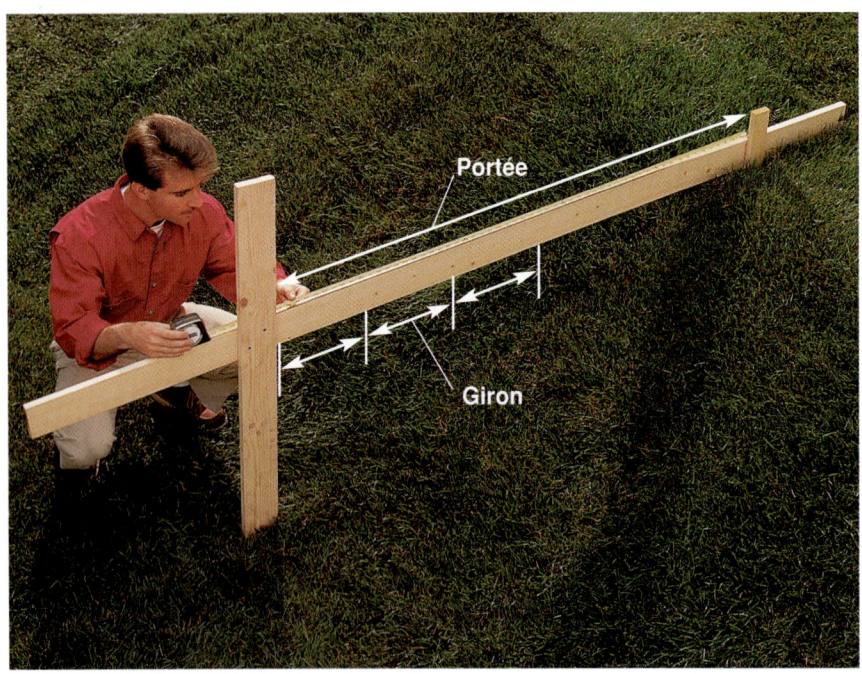

**3** Mesurez la portée sur le morceau de bois scié de 1 po x 4 po. Divisez ce chiffre par le nombre de marches pour trouver la profondeur de chaque giron. Si cette profondeur est inférieure à 11 po, modifiez la disposition de l'escalier pour augmenter la profondeur des girons.

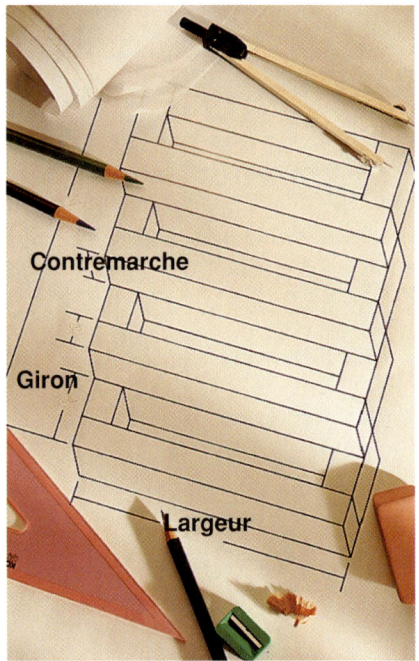

**4** Faites un croquis de l'escalier qui montrera la contremarche, le giron et la largeur de chaque marche. N'oubliez pas que les dimensions réelles du bois d'œuvre peuvent différer légèrement de leurs dimensions nominales.

## Comment construire des marches dans un jardin à l'aide de bois d'œuvre et de béton

**1** Indiquez les côtés du futur escalier au moyen de piquets et de cordeaux. Placez les piquets contre le bord avant de la marche inférieure et contre le bord arrière de la marche supérieure.

**2** Ajoutez la largeur des madriers (environ 5 po) à la profondeur du giron, reportez cette mesure totale vers l'arrière, à partir des piquets inférieurs et enfoncez deux piquets pour marquer le bord arrière de la première marche.

**3** Excavez le sol à l'endroit prévu pour la première marche afin de former une assise plate présentant une légère pente vers l'avant, ne dépassant pas 1/8 po par pied. À l'avant, la partie excavée ne doit pas avoir plus de 2 po d'épaisseur. Damez fermement le sol.

**4** Pour chaque marche, servez-vous d'une tronçonneuse ou d'une scie alternative pour couper un madrier avant d'une longueur égale à la largeur de la marche, un madrier arrière plus court de 10 po et deux madriers de côté d'une longueur égale à la profondeur du giron.

Suite à la page suivante

# Comment construire des marches dans un jardin à l'aide de bois d'œuvre et de béton (suite)

**5** Placez les madriers pour former l'encadrement d'une marche, forez des avant-trous et assemblez les madriers à l'aide de grands clous de 12 po, plantés droit dans les avant-trous.

**6** Posez l'encadrement à sa place. À l'aide d'une équerre de charpentier, assurez-vous qu'il est à angles droits et ajustez-le si nécessaire. Utilisez la mèche plate et la rallonge de mèche pour forer deux avant-trous de 1 po de diamètre dans le madrier avant et le madrier arrière, à 1 pi des extrémités.

**7** Ancrez les marches dans le sol en enfonçant, dans chaque avant-trou un tuyau en fer noir de 2 1/2 pi de long et de 3/4 po de diamètre intérieur jusqu'à ce qu'il arrive au ras du madrier. Après avoir enfoncé les tuyaux, vérifiez si les deux côtés de l'encadrement sont au même niveau et si sa pente descend correctement vers l'avant. Excavez le sol pour installer la marche suivante, en vous assurant que le fond de la partie excavée arrive au niveau supérieur des madriers installés.

**8** Construisez un autre encadrement et placez-le dans l'excavation, de manière que son madrier avant se trouve exactement au-dessus du madrier arrière du premier encadrement. Forez des avant-trous et clouez les deux marches ensemble à l'aide de trois grands clous de 12 po. Forez les avant-trous pour l'installation de deux tuyaux et enfoncez ceux-ci à travers le madrier arrière, pour ancrer le deuxième encadrement.

**9** Continuez à excaver et à installer les autres encadrements jusqu'à ce que l'escalier ait atteint toute sa hauteur. L'arrière de la dernière marche doit arriver au niveau du sol.

**10** Agrafez du plastique en feuilles aux madriers pour protéger ceux-ci contre le béton humide. Découpez le plastique pour qu'il ne pende pas dans la cavité formée par l'encadrement.

**11** Déposez une couche de 2 po de gravier compactable dans chaque encadrement, pour constituer une assise. Damer le gravier à l'aide d'un morceau de bois scié de 2 po x 4 po.

**12** Mélangez le béton dans une brouette, en ajoutant juste assez d'eau pour que le béton conserve sa forme lorsqu'on le tranche avec une truelle (page 42). NOTE: pour économiser temps et efforts, vous pouvez faire livrer le béton préparé par une centrale à béton. Plusieurs d'entre elles acceptent des commandes de $1/3$ vg$^3$ (quantité suffisante pour couler trois marches du type décrit ici) et plus.

**13** Déposez à la pelle le béton dans l'encadrement inférieur. Travaillez légèrement – mais pas trop – le béton avec un râteau, pour faciliter le dégagement des bulles d'air.

Suite à la page suivante

# Comment construire des marches dans un jardin à l'aide de bois d'œuvre et de béton (suite)

**14** Lissez le béton en faisant glisser un morceau de bois scié de 2 po x 4 po sur l'encadrement. Si nécessaire, ajoutez du béton aux endroits creux et lissez-le jusqu'à ce que la surface soit uniforme.

**15** Pendant que le béton est encore humide, saupoudrez-le d'un mélange de gravier. Les fournisseurs de sable et de gravier, et les centres de jardinage vendent du gravier coloré, spécialement préparé pour un tel saupoudrage. Vous obtiendrez de meilleurs résultats si vous utilisez du gravier ne dépassant pas 1/2 po de diamètre.

**16** À l'aide d'une taloche, incrustez le gravier dans la surface de béton jusqu'à ce que les pierres affleurent le béton. Utilisez une truelle pour enlever le surplus de béton sur les bords de l'encadrement.

**17** Déposez du béton dans le deuxième encadrement, lissez-le et incrustez-le de gravier avant de passer à l'encadrement suivant. N'oubliez pas d'attendre la fin du ressuage avant de saupoudrer le béton de gravier (page 49). Pour que les marches présentent un aspect net, finissez les joints entre le béton et l'encadrement à l'aide d'un fer à bordure (encadré).

**18** Attendez que l'eau de ressuage ait disparu (page 49) : cela peut prendre de 30 minutes à plusieurs heures, selon les conditions atmosphériques. Utilisez une taloche pour éliminer les creux et les bosses que peut présenter la surface de chaque marche. NOTE : ne lissez pas trop le béton, car vous risqueriez d'y enfoncer trop profondément le gravier (page 49). Laissez sécher le béton pendant une heure environ.

**19** Pulvérisez un fin brouillard d'eau sur la surface avant de la frotter avec une brosse dure pour exposer la surface des grains de gravier incrustés dans le béton.

**VARIANTE :** pour économiser du temps et de l'argent, sautez l'étape du saupoudrage. Travaillez le béton et passez ensuite un balai sur sa surface (page 52). Pour obtenir une fine texture et une surface résistant mieux aux intempéries, attendez que le béton soit ferme au toucher avant d'utiliser la technique du balai.

**20** Enlevez le plastique et couvrez le béton de toile de jute. Laissez sécher le béton pendant une semaine en l'aspergeant occasionnellement d'eau pour uniformiser le séchage. NOTE : vous pouvez nettoyer les madriers tachés de béton en utilisant une solution aqueuse à 5 % d'acide chlorhydrique, mais la solution risque de décolorer le bois.

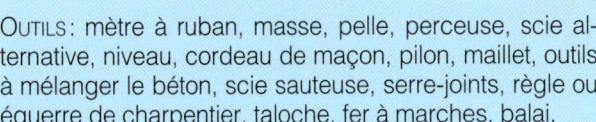

**De nouvelles marches en béton rafraîchiront votre maison** et la feront paraître plus propre. Si les anciennes marches sont instables, remplacez-les par des marches en béton : vous créerez ainsi une surface antidérapante qui rendra l'endroit plus sûr.

# Construire des marches en béton

La conception des marches nécessite quelques calculs et tâtonnements. Tant que la conception de votre escalier est conforme aux normes de sécurité, vous pouvez décider de la valeur de certaines grandeurs telles que la profondeur du palier et les dimensions des marches. Faites auparavant un croquis de votre projet.

Avant de démolir les anciennes marches, mesurez-les pour voir si elles répondent aux normes de sécurité. Dans l'affirmative, vous pouvez concevoir les nouvelles marches d'après le modèle des anciennes. Sinon, faites table rase et concevez les nouvelles marches de manière qu'elles ne présentent pas les mêmes défauts que les anciennes. Consultez la section sur la coulée du béton (pages 46 et 47) pour connaître les outils et le matériel dont vous avez besoin.

Si l'escalier a plus de deux marches, vous devrez installer une rampe (page 33). Renseignez-vous auprès d'un inspecteur des bâtiments pour connaître les autres exigences à ce sujet.

**Tout ce dont vous avez besoin**

OUTILS : mètre à ruban, masse, pelle, perceuse, scie alternative, niveau, cordeau de maçon, pilon, maillet, outils à mélanger le béton, scie sauteuse, serre-joints, règle ou équerre de charpentier, taloche, fer à marches, balai.

MATÉRIEL : bois scié de 2 po x 4 po, grillage d'armature en acier, fil de fer, supports, adhésif de construction, gravier compactable, matériaux de remplissage, contreplaqué de 3/4 po pour extérieur, vis de 2 po, panneau isolant, barres d'armature n° 3, piquets, pâte à calfeutrer au latex, huile végétale ou agent de démoulage.

## Comment concevoir les marches

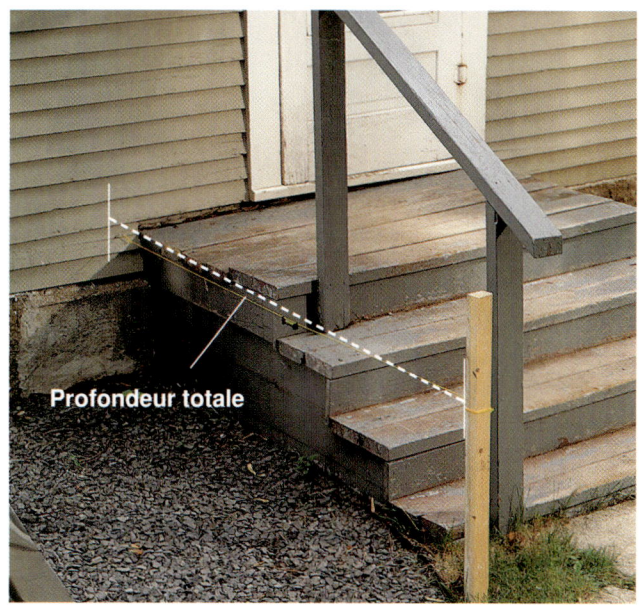

**1** Attachez l'extrémité d'un cordeau de maçon à la fondation de la maison, 1 po plus bas que le seuil de la porte. Enfoncez un piquet à l'avant, à l'endroit où vous voulez qu'arrive la première marche et fixez l'autre extrémité du cordeau au piquet. Mettez le cordeau de niveau à l'aide d'un niveau de cordeau. Mesurez la longueur du cordeau; cette distance représente la profondeur totale des marches.

**2** Mesurez la distance entre le cordeau et le bas des marches pour déterminer la dénivellation totale de l'escalier. Divisez le nombre obtenu pour la dénivellation totale par le nombre estimé de marches. Le chiffre obtenu, c'est-à-dire la contremarche, doit se situer entre 6 et 8 po. Par exemple, si la dénivellation totale est de 21 po et que vous prévoyez construire trois marches, chaque contremarche aura une hauteur de 7 po (21 divisé par 3), ce qui rentre dans les limites recommandées pour la sécurité des marches.

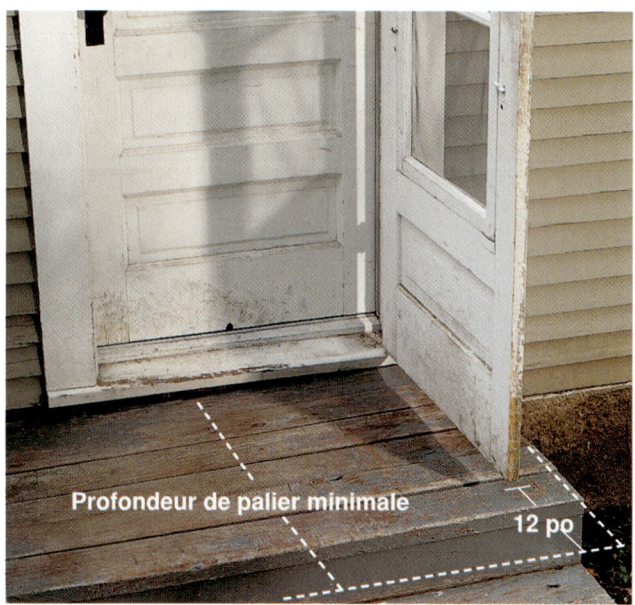

**3** Mesurez la largeur de la porte et ajoutez-y au moins 12 po; le chiffre obtenu représente la profondeur minimale que doit avoir le palier de l'escalier. La profondeur de palier plus la profondeur de chacune des marches doit donner une dimension inférieure à la profondeur totale de l'escalier. Si nécessaire, vous pouvez augmenter la profondeur totale en éloignant de la maison le piquet planté à la base des marches, ou en augmentant la profondeur de palier.

**4** Faites un croquis détaillé de l'escalier, en tenant compte des lignes directrices suivantes: chaque marche doit avoir un giron de 10 à 12 po de profondeur et une contremarche de 6 à 8 po de hauteur, et le palier doit avoir une profondeur supérieure d'au moins 12 po au rayon d'ouverture (ou à la largeur) de la porte. Vous pouvez ajuster les parties de l'escalier selon vos besoins, mais en respectant les critères ci-dessus. Il vous faudra un certain temps pour arriver à faire le croquis final de l'escalier, mais il est important de procéder avec soin.

## Comment construire des marches en béton

**1** Enlevez ou démolissez les marches existantes ; si elles sont en béton, conservez la blocaille pour le remplissage du nouvel escalier. Lorsque vous démolissez du béton, portez l'équipement de sécurité adéquat comprenant des lunettes et des gants de sécurité.

**2** Creusez deux tranchées de 12 po de large jusqu'à la profondeur requise (pages 56 et 57), perpendiculairement à la fondation et espacées de manière que les fondations de l'escalier dépassent de 3 po les bords extérieurs des marches. Installez des grillages d'armature (page 59) pour renforcer le béton. À l'aide d'un peu d'adhésif de construction, fixez un panneau isolant au mur de fondation, dans chaque tranchée (page 58).

**3** Préparez le béton et coulez les fondations. Égalisez et lissez le béton à l'aide d'une planche à araser (page 48), mais ne lissez pas la surface à l'aide d'une taloche, ce n'est pas nécessaire.

**4** Lorsque l'eau de ressuage s'est évaporée (page 49), introduisez dans le béton jusqu'à une profondeur de 6 po des barres d'armature de 12 po de long, espacées de 12 po, dans le plan axial de chaque fondation. Laissez 1 pi de libre à l'extrémité de chaque fondation.

**5** Laissez sécher les fondations pendant deux jours et excavez ensuite le sol qui les sépare, jusqu'à une profondeur de 4 po. Étendez-y une couche de 5 po de gravier compactable, qui servira d'assise, et damez-la jusqu'à ce qu'elle arrive au niveau des fondations.

**Prévoyez des pentes de ⅛ po par pied**

**Biseau**

**6** Reportez les mesures de votre croquis, calculées pour les éléments latéraux du coffrage, sur du contreplaqué de ¾ po pour extérieur. À l'aide d'une scie sauteuse, découpez les éléments le long des lignes de coupe. Vous économiserez du temps en attachant deux morceaux de contreplaqué ensemble, au moyen de serre-joints, et en découpant les deux morceaux du même coup. Ajoutez une pente de ⅛ po par pied à la ligne tirée de l'arrière à l'avant de la partie du coffrage délimitant le palier.

**7** Coupez les planches des contremarches qui s'inséreront entre les éléments latéraux du coffrage. Biseautez le bas des planches de façon à permettre à une taloche de lisser le fond des marches. Attachez les planches du coffrage des contremarches aux éléments latéraux avec des vis de 2 po.

**Cales**

**Support des contremarches**

**8** Coupez un morceau de bois scié de 2 po x 4 po qui servira de support au coffrage des contremarches. Utilisez des vis de 2 po pour fixer des cales de 2 po x 4 po aux planches du coffrage des contremarches et fixez le support à ces cales. Vérifiez si tous les coins sont d'équerre.

**9** Découpez un panneau isolant (page 37) et collez-le à la fondation de la maison, à l'arrière de l'ouvrage. Placez le coffrage sur les fondations, contre le panneau isolant. Ajoutez des entretoises en bois scié de 2 po x 4 po sur les côtés du coffrage, fixées à des cales clouées sur les côtés et à des piquets enfoncés dans le sol.

Suite à la page suivante

# Comment construire des marches en béton (suite)

**10** Remplissez le coffrage de matériaux de remplissage non contaminés (fragments de béton, blocaille). Entassez soigneusement les matériaux en les maintenant éloignés de 6 po des côtés du coffrage, du fond de l'ouvrage et des bords supérieurs du coffrage. Ajoutez de petits fragments de matériaux sur le tas, pour remplir les vides.

**11** Placez des barres d'armature n° 3 sur le tas de remplissage, espacées de 12 po, et attachez-les à des supports avec du fil de fer, pour qu'elles ne bougent pas lorsque vous coulerez le béton. Maintenez les barres d'armature à 2 po minimum sous les bords supérieurs du coffrage. Aspergez d'eau le coffrage et la blocaille.

**12** Recouvrez les éléments du coffrage d'une couche d'huile végétale ou d'agent de démoulage, puis aspergez-les d'eau pour que le béton n'y adhère pas. Préparez le béton et coulez-le dans les sections du coffrage prévues pour chaque marche, en commençant par le bas. Étalez le béton et arasez-le à l'aide d'une planche (pages 48 et 49). Enfoncez une barre d'armature n° 3 à une profondeur de 1 po dans le « nez » de chaque marche pour la renforcer.

**13** Lissez les marches, en passant le bord avant de la taloche sous le bord biseauté, au bas du coffrage de chaque contremarche.

**14** Coulez le béton dans les sections restantes du coffrage et dans la section du palier. Surveillez le béton coulé pendant que vous poursuivez votre travail et arrêtez de le lisser dès que l'eau de ressuage disparaît (page 49).

**OPTION :** pour les rampes dont les plaques de montage s'attachent à des boulons en J noyés dans le béton, il faut installer ces boulons avant que le béton ne prenne (page 33). Mais vous pouvez aussi choisir des rampes dont la quincaillerie s'installe en surface (voir étape 16) et que vous pourrez donc fixer lorsque l'escalier sera terminé.

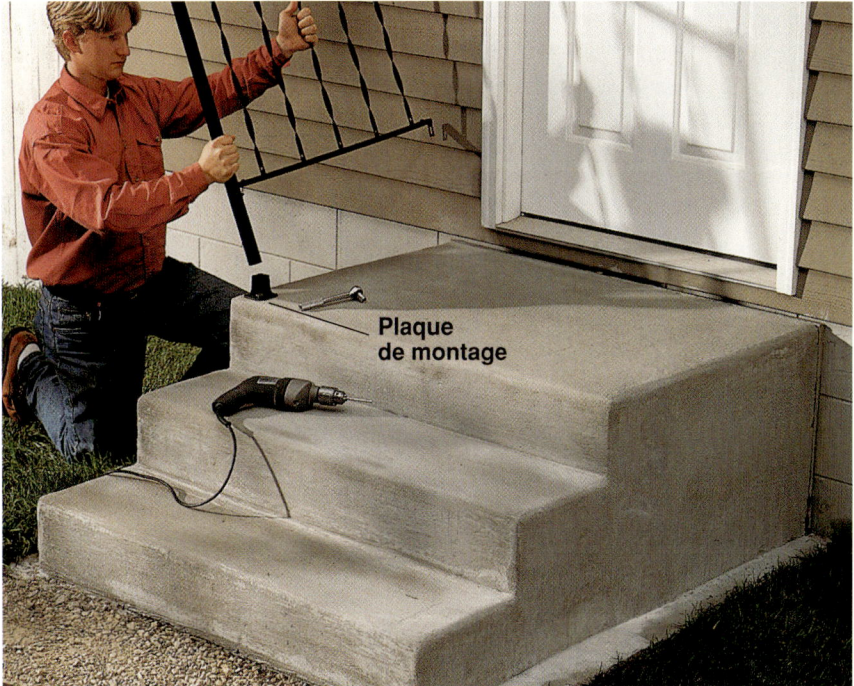

**15** Lorsque le béton prend, finissez les marches et le palier au moyen d'un fer à marches. Lissez la surface (page 49). Frottez-la ensuite avec un balai à poils raides pour la rendre antidérapante.

**16** Enlevez le coffrage dès que la surface est ferme au toucher, c'est-à-dire quelques heures après la coulée. Lissez les bordures à l'aide d'une taloche. Ajoutez du béton dans les éventuels trous. Si vous attendez pour enlever le coffrage, vous devrez combler plus de trous (pages 247 à 251). Remblayez la zone qui entoure la base de l'escalier et imperméabilisez le béton (pages 54 et 55). Installez une rampe.

**Le coffrage de marches en béton manufacturé** facilite la construction d'un escalier extérieur durable. En superposant les coffrages et en variant leur disposition, vous pouvez créer un escalier comportant des courbes, des angles et même des spirales. Vous pouvez même élargir les marches en juxtaposant deux coffrages.

## Construire des escaliers avec des coffrages en béton manufacturé

Voici la solution idéale si l'on veut construire de belles marches sans devoir fabriquer de coffrage en bois ni couler soi-même du béton. En quelques heures, vous pouvez excaver l'endroit, y poser les coffrages de béton manufacturé et couler le béton. Vous pouvez aussi déposer une couche de sable dans les coffrages et les remplir de pavés de terre cuite (ci-dessus).

Les fabricants de coffrages vendent souvent des pavés de terre cuite dont les dimensions correspondent aux dimensions intérieures de leurs coffrages. Vous n'avez qu'à calculer le nombre de coffrages dont vous avez besoin pour construire votre escalier et choisir le type de pavés, avant de consulter les spécifications du fabricant pour savoir le nombre de pavés que vous devez acheter.

Pour préparer le terrain en vue de ces travaux, suivez les étapes 1 à 4 de la page 124. Vous pouvez décider jusqu'à quel point les marches doivent se chevaucher pour que l'escalier corresponde aux dimensions du terrain ou pour créer l'effet que vous recherchez.

> **Tout ce dont vous avez besoin**
>
> Outils : cordeau de maçon, perceuse, niveau, pelle, râteau, pilon, mètre à ruban, maillet, balai.
>
> Matériel : morceau droit de bois scié de 2 po x 4 po, piquets, vis, coffrages de marches en béton manufacturé, pavés de terre cuite, gravier compactable, sable.

## Comment construire des marches avec des coffrages en béton manufacturé

**1** Délimitez l'emplacement de l'escalier à l'aide de piquets et de cordeaux, et excavez le sol pour installer la première marche. Creusez un trou qui soit 6 po plus profond que la hauteur de la marche et 4 po plus étendu que la marche dans toutes les directions.

**2** Remplissez le trou de gravier compactable. Ratissez le gravier pour lui donner une légère pente descendante (1/8 po par pied) d'arrière en avant, de manière à faciliter le drainage. Damez fortement le gravier au moyen d'un pilon et posez le premier coffrage à sa place. Utilisez un niveau pour vous assurer que les bords du coffrage sont de niveau latéralement et qu'il présente la pente descendante voulue.

**3** Ajoutez une couche de gravier à l'intérieur du coffrage et damez-la fortement. La distance entre le gravier et le dessus du coffrage doit avoir 1 po de plus que l'épaisseur d'un pavé. Ensuite, ajoutez une couche de sable de 1 po sur le gravier. Servez-vous d'un morceau de bois scié de 2 po x 4 po posé sur les bords du coffrage pour vérifier votre travail tout en progressant.

**4** Posez les pavés dans le coffrage, suivant le motif choisi, en veillant à ce qu'ils arrivent au niveau du bord du coffrage. Faites les ajustements nécessaires en les enfonçant à l'aide d'un maillet en caoutchouc ou en ajoutant du sable sous les pavés. À l'aide d'un balai, étalez du sable sur les pavés pour remplir les joints (étapes 29 et 30, page 153).

**5** Excavez le sol pour procéder à l'étape suivante, en tenant compte du chevauchement et de l'espace de 4 po à laisser à l'arrière et sur les côtés du coffrage pour le gravier. Remplissez le trou de gravier et damez-le de manière que l'avant arrive au niveau du bord supérieur de la première marche. Répétez les étapes 2 à 4. Remplissez de terre les espaces vides sur les côtés.

# Autres types de marches

**Les encadrements de marches en bois** permettent de créer un escalier de n'importe quelle forme, comme le sobre escalier tournant montré ici. Sur la page opposée, on vous montre d'autres variantes d'escaliers que vous pouvez tenter de réaliser.

**Le béton et la pierre** se combinent pour former des marches élégantes, et leur construction est assez abordable.

**Les marches de briques** donnent une touche austère à cet escalier qui contraste avec l'exubérance de la végétation.

**Les marches en bois et pavés** s'harmonisent avec les bordures colorées qui les entourent. Ces marches courbes rappellent la simplicité du reste du paysage.

**La pierre des champs** est le matériau parfait si l'on veut conserver au paysage un aspect rustique.

**Ce patio a été construit pour remplacer une dalle effritée** qui engendrait une réelle pollution visuelle. L'aménagement extérieur ainsi créé peut servir à plusieurs activités simultanées.

# Paliers, patios et voies d'accès pour autos

Toutes les techniques de pavage de surfaces horizontales avec des matériaux de maçonnerie ont certains points communs, qu'il s'agisse du palier d'une petite entrée ou d'une coûteuse voie d'accès pour autos. Tous ces travaux s'effectueront plus facilement si vous les planifiez soigneusement, si vous y consacrez le temps nécessaire et si vous vous faites suffisamment aider. Vous pouvez, en quelques heures, refaire la surface endommagée d'un palier en béton en utilisant du mortier frais et des pavés de terre cuite. Vous obtiendrez une entrée « habillée » qui ressemblera à un travail de professionnel. Par contre, couler un patio en béton nécessitera un ou deux jours de travail et l'aide d'une ou deux personnes. Pour délimiter l'endroit, excaver le sol et couler une dalle de voie d'accès au garage, comptez au moins une fin de semaine complète et tâchez de vous faire aider par quatre ou cinq personnes.

### Conseils de planification

- Prévoyez si possible des plantes de bordure ou d'autres éléments décoratifs qui feront la transition entre les surfaces maçonnées et les surfaces gazonnées.
- Intégrez dans votre propriété des clôtures, du treillage ou d'autres structures d'arrière-cour pour entourer votre « espace » extérieur, surtout si la propriété de vos voisins est proche de la vôtre.
- Donnez une légère pente descendante aux surfaces qui s'éloignent de la maison ($1/8$ po par pied suffit amplement).
- Concevez un patio spacieux : prévoyez au moins 20 pi$^2$ d'espace par utilisateur régulier de l'endroit.
- Posez des journaux ou des morceaux de tissu à l'endroit prévu pour la construction : cela vous aidera à visualiser les formes et les dimensions qu'elle aura et à comparer celles-ci aux éléments de paysage qui les entourent.

# Conseils pour la conception de paliers, de patios et de voies d'accès pour autos

**Conservez suffisamment d'espace** entre la surface d'un palier ou d'un patio et le seuil de la porte. La surface maçonnée doit se trouver au moins 2 po plus bas que le seuil, pour que le béton puisse se déformer sans causer de dommages en cas de soulèvement dû au gel.

**Intégrez le paysage dans la conception d'un patio.** La surface couverte de granulats apparents de ce patio se fond dans la texture du jardin vert et la rocaille qui la jouxtent.

**Incorporez les marches** ou les murs de retenue au patio. Initialement, la cour représentée sur cette photo s'inclinait fortement en s'éloignant de la maison. En prévoyant la construction d'un mur de retenue dans lequel il a incorporé des marches, le concepteur de ce projet a permis au propriétaire de remplacer la surface inclinée par un patio.

**Si vous prévoyez la construction d'une voie d'accès en béton coulé,** utilisez un cordeau de maçon ou un niveau d'eau (page 177) pour déterminer la dénivellation entre le garage et le début du trottoir. Divisez le chiffre obtenu pour la dénivellation totale par celui de la distance en verges et vous obtiendrez la dénivellation par verge. Enfoncez des piquets le long des limites de la construction pour indiquer la position des éléments du coffrage.

## Différentes formes de construction avec des pavés de terre cuite

**Considérez toutes les variantes de motifs possibles.** En plus des appareils habituels en panneresse et en damier (page 64), il existe plusieurs façons de poser les pavés pour créer un effet décoratif, dont l'appareil en vannerie et l'appareil en arête de poisson (ci-dessus). Lorsque vous choisissez un motif, tenez compte du nombre de coupes qu'exigent certains d'entre eux. Généralement, les motifs en diagonale comme l'appareil en arête de poisson nécessitent la coupe de tous les pavés qui longent la bordure.

**Placez les pavés sur chant** (en « soldats ») pour créer une bordure profonde particulièrement indiquée lorsqu'il faut poser des pavés sur une dalle de béton existante, car la bordure cache les côtés exposés du béton (page 114).

**Posez les pavés dans le sable** pour les ouvrages d'arrière-cour tels que les patios et les allées de jardin. Ce mode d'installation des pavés vous permet de créer rapidement et facilement des ouvrages de maçonnerie, mais attendez-vous à devoir corriger occasionnellement la position des pavés, surtout si vous vivez dans une région froide où le soulèvement dû au gel risque de faire gondoler la surface reposant sur le sable.

**Coulez une dalle de béton** dont la surface arrive environ à 2 po du sol en profondeur, si vous voulez une fondation permanente sur laquelle vous poserez des pavés liaisonnés à l'aide de mortier. Ce genre de construction est tout indiqué si la surface doit subir un va-et-vient constant, si le sol et le sous-sol sont instables, ou si l'endroit est fréquemment soumis aux effets des cycles gel-dégel.

**On peut utiliser des pavés de terre cuite et des briques standard** pour construire un palier et une jardinière (pages 230 et 231). Comme aucune de ces deux constructions ne repose sur une fondation résistant au gel, il faut les garder séparées l'une de l'autre, pour qu'elles puissent bouger individuellement sans se fissurer.

# Construire un palier en pavés de terre cuite

L'entrée est le premier endroit de la maison que les visiteurs peuvent examiner en détail. Vous susciterez leur admiration en construisant un palier en pavés de terre cuite qui donne à n'importe quelle maison un aspect plus élégant. Ajoutez-y une touche spéciale en construisant juste à côté, avec les mêmes briques, une jardinière permanente (pages 230 et 231).

Dans la plupart des cas, on peut construire directement sur une dalle existante un palier comme celui qui figure sur la photo ci-dessus. Assurez-vous que la structure de la dalle est intacte et que la dalle ne présente aucune fissure importante. Si vous construisez un ouvrage juste à côté – une jardinière par exemple – préparez deux assises indépendantes et n'oubliez pas d'installer des joints isolants (page 37) pour que cet ouvrage ne soit relié directement ni au palier ni à la maison.

**Tout ce dont vous avez besoin**

Outils : perceuse, niveau, bêche de maçon, maillet en caoutchouc, sac à mortier, mirette, truelle.

Matériel : panneau isolant, mortier de type S, pavés, plastique en feuilles.

# Comment construire un palier en pavés de terre cuite

**1** Posez les pavés à sec sur la surface de béton et essayez plusieurs dispositions du matériau pour tenter d'en trouver une qui vous permette de n'utiliser que des briques entières. Marquez les limites de l'ouvrage en vue de la pose sur le béton. Fixez un panneau isolant (page 37) pour empêcher le mortier d'adhérer à la fondation. Préparez un lot de mortier (pages 28 à 31) et humidifiez légèrement le béton.

**2** Déposez la couche de mortier nécessaire à la pose de trois ou quatre pavés de pourtour, et commencez à une extrémité ou dans un coin. À l'aide d'une truelle, égalisez la surface de la couche de mortier pour qu'elle ait une épaisseur d'environ 1/2 po.

**3** Commencez par poser les pavés de bordure, en tartinant du mortier sur une extrémité de chaque pavé, comme vous le feriez pour la pose de briques (page 72). Posez les pavés dans le lit de mortier, en les enfonçant pour donner au lit une épaisseur de 3/8 po. Enlevez l'excédent de mortier sur les côtés et sur le dessus des pavés. Utilisez un niveau pour vérifier si la surface supérieure formée par les pavés est parfaitement plane et vérifiez si l'épaisseur des joints de mortier est uniforme.

**4** Lorsque vous finissez la bordure près de la fondation, utilisez un niveau pour vérifier si la rangée de pavés est bien horizontale. Enlevez l'excédent de mortier et posez ensuite la troisième bordure; laissez ouvert le bord avant de l'ouvrage pour pouvoir poser facilement les pavés *intérieurs*.

**5** Appliquez un lit de mortier de ½ po d'épaisseur entre les bordures, dans la zone de l'ouvrage la plus rapprochée de la fondation. Le mortier étant plus facile à travailler lorsqu'il est frais, préparez-le et appliquez-le par petites sections (ne dépassant pas 4 pi²).

**6** Commencez à poser les pavés à l'intérieur du contour, sans étendre de mortier sur leurs extrémités. Vérifiez leur alignement au moyen d'une règle rectifiée. Ajustez la hauteur des pavés si nécessaire, en vous assurant que la largeur des joints est uniforme. NOTE: les pavés qui sont fabriqués avec des brides intercalaires sur les côtés sont des pavés destinés à la pose dans le sable. Utilisez un objet – une cheville en bois par exemple – pour vérifier la dimension des joints liaisonnés.

**7** Posez le reste des pavés à l'intérieur de l'ouvrage, en appliquant le lit de mortier par petites sections. Ajoutez la dernière bordure. Toutes les 30 minutes, introduisez du mortier dans les joints des pavés jusqu'à ce que celui-ci affleure la surface des pavés. CONSEIL: pour éviter la saleté, utilisez un sac à mortier pour liaisonner les pavés.

**8** Lissez et finissez les joints de mortier avec une mirette. Commencez par les longs joints en largeur, puis finissez les joints aux extrémités des pavés. Après avoir laissé sécher le mortier pendant plusieurs heures, enlevez les résidus de mortier en frottant les pavés avec un chiffon rugueux mouillé. Couvrez l'ouvrage de feuilles de plastique et laissez sécher le mortier pendant au moins deux jours. Enlevez ensuite le plastique, mais ne marchez pas sur les pavés avant une semaine.

## Construire un patio en pavés de terre cuite

Construire un patio en pavés de terre cuite posés sur du sable est un travail simple qui donne pourtant un patio attrayant et fonctionnel. Pour être idéal, un patio doit avoir la même surface qu'une pièce standard, c'est-à-dire 100 pi$^2$ ou plus. Il existe toute une gamme de pavés de terre cuite qui peuvent convenir à vos besoins (pages 64 et 65).

**Tout ce dont vous avez besoin**

OUTILS : mètre à ruban, niveau, cordeau de maçon, pelle, niveau de cordeau, râteau, pilon manuel, pilon mécanique, maillet en caoutchouc, ciseau, masse, scie circulaire, lame pour maçonnerie.

MATÉRIEL : piquets, gravier compactable, bordure en plastique rigide, grands clous galvanisés, géomembrane, sable, pavés, tuyaux de 1 po de diamètre.

### Comment construire un patio en pavés de terre cuite

**1** Pour déterminer les dimensions exactes du patio et réduire au minimum le nombre de coupes de briques nécessaires, faites l'essai à sec de rangées perpendiculaires de pavés posés sur une surface plane. Posez perpendiculairement deux rangées qui ont en gros la longueur et la largeur du patio et mesurez-les pour déterminer leur longueur exacte.

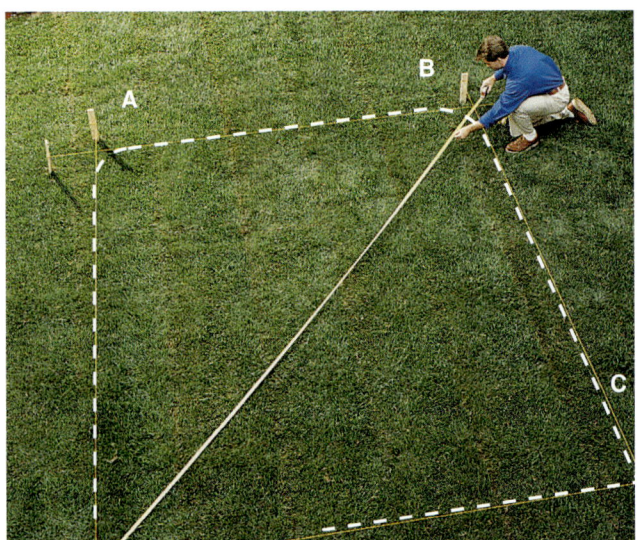

**2** À l'aide de piquets et de cordeaux de maçon, délimitez un rectangle ayant les dimensions du patio, en utilisant la méthode du triangle 3-4-5 (page 178). Vérifiez si le rectangle est d'équerre : les diagonales (AC et BD) doivent avoir la même longueur. Si ce n'est pas le cas, déplacez les piquets jusqu'à ce que les diagonales soient d'égale longueur. Les cordeaux serviront de repère pour excaver le site du patio.

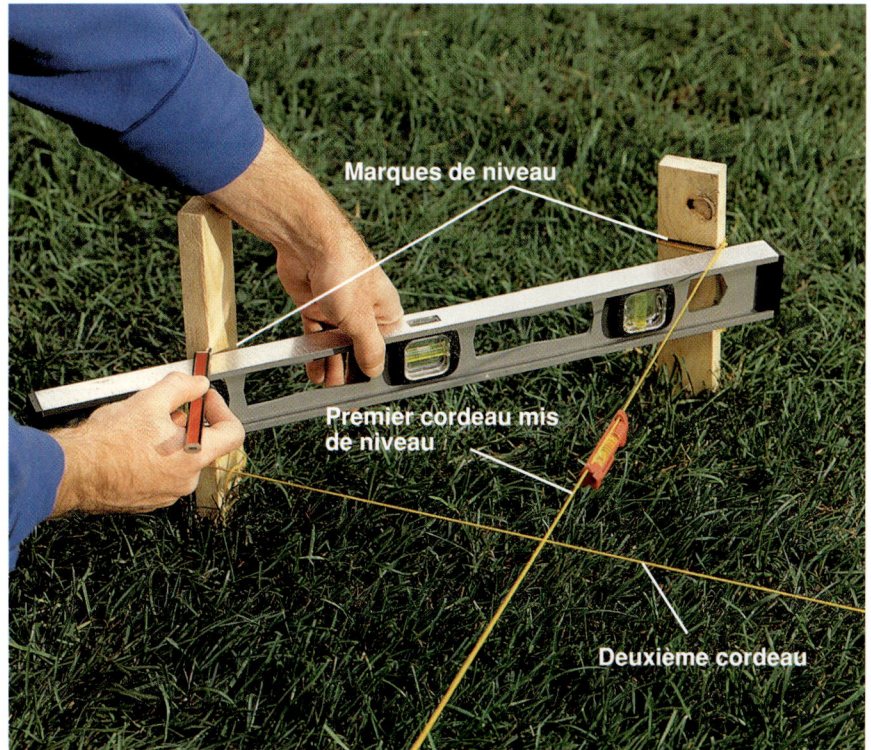 

**3** En vous servant d'un niveau de cordeau comme guide, réglez un des cordeaux pour qu'il soit de niveau. Marquez alors sa hauteur sur les deux piquets qui le sous-tendent. Pour régler les autres cordeaux à la même hauteur que le premier et pour qu'ils soient de niveau, marquez tout d'abord les piquets adjacents en utilisant un niveau, puis réglez la hauteur des cordeaux en vous basant sur les marques de référence. Utilisez un niveau de cordeau pour vérifier si tous les cordeaux sont horizontaux.

**4** Pour que le patio soit bien drainé, il doit avoir une pente descendante, à partir de la maison, de 1/8 po par pied. Mesurez la distance entre l'extrémité haute et l'extrémité basse du cordeau (en pieds) et multipliez ce chiffre par 1/8. Reportez ensuite cette mesure vers le bas, à partir de la marque de niveau tracée sur le piquet se trouvant à l'extrémité basse du cordeau.

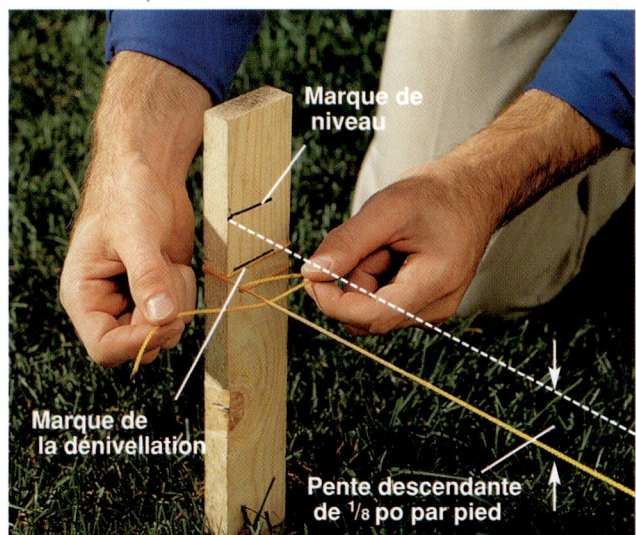 

**5** Abaissez les cordeaux attachés aux piquets des extrémités basses jusqu'à ce qu'ils arrivent à la marque de la dénivellation. Gardez les cordeaux en place pour pouvoir vous y référer pendant l'excavation et l'installation de la bordure.

**6** Enlevez le gazon se trouvant à l'intérieur du périmètre des cordeaux et jusqu'à 6 po autour de la surface prévue pour le patio. NOTE : si le patio a des coins arrondis, délimitez l'excavation au moyen d'un tuyau d'arrosage ou d'une corde.

Suite à la page suivante

# Comment construire un patio en pavés de terre cuite (suite)

**7** En commençant par le bord extérieur, excavez le sol du site jusqu'à une profondeur qui soit de 5 po supérieure à l'épaisseur des pavés. Par exemple, si les pavés ont une épaisseur de 1 3/4 po, excavez le sol jusqu'à une profondeur de 6 3/4 po. Respectez la pente indiquée par les cordeaux latéraux et servez-vous régulièrement d'un long morceau de bois scié de 2 po x 4 po pour vérifier si la surface est plane.

**8** Étalez du gravier compactable dans la partie excavée et ratissez-le pour en égaliser la surface et pour que la couche ait au moins 4 po de profondeur. On peut faire varier l'épaisseur de cette couche pour compenser les inégalités de l'excavation. Utilisez un long morceau de bois scié de 2 po x 4 po pour vérifier si la surface présente des creux ou des bosses et ajoutez ou enlevez du gravier compactable, selon le cas.

**9** Damez la sous-couche au moyen d'un pilon mécanique jusqu'à ce que la surface soit ferme et plane. Vérifiez la pente de la sous-couche en mesurant la distance qui la sépare des cordeaux latéraux (étape 12, page 149). Cette distance doit être partout égale.

**10** Coupez des bandes de géomembrane et posez-les sur la sous-couche pour garder le gravier en place et empêcher les mauvaises herbes de pousser et d'atteindre la surface du patio. Veillez à ce que les bandes se chevauchent sur au moins 6 po.

**11** Installez une bordure en plastique rigide le long du périmètre du patio, sous les cordeaux de référence. Ancrez la bordure à l'aide de grands clous enfoncés dans les trous forés en usine et dans la sous-couche. N'enfoncez que le nombre de grands clous nécessaires pour tenir la bordure en place, car vous devrez probablement l'ajuster par la suite.

**12** Vérifiez la pente en mesurant en plusieurs points la distance du cordeau latéral à la bordure. Cette distance doit être constante. Si ce n'est pas le cas, ajustez la bordure en ajoutant ou en enlevant du gravier de la sous-couche, en dessous de la géomembrane jusqu'à ce que la bordure suive la pente des cordeaux.

**13** Pour les courbes et les coins arrondis du patio, utilisez une bordure en plastique rigide dont la bride extérieure est munie d'encoches. Il est parfois nécessaire d'ancrer toutes les sections de bordure au moyen de grands clous, pour les garder en place.

**14** Enlevez les cordeaux de référence et posez des tuyaux de 1 po de diamètre ou des lattes de bois de 1 po d'épaisseur sur la surface du patio, tous les 6 pi : elles serviront de repères lorsque vous devrez mesurer l'épaisseur de la couche de sable que vous étalez.

Suite à la page suivante

# Comment construire un patio en pavés de terre cuite (suite)

**15** Déposez une couche de sable de 1 po sur la géomembrane et égalisez-la au moyen d'un râteau. Le sable doit à peine recouvrir les repères.

**16** Humidifiez généreusement le sable et tassez-le légèrement avec un pilon manuel.

**17** Arasez le sable en faisant glisser un long morceau de bois scié de 2 po x 4 po sur les repères d'épaisseur recouverts de sable, tout en le faisant osciller d'un côté à l'autre. Ajoutez du sable pour remplir les traces de pas et les creux, puis humidifiez, damez et arasez de nouveau le sable jusqu'à ce qu'il soit lisse et fermement tassé.

**18** Enlevez les repères enfoncés dans le sable le long des bords de la base du patio et remplissez de sable les rainures qu'ils laissent dans la couche de sable ; tassez le sable avec un pilon manuel.

**19** Posez le premier pavé de terre cuite dans un coin du patio. Collez-le bien contre la bordure de plastique rigide.

**20** Posez le deuxième pavé le long du premier, à environ 1/8 po de celui-ci. Enfoncez les pavés dans le sable au moyen d'un maillet en caoutchouc. Utilisez la profondeur du premier pavé comme repère pour installer les autres.

**21** Progressez en vous éloignant du coin et posez des sections de pavés de bordure et de pavés intérieurs de 2 pi de large, en respectant l'appareil choisi. Gardez les joints serrés entre les pavés. Enfoncez chaque pavé avec le maillet.

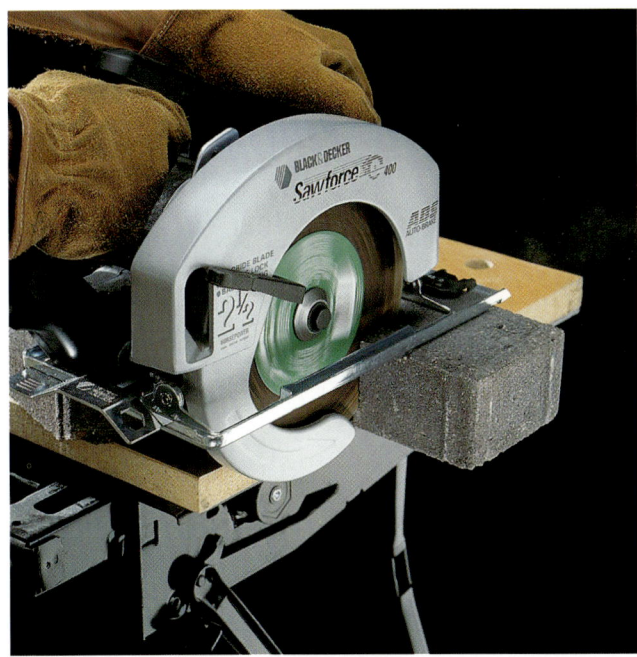 

**22** Suivant l'appareil choisi, il se peut que vous deviez tailler certains pavés. Commencez par entamer la surface du pavé à l'aide d'un ciseau et d'une masse, ou à l'aide d'une scie circulaire munie d'une lame pour maçonnerie (pages 70 et 71). Terminez la taille en donnant un coup de masse sur un ciseau. Portez des lunettes de sécurité et des gants de travail lorsque vous utilisez des outils tranchants.

**23** Après avoir installé une section de pavés, utilisez une règle rectifiée pour vérifier si la surface formée par les pavés est plane. Faites les ajustements nécessaires en enfonçant plus profondément les pavés qui dépassent ou en enlevant les pavés trop enfoncés pour ajouter une mince couche de sable en dessous de ceux-ci.

Suite à la page suivante

## Comment construire un patio en pavés de terre cuite (suite)

**24** Enlevez les autres repères de profondeur lorsque la surface de pavés installés s'en rapproche. Remplissez de sable les rainures qu'ils laissent dans la couche de sable et damez la surface à l'aide d'un pilon manuel (encadré).

**25** Continuez d'installer des sections de pavés de bordure et de pavés intérieurs de 2 pi de large. Lorsque vous vous rapprocherez du côté opposé du patio, vous devrez peut-être replacer la bordure de plastique rigide, pour pouvoir installer des pavés entiers.

**26** Dans les coins arrondis et les courbes, installez les pavés en éventail en maintenant constant l'espace qui les sépare. Dans les courbes peu prononcées vous pourrez installer des pavés entiers, mais dans les courbes prononcées vous devrez marquer les pavés de bordures et les tailler en biseau pour pouvoir les installer.

**27** Posez les pavés intérieurs restants. Aux endroits où vous devez installer des morceaux de pavés, tenez le pavé au-dessus de l'endroit et tracez la ligne de coupe au moyen d'un crayon et d'une règle rectifiée, puis taillez les pavés avec une scie circulaire munie d'une lame pour maçonnerie (étape 22, page 151). Après avoir installé tous les pavés, enfoncez les grands clous restants et damez la terre derrière la bordure.

**28** À l'aide d'un long morceau de bois scié de 2 po x 4 po, vérifiez si toute la surface du patio est plane. Ajustez les pavés qui dépassent en les enfonçant davantage dans le sable et enlevez les pavés trop enfoncés pour ajouter une mince couche de sable en dessous de ceux-ci. Après avoir ajusté les pavés, utilisez des blocs d'alignement et un cordeau de maçon pour vérifier si les rangées de pavés sont droites.

**29** Étalez une couche de ½ po de sable sur toute la surface du patio. Avec un pilon mécanique, damez toute la surface et tassez le sable dans les joints.

**30** Balayez le sable de la surface et aspergez généreusement le patio d'eau pour que le sable se tasse dans les joints. Laissez la surface sécher complètement. Si nécessaire, répétez l'étape 29 jusqu'à ce que les espaces entre les pavés soient remplis de sable fermement damé.

**VARIANTE – patio liaisonné au mortier sec :** pour obtenir un fini ressemblant à une surface maçonnée, installez les pavés en les espaçant de ⅜ po. Remplissez les joints d'un mélange sec formé de 4 parts de sable et de 1 part de mortier sec. Après avoir étalé ce mélange sec et damé le patio, arrosez la surface. Finissez les joints de mortier humide à l'aide d'une mirette. Lorsque le mortier durcit, brossez les pavés avec un chiffon rugueux mouillé.

# Construire un patio en béton à granulats apparents

Le patio en béton à granulats apparents présente un aspect de fini attrayant et on utilise pour sa construction les techniques de base, qu'il s'agisse de préparation du site ou de coulée du béton.

### Tout ce dont vous avez besoin

Outils : pelle, corde ou tuyau flexible, cordeau de maçon, mètre à ruban, pilon manuel, niveau, perceuse, brouette, bêche de maçon, marteau, planche à araser, truelle de maçon, fer à bordures, taloche en magnésium, balai à poils raides, tuyau d'arrosage, rouleau à peinture.

Matériel : vis de 2½ po et de 4 po, piquets, gravier compactable, bois scié traité de 2 po x 4 po, grillage de renfort, supports de renfort, granulats, mélange à béton de type N, plastique en feuilles, produit de scellement pour granulats.

**On transforme la construction d'une banale dalle de béton** en un patio attrayant en divisant la dalle au moyen d'éléments de coffrage permanents et en incrustant de petites pierres sur la surface de béton. Les éléments de coffrage remplacent les joints de rupture, et une assise en gravier assure la stabilité de la dalle et le drainage de l'endroit. Avant d'entamer les travaux, consultez la section portant sur la préparation et l'excavation du site (pages 36 à 39).

## Comment construire un patio en béton à granulats apparents

**1** Préparez le site en enlevant les matériaux des allées ou des paliers existants. Suivez les conseils que vous trouverez à la page précédente et dans le reste de ce livre pour choisir le modèle du patio que vous allez construire.

**2** Délimitez grossièrement l'emplacement du patio au moyen d'une corde ou d'un tuyau flexible et délimitez-le ensuite plus précisément à l'aide de piquets et de cordeaux de maçon. Mesurez les diagonales pour vous assurer que les côtés du contour sont d'équerre (page 146). Établissez, depuis la maison, une pente descendante de ⅛ po par pied (pages 36 et 37).

**3** Enlevez le gazon et excavez le sol pour qu'il ait une profondeur uniforme, en prenant vos mesures en partant des cordeaux de maçon et d'un poteau de référence (page 39).

**4** Créez l'assise du patio en étalant une couche de 5 po de gravier compactable que vous damerez jusqu'à ce qu'elle n'ait plus que 4 po d'épaisseur.

**5** Coupez à la longueur voulue des planches de bois scié traité, brun, de 2 po x 4 po, pour construire le coffrage permanent qui déterminera le périmètre du patio. Placez les planches en vous basant sur les cordeaux. Attachez les planches aux extrémités, au moyen de vis galvanisées de 2½ po. Enfoncez temporairement des piquets le long des planches, tous les 2 pi. Posez un long morceau de bois scié de 2 po x 4 po, surmonté d'un niveau, sur les bords opposés du coffrage pour vérifier s'ils sont au même niveau. CONSEIL DE SÉCURITÉ : portez des gants et un masque anti-poussières lorsque vous coupez du bois traité sous pression.

**6** Coupez et posez des morceaux de bois scié traité sous pression de 2 po x 4 po pour diviser le carré en quatre parties : coupez une planche entière et attachez-y deux demi-planches avec des vis enfoncées en biais. Enfoncez partiellement des vis de 4 po dans les planches du coffrage, tous les 12 po, à l'intérieur. Les parties des vis qui dépassent serviront de tiges d'ancrage au béton qui sera coulé dans les sections du coffrage permanent. CONSEIL : protégez la surface des éléments du coffrage permanent en les recouvrant de ruban-cache.

Suite à la page suivante

**7** Découpez du grillage de renfort que vous installerez dans chaque section de coffrage, en laissant 1 po d'espace tout autour du grillage (pages 37 à 41). Préparez le béton et coulez-le tour à tour dans les quatre sections, en commençant par la plus éloignée de la source d'approvisionnement (pages 42 à 47). Étalez le béton dans les sections au moyen d'une bêche de maçon.

**8** Glissez la lame d'une pelle rectangulaire le long de la paroi intérieure des éléments du coffrage et martelez les bords extérieurs de ces éléments pour que le béton se tasse. Égalisez la surface du béton en utilisant un morceau de bois scié de 2 po x 4 po comme planche à araser (page 48). Laissez l'eau de ressuage s'évaporer avant de continuer les travaux (page 49).

**9** Après en avoir égalisé la surface, recouvrez le béton d'une couche de granulats et incrustez-les sur le béton à l'aide d'une taloche en magnésium (page 53).

**10** Finissez les bords du béton dans chaque section à l'aide d'un fer à bordures et utilisez une taloche pour effacer toutes les marques laissées par l'outil. CONSEIL : si vous prévoyez de couler immédiatement le béton dans les autres sections, recouvrez le béton incrusté d'une feuille de plastique pour qu'il ne prenne pas trop rapidement.

**11** Coulez le béton dans les sections restantes, en répétant les étapes 7 à 10. Vérifiez régulièrement les sections remplies de béton et découvrez-les dès que l'eau de ressuage a disparu de la surface (page 49).

**12** Ensuite, aspergez la surface d'un brouillard d'eau et frottez-la au moyen d'un balai à poils raides. Enlevez le ruban-cache qui protège les éléments du coffrage, recouvrez les sections de plastique en feuilles et laissez sécher le béton pendant une semaine (page 52).

**13** Lorsque le béton est sec, rincez et frottez une dernière fois le granulat pour le débarrasser de tout résidu. CONSEIL: enlevez les résidus de béton récalcitrants avec de l'acide chlorhydrique dilué. Lisez les instructions du fabricant pour connaître les proportions du mélange et les mesures de sécurité à observer.

**14** Laissez sécher le patio pendant trois semaines avant d'imperméabiliser sa surface à l'aide d'un produit de scellement pour granulats apparents. Par la suite, appliquez ce produit chaque année, en suivant les instructions du fabricant.

**Un patio carrelé** peut transformer une dalle de béton grisâtre en un lieu de détente agréable, à l'extérieur. Pour réaliser ce projet de carrelage, nous avons d'abord coulé une nouvelle assise en béton sur la dalle en béton existante du patio (encadré).

# Finition d'un patio au moyen de carreaux

S'il vous est arrivé d'installer des carreaux céramiques ou de vinyle dans votre maison, vous possédez une expérience valable qui vous aidera à installer les carreaux de votre patio.

Les carreaux d'intérieur et d'extérieur se distinguent principalement par leur épaisseur et leur taux d'absorption de l'humidité. Mais l'organisation des travaux et les techniques d'application utilisées sont très semblables. Le carrelage doit toujours reposer sur une assise solide, et la préparation ou la construction de l'assise appropriée constitue parfois une tâche exigeante.

On applique généralement les carreaux d'un patio sur une assise en béton existante ou sur une nouvelle dalle. La troisième possibilité que nous décrivons dans les pages suivantes consiste à couler une nouvelle assise en béton sur la dalle existante d'un patio. Cette solution est beaucoup moins laborieuse et moins coûteuse que celle qui consiste à enlever l'ancien patio et à couler une nouvelle dalle. De plus, elle garantit que le patio nouvellement carrelé n'aura pas à pâtir des problèmes causés par l'ancienne surface de béton.

Regardez les photographies en haut de la page 160 ; elles vous aideront à choisir la meilleure méthode à utiliser pour préparer une dalle de béton existante en vue de son carrelage.

S'il n'existe pas de dalle de béton à l'endroit du patio projeté, vous devrez en couler une (pages 34 à 51).

Le projet décrit ici se divise en deux : la coulée d'une nouvelle assise et l'installation des carreaux du patio. Si votre patio existant est en bon état, vous ne devrez pas couler une nouvelle assise.

Lorsque vous choisissez les carreaux de votre patio, assurez-vous que ce sont des carreaux d'extérieur, spécialement fabriqués pour résister aux cycles gel-dégel contrairement aux carreaux d'intérieur. Choisissez de préférence des couleurs et des textures qui s'harmonisent avec les autres parties de la maison et du jardin. Si le carrelage exige de nombreuses coupes de carreaux, louez une scie à eau ou arrangez-vous avec le fournisseur pour faire couper les carreaux aux dimensions voulues.

**Les carreaux d'extérieur pour patios** sont plus denses et plus épais que les carreaux d'intérieur. Les types les plus courants comprennent les carreaux de grès coquiller, les carreaux céramiques pour patios et les carreaux de grès cérame. La dimension de carreau la plus courante est de 12 po x 12 po, mais on vend également des carreaux précoupés en usine de formes variables qu'on peut assembler pour former des motifs compliqués.

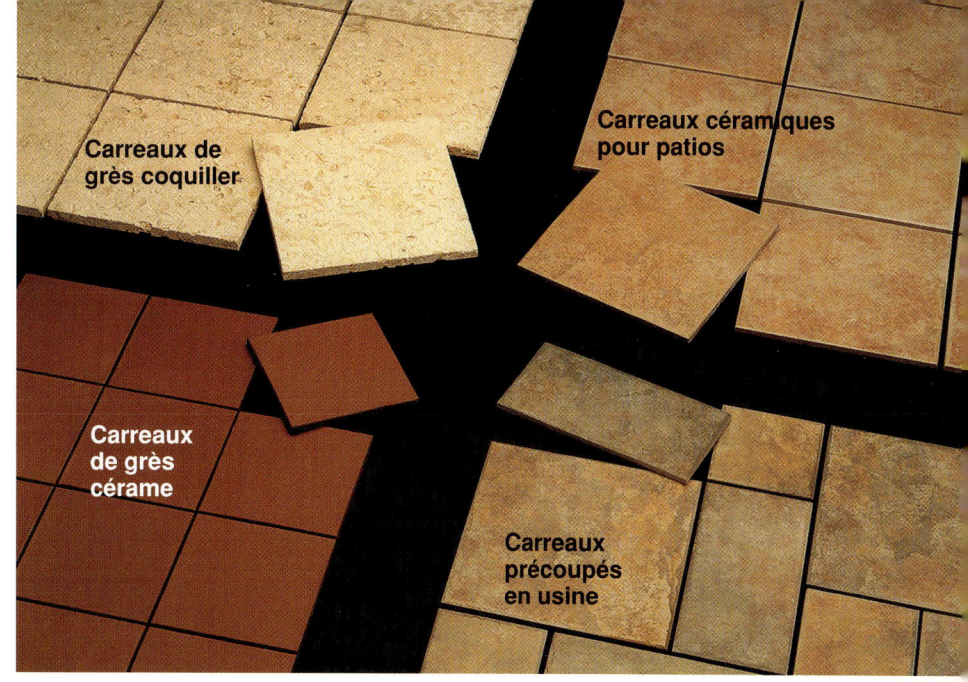

**Les outils suivants sont conçus pour la pose de carreaux d'extérieur :** la scie à eau, qui permet de couper un grand nombre de carreaux (en général, on la loue) ; la truelle à encoches carrées, qui sert à étendre l'adhésif à carreaux (consultez les instructions du fabricant des carreaux pour savoir quelle dimension d'encoche utiliser) ; la taloche à coulis, qui permet d'étendre le coulis dans les joints des carreaux ; l'éponge pour essuyer l'excédent de coulis ; les pinces à carreaux, qui servent à couper les carreaux suivant des lignes courbes ou angulaires ; les séparateurs, qui maintiennent une distance uniforme entre les carreaux et le maillet en caoutchouc, qui sert à enfoncer les carreaux dans l'adhésif.

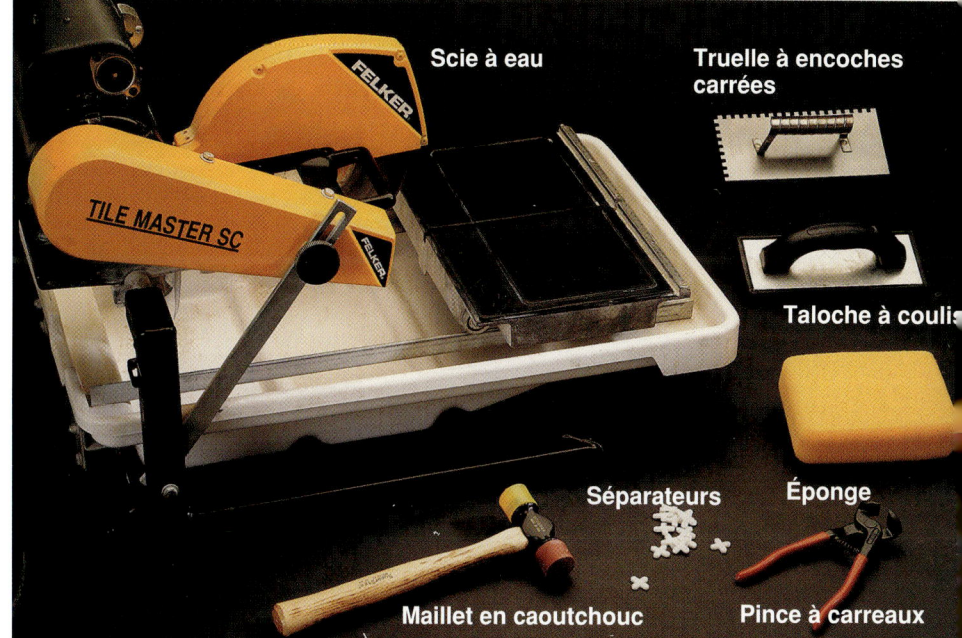

**Les produits et le matériel suivants sont utilisés dans la pose des carreaux de patios :** le coulis pour carreaux d'extérieur (coloré ou non), le produit de scellement acrylique pour coulis, le support à stuc pour renforcer la dalle en béton, la pâte à calfeutrer au latex pour remplir les joints des carreaux au-dessus des joints de rupture, le cordon de calfeutrage pour empêcher le coulis de pénétrer dans les joints de rupture, l'adjuvant de coulis fortifié au latex, le produit de scellement pour carreaux, le béton mélangé pour plancher qui sert à couler l'assise des carreaux, l'adhésif pour carreaux (mortier à prise rapide) et le sac à mortier pour remplir les joints de coulis (facultatif).

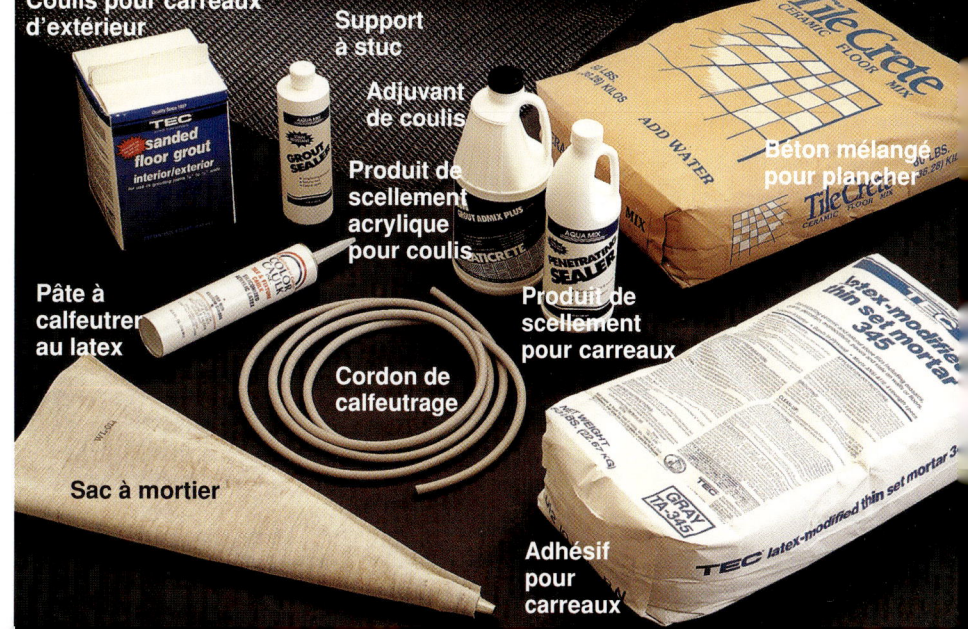

## Conseils pour déterminer l'état d'une surface en béton

**Une surface est en bon état** si elle est exempte de grandes fissures et ne présente pas de parties fortement écaillées. Vous pouvez appliquer les carreaux de patio directement sur une surface en bon état si elle comporte des joints de rupture (voir ci-dessous).

**Une surface est acceptable** si elle présente éventuellement des fissures et des éclats mineurs, mais pas de fissures importantes et aucun endroit fortement abîmé. Avant d'installer les carreaux du patio sur une surface acceptable vous devez couler une nouvelle assise.

**Une surface est en mauvais état** si elle présente des fissures profondes et importantes, des parties où le béton est cassé, défoncé ou soulevé, ou de nombreux éclats. Si vous devez travailler sur une surface de ce type, enlevez complètement le béton et remplacez-le par une nouvelle dalle de béton avant d'installer les carreaux du patio.

## Conseils pour tirer les joints de rupture d'un patio en béton

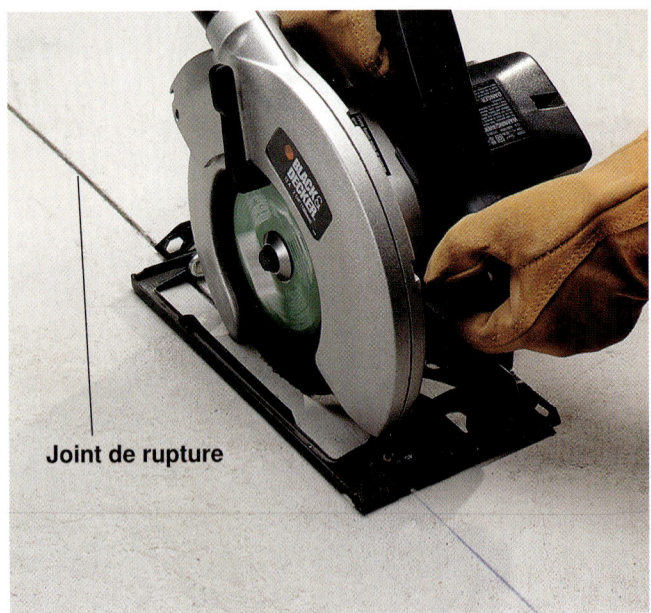 

**Coupez de nouveaux joints de rupture** dans les patios en béton existants, s'ils sont en bon état (voir ci-dessus) mais possèdent un nombre insuffisant de joints de ce type. Les joints de rupture permettront aux inévitables fissures de se produire aux emplacements où elles n'affaibliront pas le béton et n'altéreront pas son aspect. Dans un patio, il faut couper ces joints tous les 5 ou 6 pi. Prévoyez de les placer juste en dessous des joints des carreaux que vous êtes sur le point d'installer. Utilisez une scie circulaire munie d'une lame de maçonnerie réglée à une profondeur de ⅜ po pour couper les joints de rupture. Couvrez la base de la scie de ruban adhésif pour empêcher les éraflures.

## Comment couler une assise en vue de carreler un patio

**Supports de coffrage**

**Planches de coffrage de 2 po x 4 po**

**Tout ce dont vous avez besoin**

OUTILS : outils manuels de base, pelle, masse, règle rectifiée, cisaille de type aviation, bêche de maçon, boîte à mortier, pilon manuel, taloche en magnésium, fer à bordures, couteau universel, truelle carrée.

MATÉRIEL : papier de construction n° 30, plastique en feuilles, bois scié de 2 po x 4 po et de 2 po x 2 po, vis de 2½ po et de 3 po, support à stuc de ⅜ po, bitume de collage.

**Séparateur en bois scié de 2 po x 2 po**

**Support à stuc**

**1** Pour pouvoir installer les éléments de coffrage en bois scié de 2 po x 4 po, creusez autour du patio une tranchée de 6 po de large minimum, n'ayant pas plus de 4 po de profondeur. Nettoyez les côtés dégagés du patio pour les débarrasser de leur saleté et des débris. Coupez et ajustez les morceaux de 2 po x 4 po du coffrage entourant le patio et attachez-les aux extrémités à l'aide de vis de 3 po. Taillez des piquets en bois scié de 2 po x 4 po et enfoncez-les contre le coffrage, à l'extérieur, en les espaçant de 2 pi.

**2** Ajustez la hauteur du coffrage : posez un morceau de support à stuc sur la surface du patio, surmonté d'un séparateur en bois scié de 2 po x 2 po (la hauteur combinée de ces deux éléments doit être égale à l'épaisseur de l'assise). Ajustez les éléments du coffrage pour qu'ils affleurent le séparateur et attachez les piquets au coffrage à l'aide de vis de 2½ po.

**« Membrane de démoulage » en papier de construction**

**3** Enlevez les séparateurs en bois scié de 2 po x 2 po et le support à stuc, et posez des bandes de papier de construction n° 30 sur la surface du patio, en les faisant chevaucher de 6 po, en vue de créer une *membrane de démoulage* sous la nouvelle surface. Pliez le papier de construction le long des bords et dans les coins, en le laissant dépasser du coffrage. Faites une légère incision dans chaque coin pour pouvoir plier le papier plus facilement.

**4** Posez des bandes de support à stuc sur la membrane en papier de construction, en les faisant chevaucher sur 1 po et en coupant le support à stuc à 1 po des bords du coffrage et du mur avec une cisaille de type aviation (portez des gants épais pour effectuer ce travail).

Suite à la page suivante

## Comment couler une assise en vue de carreler un patio (suite)

**5** Installez des éléments de coffrage temporaires en bois scié de 2 po x 2 po pour diviser le patio en sections de travail et constituez des supports qui soutiendront la planche à araser le béton fraîchement coulé. Divisez la surface en sections suffisamment étroites pour que vous puissiez atteindre toute leur surface (pour la plupart des gens des sections qui ont 3 ou 4 pi de large ne présentent aucune difficulté). Fixez les morceaux de bois de 2 po x 2 po à la bordure du coffrage – qui arrive au même niveau – à l'aide de vis enfoncées dans leurs extrémités.

**6** Dans une boîte à mortier, ajoutez de l'eau au mélange à sec de béton pour planchers et mélangez le tout à l'aide d'une bêche de maçon, en suivant les instructions du fabricant, ou utilisez une bétonnière mécanique (page 44).

NOTE : le mélange doit être très sec, car il faut pouvoir l'enfoncer à travers les mailles du support à stuc à l'aide d'un pilon manuel.

**7** Remplissez de béton une section de travail, jusqu'au niveau supérieur du coffrage. Damez fermement le béton à l'aide d'un pilon léger, pour l'enfoncer à travers les mailles du support à stuc et pour qu'il remplisse les coins. Le pilon montré ici est constitué d'un morceau de 12 po x 12 po de contreplaqué de 3/4 po d'épaisseur auquel on a fixé un manche en bois scié de 2 po x 4 po.

**8** Égalisez la surface du béton en faisant glisser une planche à araser en bois scié de 2 po x 4 po sur les bords du coffrage de la section tout en lui imprimant un mouvement de va-et-vient et en remplissant les creux que présente la surface. Si des creux subsistent malgré tout, ajoutez du béton et lissez-le.

**9** Lissez la surface au moyen d'une taloche en magnésium. Appliquez une pression très légère et déplacez la taloche suivant un mouvement alternatif en arc de cercle, en relevant légèrement le bord avant pour éviter d'entamer la surface.

**10** Coulez le béton dans la section suivante et arasez la surface, en répétant les étapes 7 à 9. Après avoir lissé la surface, enlevez l'élément de coffrage temporaire en bois scié de 2 po x 2 po séparant les deux sections. Remplissez le vide créé, avec du béton frais que vous aplanirez ensuite avec la taloche en magnésium jusqu'à ce que le béton soit lisse et plane, et qu'il se fonde dans la section de travail. Coulez et finissez une à une les dernières sections de travail en appliquant les mêmes techniques.

Suite à la page suivante

## Comment couler une assise en vue de carreler un patio (suite)

**11** Laissez sécher le béton jusqu'au point où la surface ne conserve aucune empreinte lorsqu'on y presse le doigt. À l'aide d'un fer à bordures, découpez le contour du béton, le long des bords de l'assise. Relevez légèrement le bord avant du fer pour éviter d'entamer la surface. À l'aide d'une taloche, effacez les marques laissées par le fer sur la surface.

**12** Couvrez le béton de feuilles de plastique et laissez-le sécher pendant trois jours minimum (voir les recommandations du fabricant à ce sujet). Appliquez des poids sur les feuilles de plastique. Lorsque le séchage est terminé, enlevez le plastique, démontez le coffrage et enlevez-le.

**13** À l'aide d'un couteau universel, découpez le papier de construction qui dépasse sur les côtés du patio. Avec une truelle ou un couteau à mastic, appliquez une couche de bitume de collage sur trois côtés du patio pour remplir et imperméabiliser le joint existant entre l'ancienne et la nouvelle surface. Pour assurer le drainage entre ces deux couches de béton, n'imperméabilisez pas le côté du patio le plus bas. Après avoir laissé sécher le bitume de collage, remplissez la tranchée entourant le patio de terre et d'une couverture végétale ou autre.

# Poser des carreaux de patio

Dans tous les travaux de carrelage, la partie la plus importante consiste à tracer les lignes de référence en vue de la pose des carreaux. La meilleure manière de réussir ce travail consiste à effectuer préalablement un essai d'agencement à sec des carreaux. Tâchez que votre agencement final ne requière qu'un minimum de coupes.

Après avoir établi l'agencement qui convient, tracez soigneusement les lignes de référence sur la surface de travail. Pour que votre patio carrelé offre l'aspect d'un travail de professionnel, vous devez respecter ces lignes et utiliser des techniques de pose éprouvées.

Certains carreaux fabriqués présentent de petites protubérances sur les bords qui règlent automatiquement l'écart entre les carreaux lors de la pose. Mais la plupart du temps il faut se servir de séparateurs en plastique qu'on installe à mesure que la pose progresse et qu'il faut enlever avant que l'adhésif des carreaux ne sèche.

Les patios carrelés se fissurent facilement. Assurez-vous que l'assise comporte suffisamment de joints de rupture pour empêcher ce dégât (page 160). Posez les carreaux en alignant leurs joints sur les joints de rupture. Remplissez ces joints-là de pâte à calfeutrer souple au latex plutôt que de coulis.

### Tout ce dont vous avez besoin

Outils: équerre de charpentier, règle rectifiée, mètre à ruban, cordeau traceur, coupe-carreaux ou scie à eau, pince à carreaux, truelle à encoches carrées, pince à bec effilé, maillet en caoutchouc, taloche à coulis, éponge à coulis, pistolet à calfeutrer.

Matériel: séparateurs de carreaux, seaux, pinceau et rouleau à peinture, feuilles de plastique, essuie-tout, mortier à prise rapide, carreaux, cordon de calfeutrage, coulis, adjuvant pour coulis, pâte à calfeutrer au latex pour carreaux, produit de scellement pour coulis, produit de scellement pour carreaux.

## Comment poser des carreaux de patio

**1** Sans appliquer d'adhésif, posez sur la surface du patio deux rangées perpendiculaires de carreaux, qui se coupent au centre du patio. Placez des séparateurs qui représenteront les joints entre les carreaux (encadré). Arrêtez la pose de carreaux à 1/4 ou 1/2 po de la maison pour qu'ils puissent se dilater. Cette *pose à sec* vous aidera à agencer les carreaux d'une manière attrayante et rationnelle.

**2** Ajustez les carreaux pour réduire au minimum le nombre de coupes. Déplacez les rangées de carreaux et les séparateurs jusqu'à ce qu'ils surplombent d'égale manière le patio aux extrémités opposées et que tous les carreaux coupés aient au moins 2 po de large.

**3** Après avoir déterminé l'agencement définitif, tracez-en les lignes de référence sur la surface à carreler. Marquez la surface au joint de la troisième et de la quatrième rangée comptées à partir de la maison, mesurez cette distance et reportez-la plusieurs fois sur la surface. Joignez ces points par une ligne tirée au moyen d'un cordeau traceur.

*Suite à la page suivante*

## Comment poser les carreaux de patio (suite)

**4** Utilisez une équerre de charpentier et une longue planche droite pour marquer les points d'une deuxième ligne de référence, perpendiculaire à la première. Marquez ces points contre les carreaux posés à sec pour que la ligne de référence tombe à l'emplacement d'un joint. Enlevez les outils et les carreaux et tracez une deuxième ligne entre ces points avec un cordeau traceur.

**5** Posez les carreaux dans une section de travail à la fois, en commençant par la section la plus rapprochée de la maison. Commencez par mélanger un lot de mortier à prise rapide dans un seau, en suivant les instructions du fabricant. À l'aide d'une truelle à encoches carrées, étalez le mortier uniformément le long des deux lignes de référence de la section. Appliquez suffisamment de mortier pour poser quatre carreaux le long de chaque ligne.

**6** Servez-vous de la tranche de la truelle pour marquer d'ondulations le mortier. Appliquez suffisamment de mortier pour recouvrir entièrement la surface se trouvant sous les carreaux, sans toutefois recouvrir les lignes de référence.

**7** Posez le premier carreau dans le coin de la section, à l'endroit où les lignes s'entrecoupent; appuyez un peu sur le carreau en le faisant osciller légèrement et ajustez-le pour qu'il soit parfaitement aligné sur les lignes de référence.

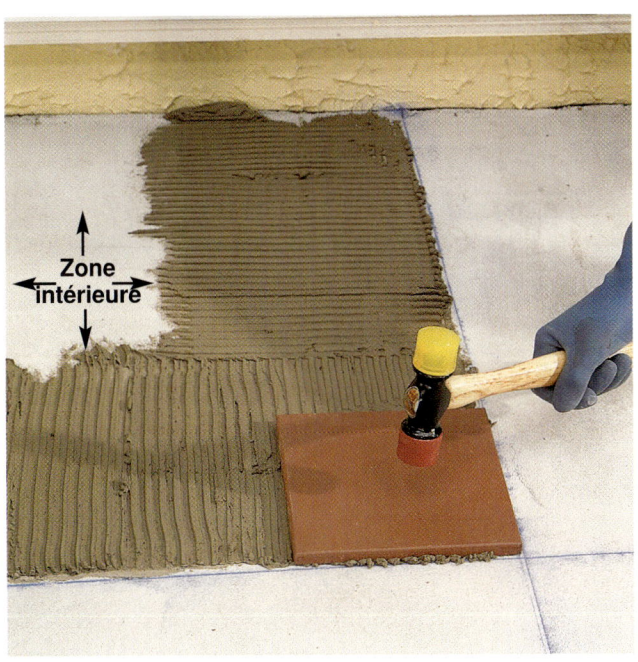

**8** Tapotez uniformément toute la surface du carreau avec un maillet en caoutchouc pour l'enfoncer dans le mortier, en prenant soin de ne pas casser le carreau et de ne pas chasser le mortier qu'il recouvre. NOTE: une fois que vous commencerez à remplir la zone intérieure de la section, vous gagnerez du temps en posant plusieurs carreaux à la fois et en les enfonçant tous à la fois avec le maillet.

**9** Placez les séparateurs aux coins du carreau faisant face à la section de travail.

**10** Posez le carreau suivant dans le mortier, le long de la ligne de référence de la section, en vous assurant qu'il est bien contre les séparateurs. Tapotez-le avec le maillet pour l'enfoncer dans le mortier, puis posez le carreau suivant le long de l'autre ligne de la section et enfoncez-le également dans le mortier. Assurez-vous que les carreaux longent bien les lignes de référence.

**11** Posez les autres carreaux dans la zone couverte de mortier, en utilisant des séparateurs pour former des joints réguliers. Essuyez l'excédent de mortier avant qu'il ne sèche. NOTE: les séparateurs en plastique sont placés temporairement: enlevez-les avant que le mortier ne durcisse, c'est-à-dire généralement dans l'heure qui suit la pose.

Suite à la page suivante

## Comment poser les carreaux de patio (suite)

**12** Appliquez une couche de mortier ondulé à l'intérieur de la partie centrale: ne couvrez qu'une surface que vous pouvez carreler en 15 ou 20 minutes. CONSEIL: commencez par travailler sur de petites surfaces et augmentez votre champ de travail en fonction de votre cadence.

**13** Posez les carreaux dans la zone intérieure de la première section, en gardant les carreaux coupés pour la fin. Louez une scie à eau pour couper les carreaux, ou utilisez un coupe-carreaux. Pour les coupes courbées utilisez une pince à carreaux.

**14** Appliquez du mortier et posez les carreaux dans la section suivante, le long de la maison, en utilisant la même technique que dans la première section. En terminant la première section, enlevez prudemment les séparateurs avec une pince à bec effilé, ne les laissez pas plus d'une heure dans le mortier. N'oubliez pas d'enlever l'excédent de mortier des carreaux avant qu'il ne durcisse.

**15** Posez les carreaux dans les sections restantes. CONSEIL : utilisez une règle rectifiée pour vérifier occasionnellement les joints. Si vous constatez qu'une ligne de joints n'est pas droite, corrigez progressivement le désalignement en posant les rangées de carreaux suivantes.

**16** Après avoir posé tous les carreaux du patio, vérifiez si vous avez enlevé tous les séparateurs de même que l'excédent de mortier de la surface des carreaux. Couvrez le travail d'une feuille de plastique pendant trois jours pour donner au mortier le temps de sécher complètement.

**17** Après trois jours, enlevez le plastique et préparez les carreaux en vue de l'application du coulis dans les joints. Créez des joints de dilatation sur la surface carrelée en insérant des bandes de cordon de calfeutrage de 1/4 po de diamètre dans les joints séparant les sections et dans les joints superposés aux joints de rupture, de manière à empêcher le coulis de pénétrer dans ces joints.

Suite à la page suivante

## Comment poser les carreaux de patio (suite)

**18** Préparez un lot de coulis pour carreaux, de la consistance voulue. CONSEIL: ajoutez un adjuvant au latex pour coulis, qui facilite l'enlèvement de l'excédent de coulis. Commencez dans un coin et étendez une couche de coulis sur une zone de surface carrelée ne dépassant pas 25 pi$^2$. Utilisez une taloche à coulis pour étendre le coulis et l'enfoncer dans les joints des carreaux.

**19** À l'aide de la taloche à coulis, frottez la surface des carreaux pour la débarrasser de l'excédent de coulis qui la recouvre. Frottez-la en diagonale par rapport aux joints en tenant la taloche en position presque verticale. Les carreaux du patio absorberont rapidement et définitivement le coulis; il est donc important d'enlever tout l'excédent de coulis de la surface avant qu'il ne sèche. NOTE: si la surface est étendue, nous vous recommandons de vous faire aider.

**20** Utilisez une éponge humide pour essuyer la pellicule de coulis couvrant la surface des carreaux. Rincez fréquemment l'éponge à l'eau froide et n'appuyez pas trop à l'endroit des joints, car vous risqueriez de déloger le coulis. Lavez toute la surface de cette manière.

**21** Laissez sécher le coulis pendant environ quatre heures et sondez-le avec un clou pour déterminer s'il a durci. À l'aide d'un chiffon, lissez la surface jusqu'à ce que toute trace de coulis ait disparu. Si le ponçage n'enlève pas tout le coulis, essayez d'utiliser un chiffon plus rugueux, comme un chiffon de jute, ou même un tampon abrasif.

**22** Enlevez le cordon de calfeutrage des joints du carrelage et remplissez ces joints de pâte à calfeutrer de la même couleur que celle du coulis. La pâte à calfeutrer permettra à la surface carrelée de se contracter ou de se dilater légèrement, ce qui empêchera la fissuration et le soulèvement du carrelage.

**23** À l'aide d'une brosse de pouce ou d'un petit pinceau en éponge, appliquez le produit de scellement pour coulis sur les joints. Évitez de déborder sur la surface carrelée et, le cas échéant, essuyez immédiatement tout surplus de produit.

**24** Après une période d'une à trois semaines, imperméabilisez la surface en appliquant une couche de produit de scellement pour carreaux, en suivant les instructions du fabricant. Un rouleau à peinture muni d'une rallonge constitue l'outil idéal pour ce genre d'application.

**Déterminez la pente de votre entrée** en divisant la longueur en pieds (la distance horizontale du seuil du garage au trottoir de la rue) par la dénivellation en pouces (page 141). Vous déterminerez ainsi la valeur en pouces par pied de la pente de votre nouvelle entrée. Le moyen le plus pratique de mesurer la dénivellation consiste à utiliser un niveau à eau (page 177). Les joints taillés dans la surface de l'entrée ou créés à l'aide de bandes de feutre placées entre les sections de l'entrée réduisent le risque de fissuration et de soulèvement de la surface bétonnée. Une surface convexe favorise l'écoulement de l'eau le long des côtés de l'entrée.

## Construire une entrée en béton coulé

La construction d'une entrée en béton coulé ressemble à celle d'un patio ou d'une allée; seule l'échelle diffère. Il est très utile de diviser l'entrée en sections pour la coulée du béton. On retire alors le séparateur en bois (page 174) dès que le béton de la section a suffisamment durci pour servir de séparateur à la section suivante avant qu'on y coule le béton. Lorsque l'entrée a une largeur supérieure à 10 pi, on ajoute un joint de rupture axial qui empêchera la propagation des fissures. Les entrées de 10 pi de large ou moins sont les plus simples à construire, car on peut couler le béton de fibres directement sur une assise, sans prévoir d'armature supplémentaire. (Vérifiez les exigences locales auprès de votre inspecteur des bâtiments.) Si la dalle est plus grande, on ajoute une armature métallique et on applique la technique utilisée pour construire une allée (page 107).

Lorsqu'on envisage la construction d'une entrée, il faut prêter une attention particulière aux conditions de drainage. Si le drainage du sol est insuffisant, cela risque d'endommager la dalle de béton (pages 26 et 27).

**Tout ce dont vous avez besoin**

Outils : niveau, niveau à eau, cordeau de maçon, planche à araser, maillet, brouette, scie circulaire, perceuse, balai, brosse raide, taloche, fers à bordures et à rainures, règle de plafonnier, pelle, bêche, pioche, marteau, truelle, seau, mètre à ruban, pilon manuel et pilon mécanique.

Matériel : piquets, bois scié de 2 po x 4 po et de 1 po x 2 po, pierres concassées, mélange à béton de fibres, feutre bitumineux de 4 po de large, vis de 2 po, huile végétale ou agent de démoulage, plastique en feuilles de 6 millièmes de po.

Dans ce cas (page 15), étalez une feuille de polyéthylène sur l'assise avant de couler le béton. Il est essentiel d'établir une pente graduelle en se basant sur le principe illustré par la photo ci-dessus et en prévoyant une surface convexe pour que l'eau s'écoule de la surface. NOTE : lorsque vous construisez une entrée en béton coulé, il est important de prendre les mesures nécessaires concernant l'eau de ressuage. Avant d'entreprendre les travaux, consultez la section qui traite de l'eau de ressuage (page 49).

# Comment construire une dalle pour une entrée

## Délimitation du site

Il est essentiel de bien délimiter l'entrée pour en tirer le meilleur parti. Commencez par calculer la pente de la future entrée (page 172) en pouces par pied. Le chiffre obtenu vous permettra de connaître la pente à donner à l'excavation. Prévoyez d'excaver une zone qui soit 10 po plus large que la dalle. Cela vous donnera l'espace nécessaire pour installer les piquets et le coffrage qui tiendra le béton en place (pages 38 et 39). La profondeur de l'excavation dépend de l'épaisseur respective de la dalle et de l'assise, qui est généralement de 4 po. (Vérifiez auprès de votre inspecteur des bâtiments, car dans certaines régions, le code de la construction exige une dalle de 6 po d'épaisseur; dans ce cas, vous devrez installer un coffrage en bois scié qui aura 2 po x 6 po au lieu de 2 po x 4 po.) Utilisez des piquets biseautés de 12 po, en bois scié de 1 po x 2 po, et du cordeau de maçon pour indiquer les bords de l'emplacement. Enfoncez les piquets pour qu'ils aient une hauteur constante, de manière à pouvoir les utiliser pour vérifier la profondeur de l'excavation.

**1** Excavez le sol, en vous servant de piquets et de cordeaux de maçon pour établir la pente à respecter. Vous devrez peut-être enlever temporairement les piquets pour égaliser le fond de l'excavation avec un morceau de bois scié de 2 po x 4 po et pour damer le sol avec un pilon.

**2** Étalez une couche de 4 po de pierre concassée qui servira d'assise. Arasez-la avec un morceau de bois scié de 2 po x 4 po et damez-la. Vous pouvez ajuster légèrement l'épaisseur de la couche de pierre concassée pour respecter la pente requise.

**3** Enfoncez des piquets dans les coins de l'emplacement, 3½ po à l'intérieur de chaque côté. Reliez les piquets d'un même côté à l'aide de cordeau de maçon. Utilisez un niveau à eau (encadré, à droite) pour vérifier si les cordeaux ont la pente voulue. Réglez les piquets si nécessaire.

**4** Placez les éléments du coffrage de 2 po x 4 po à l'intérieur des cordeaux, leur face supérieure arrivant au niveau du cordeau. Enfoncez des piquets tous les 2 pi, à l'extérieur des éléments du coffrage, leur face supérieure arrivant légèrement plus bas que celle des éléments du coffrage. Enfoncez des vis, à travers les piquets, dans les éléments du coffrage. Aux joints entre deux éléments de coffrage (ci-dessus), vissez un piquet de 1 po x 4 po qui réunira ces éléments.

Suite à la page suivante

# Comment construire une dalle pour une entrée (suite)

CONSEIL : utilisez des morceaux de bois scié de 1 po x 4 po pour fabriquer les éléments courbes du coffrage de l'entrée. Faites des traits de scie parallèles de ½ po de profondeur d'un côté de ces morceaux et fléchissez ceux-ci pour qu'ils prennent la courbure voulue. Fixez-les ensuite à l'intérieur des piquets et remplissez de terre l'espace vide de la tranchée, derrière le coffrage.

**5** Construisez un séparateur dont la longueur est égale à la largeur de la dalle. Placez un morceau de bois scié de 1 po x 2 po sur le bord d'un morceau de 2 po x 4 po ; insérez un bloc d'espacement en bois, de ⅝ po x 1½ po à mi-chemin entre les deux morceaux de bois scié, affleurant leurs bords. Attachez les deux morceaux de bois scié à l'aide de vis de 2 po, en veillant à noyer les têtes de vis sous la surface du bois. La partie incurvée du séparateur donnera à la dalle sa forme convexe lorsque vous l'araserez.

**6** Placez le séparateur à 6 pi environ du seuil du garage. Enfoncez des vis, à travers le coffrage, dans le séparateur, pour le tenir temporairement en place. Placez une bande de feutre isolant contre le séparateur et maintenez-la temporairement en place à l'aide de briques. NOTE : si le drainage du sol est insuffisant (pages 26 et 27), étalez une membrane de polyéthylène sur l'assise, comme pare-vapeur.

**7** Appliquez une couche d'huile végétale ou d'agent de démoulage sur les parois du séparateur et du coffrage (page 40) pour éviter que le béton ne colle à ces surfaces en séchant. Préparez section par section le béton de fibres nécessaire, à l'aide d'une bétonnière, ou faites-le livrer par une centrale à béton. Dans ce dernier cas, faites-vous aider pour être prêt à couler le béton dès qu'il arrive.

## Comment couler une dalle pour une entrée

**1** Déposez des tas de béton (pages 46 et 47) dans la première section et enfoncez une pelle en différents endroits de chaque tas pour éliminer les poches d'air. Enlevez les briques se trouvant à l'intérieur du coffrage dès que celui-ci contient assez de béton pour maintenir la bande de feutre en place.

**2** Arasez le béton d'un côté à l'autre, avec un morceau de bois scié de 2 po x 4 po en le faisant glisser sur le seuil du garage et le séparateur convexe. Soulevez légèrement le bord avant de la planche tout en progressant. Ajoutez du béton aux endroits creux. Arasez de nouveau, si nécessaire.

**3** Lissez la surface à l'aide d'une règle de plafonnier et laissez-la ensuite sécher de 2 à 4 heures ou jusqu'à ce qu'elle soit assez solide pour supporter votre poids sans se déformer. NOTE : si la largeur de la dalle dépasse 10 pi, tirez un joint de rupture dans son axe (page 172).

**4** Lissez les bords de la dalle au moyen d'un fer à bordures (page 49). Enlevez le séparateur et vissez-le dans la section suivante, contre une bande de feutre maintenue par des briques, pour couler le béton.

**5** Donnez à la surface de chaque section le fini désiré pendant que le béton sèche (page 52). Couvrez les sections de polyéthylène en feuilles et aspergez tous les jours les dalles d'un brouillard d'eau pendant deux semaines (pages 52 et 53). Enlevez le coffrage et imperméabilisez la surface de béton (pages 54 et 55).

**La pierre de taille** constitue un matériau de première qualité pour la construction des murs, des piliers et des arches. Pour que l'eau ne stagne pas derrière le mur, on construit souvent les murs de retenue (voir la photo ci-dessus) en pierres de taille ou en blocs qui se chevauchent, sans utiliser de mortier (sauf pour la pose de l'assise supérieure). Les structures autoporteuses sont souvent construites avec du mortier (nous présentons les deux types de constructions dans cette section). Pour construire des murs qui dureront des générations, on peut utiliser l'une ou l'autre méthode; les deux sont décrites ici.

# Murs, piliers et arches

Les ouvrages de maçonnerie verticaux peuvent être simples ou importants. La maçonnerie étant solide et durable, vous n'êtes limité que par votre imagination et par le temps et l'énergie que vous voulez consacrer à la construction de l'ouvrage. Les projets présentés ici sont parmi les plus faciles à réaliser et les plus populaires; ils englobent tout aussi bien la construction d'un mur en blocs de béton présentant une finition attrayante que la construction d'un robuste mur de retenue. Nous vous présentons également des travaux plus difficiles à réaliser, qui ajoutent une touche de classe au paysage. Ce sont notamment les piliers surmontés d'une arche et le mur de pierres comprenant une *fenêtre lunaire*. Si vous faites preuve de patience, ces ouvrages s'avéreront plus faciles à réaliser qu'il ne paraît au premier abord. Vous n'êtes d'ailleurs pas tenu d'utiliser les matériaux que nous proposons ici. Vous pouvez construire une arche avec de la pierre ou construire une fenêtre lunaire avec des briques. Avant de commencer les travaux, lisez les sections des Techniques de base (pages 26 à 97) consacrées aux matériaux choisis.

**Fini en stuc** (pages 220 et 221) et surmonté de panneaux en treillis (page 184), ce mur en blocs de béton constitue une séparation attrayante entre un patio et la cour.

## Comment figurer l'emplacement d'un mur, d'un pilier ou d'une arche

**1** Pour avoir une idée de la taille et de l'effet qu'auront un mur ou tout autre ouvrage, avant de le construire, délimitez son emplacement à l'aide de grands piquets entre lesquels vous tendrez des cordeaux de maçon qui indiqueront la hauteur que vous comptez donner à l'ouvrage.

**2** Accrochez une toile de jardin au cordeau, entre les piquets, et examinez-la sous tous les angles ; vous pourrez voir si l'ouvrage bouche la vue et obstrue le passage et vous pourrez vérifier qu'il s'harmonise avec les autres éléments du paysage.

### Travailler avec un niveau à eau

Les niveaux à eau sont basés sur le principe des vases communicants, c'est-à-dire que l'eau se trouvant dans un tube ouvert atteint le niveau déterminé, quel que soit le nombre de boucles que présente le tube. Le niveau à eau convient donc idéalement lorsqu'il faut vérifier l'horizontalité de travaux effectués sur des ouvrages longs, autour des coins ou à des endroits où les niveaux classiques sont inutilisables. Les niveaux à eau ordinaires que l'on trouve dans le commerce sont constitués de deux tubes en plastique transparent qui se vissent aux extrémités d'un tuyau d'arrosage (à droite, en haut). Faites, sur chaque tube, des marques espacées de 1 po. Fixez les tubes aux extrémités d'un tuyau d'arrosage et remplissez le tuyau jusqu'à ce que l'eau soit visible dans les deux tubes. Avec un aide, tenez les tubes aux extrémités de l'emplacement. Ajustez les tubes pour que le niveau de l'eau atteigne la même marque dans chaque tube (à droite, en bas). Enfoncez des piquets jusqu'à ce qu'ils atteignent les profondeurs indiquées par les marques ou indiquez les niveaux par des marques faites sur l'ouvrage. VARIANTE: on peut se servir de niveaux à eau plus coûteux – munis d'une jauge électronique – lorsqu'on a besoin de mesures précises.

## Comment construire un angle droit

**1** La méthode du triangle 3-4-5 est la méthode la plus efficace pour construire les angles droits des murs, des piliers et d'autres ouvrages. Commencez par enfoncer un piquet au coin extérieur des futurs murs et tendez un cordeau de maçon qui marquera l'emplacement de l'extérieur d'un des murs.

**2** Indiquez un point, à 3 pi du coin, en y enfonçant un autre piquet.

**3** Placez l'extrémité d'un mètre à ruban sur le coin extérieur et déroulez le ruban sur une distance de plus de 4 pi. Demandez à un aide de dérouler un autre mètre à ruban, depuis le piquet situé à 3 pi du coin, sur une distance de plus de 5 pi. Verrouillez les mécanismes des deux mètres à ruban et croisez les rubans de sorte qu'ils se rencontrent aux marques de 4 et 5 pi.

**4** Plantez un piquet à ce point de rencontre et tendez un cordeau entre ce piquet et le coin extérieur. Les cordeaux de 3 pi et de 4 pi forment un angle droit. Prolongez ou raccourcissez les cordeaux selon les besoins, et plantez des piquets aux emplacements exacts du futur ouvrage.

## Comment construire une courbe

**1** Commencez par construire un angle droit en utilisant la méthode du triangle 3-4-5 (page précédente). Marquez les points extrêmes de la courbe en plantant des piquets équidistants du coin extérieur.

**2** Tendez un cordeau depuis chacun de ces piquets, jusqu'au coin extérieur et serrez les deux cordeaux dans la main, à leur jonction. Déplacez ce point vers l'intérieur de l'angle jusqu'à ce que les deux cordeaux soient tendus. Les cordeaux forment un carré.

**3** Plantez un piquet au point de jonction des cordeaux. Ensuite, attachez à ce piquet un cordeau juste assez long pour atteindre le piquet marquant l'extrémité de la courbe.

**4** Tendez le cordeau et faites-lui parcourir l'arc de cercle reliant les deux points extrêmes en utilisant de la peinture en aérosol pour marquer l'arc sur le sol.

# Construire des murs autoporteurs en blocs de béton, sans mortier

Dans le projet qui suit, on vous montre comment construire un mur en blocs de béton sans utiliser de mortier pour liaisonner les blocs. On construit les murs sans mortier suivant l'appareil en panneresse (page 65), et ceux-ci sont faciles à construire. Leur résistance provient de la couche de ciment de surface dont on recouvre toutes les parties visibles du mur (pages 214 et 215). Le ciment liaisonne les blocs assez solidement pour qu'ils puissent supporter un mur, même s'il est très long. La couche de ciment ressemble à du stuc et est aussi malléable ; vous pouvez donc donner au mur l'aspect attrayant d'un mur en stuc.

On peut également construire les murs en blocs de béton avec du mortier (pages 76 à 79), et c'est d'ailleurs la seule possibilité qui vous est offerte si vous utilisez des blocs décoratifs (pages 182 et 183) ou si vous voulez que les blocs soient visibles.

> **Tout ce dont vous avez besoin**
>
> OUTILS : cisaille de type aviation, truelle, chasse, maillet, cordeau de maçon, niveau, cordeau traceur, blocs d'alignement.
>
> MATÉRIEL : blocs de béton, attaches métalliques, treillis métallique, mortier de type N, ciment de surface.

**Commencez la construction d'un mur autoporteur en blocs de béton** en coulant le béton d'une fondation de dimension appropriée (pages 56 à 59).

## Comment construire un mur en blocs de béton sans mortier

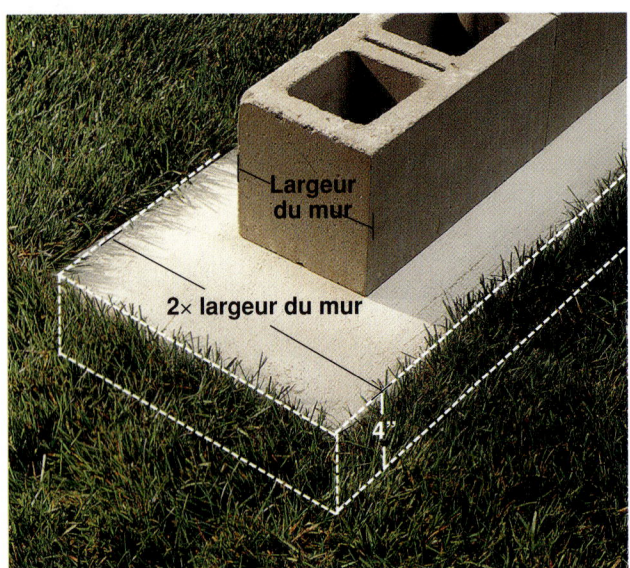

**1** Commencez par poser à sec la première assise sur la fondation en béton. Si vous avez besoin de moins d'un demi-bloc pour terminer l'assise, taillez plutôt deux blocs qu'un. Par exemple, si la longueur de l'ouvrage requiert $3\frac{1}{3}$ blocs, utilisez quatre blocs et coupez deux d'entre eux aux $\frac{2}{3}$ de leur longueur. Cela donnera un mur plus solide et plus durable.

**2** À l'aide d'un crayon, marquez les coins des blocs d'extrémité sur la fondation. Enlevez ensuite les blocs et tirez des lignes à la craie, pour indiquer l'emplacement du lit de mortier et de la première assise.

**3** Humidifiez la fondation et étalez une couche de mortier de ⅜ po en veillant à ne couvrir que la partie située à l'intérieur des lignes de référence.

**4** Posez la première assise en commençant à une extrémité et en posant les blocs l'un contre l'autre dans le lit de mortier. Utilisez un bloc à extrémité pleine aux deux bouts de l'assise et vérifiez si l'assise est de niveau.

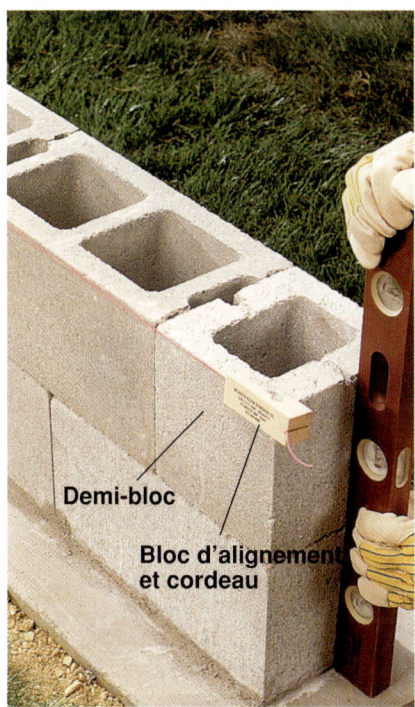

**5** Posez les assises suivantes, l'une après l'autre, en vérifiant leur aplomb à l'aide d'un niveau et leur niveau à l'aide de blocs d'alignement. Commencez et terminez chaque assise par un bloc à extrémité pleine. Utilisez des demi-blocs pour constituer un appareil en panneresse.

**6** Si un bloc n'est pas de niveau, découpez un morceau d'attache en métal ondulé et glissez-le sous le bloc. Si le bloc est hors de niveau de plus de ⅛ po, enlevez-le, posez un peu de mortier en dessous et replacez-le.

**7** Posez du treillis métallique sur l'avant-dernière assise, puis posez la dernière assise, remplissez de mortier les vides des blocs et égalisez la surface du mortier avec la truelle. Achevez le travail en appliquant une couche de ciment de surface sur tout le mur (pages 214 et 215).

# Construire un mur en blocs décoratifs

Pour construire l'écran en blocs décoratifs montré ici, on applique les techniques standard de pose des briques et des blocs (pages 62 à 79). On utilise des demi-blocs d'extrémité du côté visible, et le mur est coiffé de blocs de couronnement.

> **Tout ce dont vous avez besoin**
>
> OUTILS : cordeau traceur, niveau, blocs d'alignement, cordeau de maçon, truelle, mirette, marteau, clé à fourche.
>
> MATÉRIEL : blocs décoratifs, mortier de type N, blocs d'extrémité, blocs de couronnement, bandes de renfort, boulons en J de 3/8 po de diamètre avec rondelles ovales et écrous, ancrages de poteaux métalliques, ancrages de maçonnerie autotaraudeurs, socles métalliques, poteaux de 4 po x 4 po, clous 6d galvanisés, clous galvanisés de 1 po, treillis et moulures.

**1** Posez à sec les blocs de la première assise pour vous assurer que l'agencement répond à votre attente. Utilisez des séparateurs pour représenter les joints de mortier. En préparant soigneusement le travail, vous réduirez au minimum les coupes de briques ou de blocs et vous accélérerez l'exécution des travaux. Lorsque vous jugez l'agencement satisfaisant, tracez les lignes de référence sur la base en béton (page 76).

**2** Lorsque les lignes de référence sont clairement indiquées et que vous avez les briques ou les blocs à portée de la main, humidifiez la dalle, préparez le mortier et posez du mortier dans un coin ou à une extrémité (pages 30 et 31). Posez le premier bloc ou la première brique dans le mortier. Tapotez-le avec le manche de la truelle pour l'enfoncer et, à l'aide d'un niveau, vérifiez si le bloc est horizontal et d'aplomb (pages 76 et 77).

**3** Achevez la première assise en conservant un lit de mortier uniforme et une épaisseur de joint constante. Dans le travail indiqué ici, on a également posé le premier bloc du pilier d'extrémité. Commencez la deuxième assise en respectant le mode d'empilement (l'appareil) choisi (pages 76 à 79). VARIANTE : commencez par construire les coins et ajoutez ensuite les blocs ou les briques du centre (pages 72 à 75).

**4** À l'aide d'une mirette, lissez les joints de mortier frais dans les 30 minutes pour leur donner un aspect propre et uniforme. Commencez par les joints horizontaux, puis passez aux joints verticaux (page 79). À l'aide d'une brosse, enlevez l'excédent de mortier lorsque celui-ci a légèrement durci.

**5** Continuez la pose des assises de briques ou de blocs, en utilisant un cordeau de maçon et des blocs d'alignement pour vérifier l'alignement horizontal (pages 78 et 79).

**6** Si vous le jugez nécessaire, ajoutez une armature à la construction (page 68). Plusieurs méthodes permettent de renforcer les ouvrages en briques ou en blocs ; celle que vous suivrez sera dictée par le type de matériaux de construction que vous utilisez et les exigences du code de la construction. Dans ce cas-ci, on a inséré des bandes de fil métallique d'armature dans le lit de mortier de la troisième assise.

**7** Ajoutez un couronnement pour renforcer l'ouvrage, recouvrir les creux de certains types de briques ou de blocs et donner un aspect de fini à la construction (pages 75 et 79). Avant de soumettre l'ouvrage à des contraintes, laissez sécher le mortier, sans le couvrir, pendant au moins une semaine.

## Comment poser des panneaux en treillis au-dessus d'un mur en blocs de béton

**1** Pendant que le mortier est encore humide, installez des boulons en J de ³/₈ po de diamètre au centre des joints des blocs de couronnement, à l'emplacement des poteaux. Les boulons doivent dépasser de 1 po environ. Tassez le mortier autour des boulons et laissez-le sécher. (Si le mortier est déjà sec, voir la VARIANTE, étape 2.)

**2** Alignez et fixez un ancrage de poteau métallique à l'emplacement de chaque poteau. Glissez une rondelle ovale sur chaque boulon et attachez un écrou. VARIANTE : fixez les ancrages de poteaux métalliques en enfonçant des ancrages de maçonnerie autotaraudeurs à travers les trous prévus dans la base de chaque ancrage de poteau.

**3** Placez un socle en métal dans chaque ancrage. Le bout du boulon en J ne doit pas arriver jusqu'au socle.

**4** Coupez un poteau de 4 po x 4 po pour chaque ancrage. Placez le poteau sur son socle et repliez la bride ouverte vers le haut, contre le poteau. Vérifiez si le poteau est d'aplomb et attachez-le au moyen de clous 6d galvanisés.

**5** Construisez les panneaux en treillis en découpant des feuilles de treillis de 8 pi aux dimensions voulues et en les encadrant de morceaux biseautés de moulures pour treillis. Installez les panneaux entre les poteaux.

**Ce mur bas de patio,** construit avec des blocs de verre de 8 po x 8 po liaisonnés, posés entre des colonnes supports en blocs de béton, constitue un coupe-vent attrayant sur une aire de repos extérieure, et n'entrave pas le passage de la lumière.

# Construire un mur en blocs de verre

Vous ne pensez peut-être pas au verre comme matériau de maçonnerie, mais vous pouvez construire un mur en blocs de verre de la même manière qu'un mur de briques liaisonnées, en tenant compte des deux différences importantes suivantes : le mur de verre doit être supporté par une autre structure et ne se comporte pas comme un mur autoporteur ; on ne peut pas couper le bloc de verre : il faut donc planifier soigneusement l'agencement des blocs.

Vous trouverez les blocs de verre ainsi que les produits de pose chez un distributeur spécialisé ou dans une maisonnerie. Utilisez des séparateurs en plastique dans la construction des murs droits. Ils garantissent l'épaisseur constante des joints et supportent le poids des blocs, ce qui empêche les blocs d'exprimer le mortier du joint avant qu'il ne sèche. Vous trouverez également du mortier de couleur (type N) pour blocs de verre, et des teintures pour colorer le mortier de type N standard. Préparez un mortier un peu plus sec que celui préparé pour la pose de briques car, contrairement à la brique, le verre n'absorbe pas l'eau.

Comme il existe de nombreuses applications dans lesquelles on utilise des blocs de verre, et que les techniques de pose varient selon l'ouvrage à construire, demandez à un détaillant ou à un fabricant de vous conseiller les produits et les méthodes qui conviennent au type de construction que vous envisagez.

**Parmi les dimensions et les styles de blocs de verre,** on trouve les blocs d'extrémité à bords arrondis et les blocs de coin utilisés pour finir les bords visibles, ainsi que les blocs radiaux utilisés dans les angles droits ou les courbes. Les blocs de verre de différents modèles et textures offrent différents niveaux d'opacité.

### Tout ce dont vous avez besoin

OUTILS : truelle, niveau, coupe-fils, mirette, éponge, seau, brosse en nylon, chiffon.

MATÉRIEL : blocs de verre (8 po x 8 po), séparateurs pour blocs de verre, fil d'armature en panneaux, ancrages, blocs de béton (6 po x 8 po x 8 po), mortier pour blocs de verre, mortier de type N, pierres de couronnement de 6 po de large, produit de scellement pour briques.

## Comment construire un mur en blocs de verre

**1** Coulez une fondation en L pour le mur (pages 56 à 59). Si vous prévoyez de construire le mur sur une fondation existante, telle qu'un patio en béton, vérifiez auprès du service de la construction de votre région quelles sont les exigences à satisfaire pour les ouvrages de ce type.

**2** Posez à sec la première assise de blocs, au centre de la fondation, en utilisant entre les blocs des séparateurs de 1/4 po qui régleront l'épaisseur des joints de mortier. Posez les blocs de béton des colonnes de support et disposez les blocs de verre dans l'axe des blocs de béton. Tracez les lignes de référence sur la fondation et enlevez les blocs.

**3** Posez un lit de mortier entre les lignes de référence, mais sans y imprimer d'ondulations (page 30). Posez les blocs de la première assise sur des séparateurs en T. Tartinez généreusement la face latérale de chaque bloc de verre en utilisant suffisamment de mortier pour remplir les creux.

**4** Les séparateurs vous aideront à laisser un espace uniforme entre les blocs, mais vous devez vérifier à l'aide d'un niveau si chaque bloc est horizontal et d'aplomb. Ajustez la position des blocs en les tapotant légèrement avec le manche d'une truelle garni de caoutchouc. N'ajustez pas les blocs à l'aide d'un marteau métallique.

**5** Remplissez de mortier les espaces vides sur le chant supérieur des blocs et installez les séparateurs appropriés dans le mortier. Appliquez le lit de mortier et posez l'assise suivante.

**6** Dans le mortier d'une assise sur deux, ajoutez du fil d'armature sur toute la longueur du mur. Pour ce faire, posez la moitié (1/8 po) du lit de mortier, puis posez le fil dans le mortier. Coupez le fil d'armature transversal de manière à pouvoir plier le fil d'armature horizontal dans les coins. Si vous devez rajouter un morceau de fil d'armature, faites chevaucher les deux morceaux sur 6 po. Recouvrez le fil d'armature de l'autre moitié de la couche de mortier.

**7** Dans le mortier d'une assise sur deux, enfoncez des panneaux d'ancrage pour blocs de verre en appliquant la même méthode que pour le fil d'armature : cela assujettira les blocs de verre aux colonnes de support.

**8** Finissez les joints de mortier avec une mirette lorsque le mortier est assez dur pour résister à une légère pression du doigt. À l'aide d'une éponge humide, enlevez l'excédent de mortier des surfaces de verre, avant qu'il ne prenne. Vous pouvez aussi utiliser une brosse naturelle ou en nylon, mais n'abîmez surtout pas les joints.

**9** Achevez le mur en ajoutant une rangée de pierres de couronnement de la même largeur que les blocs en béton des colonnes de support. VARIANTE : utilisez des blocs d'extrémité à bords arrondis en verre au lieu d'un couronnement en pierres.

**10** Éliminez les résidus de la surface des blocs de verre avec une éponge humide, que vous rincez fréquemment. Laissez sécher la surface et enlevez les dernières traces de mortier en frottant la surface avec un chiffon sec et propre. Laissez sécher le mortier pendant deux semaines, puis appliquez un produit de scellement pour briques, qui le protégera contre les dommages causés par l'eau.

**Parmi les murs de pierres sèches, les murs en pierres de taille sont les plus faciles à construire.** Ces pierres sont taillées en blocs irréguliers de forme rectangulaire. On les empile pour former un appareil en panneresse, semblable à celui utilisé dans la construction d'un mur de briques (page 65); chaque pierre recouvre un joint de l'assise précédente. Grâce à cette technique, on évite les longs joints verticaux, pour rendre le mur à la fois attrayant et solide.

# Construire un mur en pierres sèches

Les murs en pierres sont de beaux ouvrages durables dont la construction est plus facile qu'il ne paraît, à condition qu'on la planifie soigneusement. On peut construire un mur bas en pierres sèches en appliquant une méthode vieille comme le monde, appelée la *pose sèche*. Pour ce faire, on construit un double mur ou un mur constitué de deux empilements légèrement inclinés. Par leur agencement et leur poids, les deux empilements se supportent mutuellement, formant un mur unique, solide. Le mur en pierres sèches peut avoir n'importe quelle longueur, mais il doit avoir une largeur au moins égale à la moitié de sa hauteur.

Vous trouverez les pierres de taille nécessaires à la réalisation d'un ouvrage semblable dans une carrière ou chez un marchand de pierres qui propose des pierres de différentes dimensions, formes et couleurs dont le prix est généralement fixé à la tonne. Vous trouverez également, dans ces endroits, du mortier de type M pour liaisonner les pierres de couronnement.

La construction d'un mur en pierres sèches exige de la patience et un effort physique important. Il faut tout d'abord trier les pierres en fonction de leur taille et de leur forme. Mais vous devrez probablement tailler certaines d'entre elles pour que leur espacement demeure constant et que leur aspect vous plaise.

Pour tailler une pierre, entaillez-la à l'aide d'une scie circulaire munie d'une lame à maçonnerie (pages 84 à 87). Placez un ciseau de maçon dans l'entaille et frappez dessus à coups de masse jusqu'à ce que la pierre casse. Portez des lunettes de sécurité lorsque vous taillez des pierres avec des outils tranchants.

### Tout ce dont vous avez besoin

OUTILS : cordeau de maçon, scie circulaire munie d'une lame à maçonnerie, ciseau de maçon, truelle.

MATÉRIEL : piquets biseautés de 12 po, pierres concassées, pierres de taille, pierres de couronnement, mortier de type M.

## Comment construire un mur en pierres sèches

**1** Délimitez l'emplacement de la construction à l'aide de piquets et de cordeaux de maçon. Creusez une tranchée profonde de 6 po que vous prolongez de 6 po au-delà du futur mur. Étalez dans la tranchée une couche de 4 po de pierres concassées ; la couche doit être incurvée en V vers le centre, et celui-ci doit être de 2 po environ plus bas que les bords.

**2** Sélectionnez les pierres et posez la première assise. Placez les pierres les unes à côté des autres, par paires, au ras des bords de la tranchée et inclinées vers le centre. Utilisez des pierres de même épaisseur et placez les surfaces irrégulières vers le bas. Intercalez des pierres de remplissage dans les espaces vides entre les pierres de taille.

**3** Posez l'assise suivante en choisissant des pierres de longueurs différentes de manière à décaler les joints, mais gardez l'épaisseur de l'assise constante en ajoutant, si nécessaire, des pierres moins épaisses pour atteindre l'épaisseur voulue. Intercalez des pierres de remplissage dans les espaces vides.

**4** Dans la pose d'une assise sur trois, introduisez une pierre d'ancrage (page 89) tous les 3 pi. Vous devrez peut-être tailler les pierres d'ancrage à la bonne longueur. Vérifiez régulièrement si le mur est de niveau.

**5** Liaisonnez les pierres de couronnement au sommet du mur, en arrêtant le mortier à 6 po minimum des bords pour qu'il demeure invisible. Appuyez les pierres de couronnement les unes contre les autres et introduisez du mortier dans les espaces qui les séparent. À l'aide d'une brosse à poils raides, enlevez l'excédent de mortier lorsqu'il est sec.

# Construire des piliers d'entrée

La préparation de la construction de piliers autoporteurs ne présente pas de difficulté car ceux-ci ne sont pas reliés à des murs ou à d'autres ouvrages qui se déforment suivant les conditions atmosphériques. Les deux piliers de 12 po x 16 po que nous vous montrons ici sont constitués uniquement de briques entières ; vous ne devrez donc pas vous soucier de couper des briques si vous en construisez de semblables. Ils ont certes un aspect raffiné, mais ils sont également suffisamment robustes pour durer des décennies.

Après avoir posé la dernière rangée de briques, vous pouvez ajouter un couronnement soit en briques, soit en pierres pour que les piliers donnent une impression de fini, mais vous pouvez aussi les relier par une arche (pages 194 à 197). Dans ce cas, vous devrez sans doute envisager d'installer la quincaillerie d'une grille en fer forgé (pages 32 et 33) et, comme il est beaucoup plus facile d'incorporer cette quincaillerie dans le mortier frais, on vous conseille d'indiquer les rangées de briques dans lesquelles vous l'installerez. Les ancrages auront plus bel aspect si vous vous y prenez ainsi et ils demeureront solidement en place pour longtemps.

**La construction de ce pilier de 4 pi de haut** a demandé 18 rangées de briques. Le couronnement en briques ajoute une touche raffinée au pilier et le protège contre la pluie, la glace et la neige. Vous pouvez aussi construire des piliers surmontés d'un couronnement en pierres ou, comme on l'indique dans les pages suivantes, d'un couronnement en béton coulé dont vous trouverez dans le commerce un grand choix de dimensions.

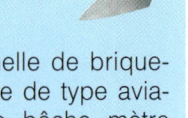

### Tout ce dont vous avez besoin

OUTILS : niveau, truelle de briqueteur, mirette, cisaille de type aviation, brouette, pelle, bêche, mètre à ruban, ciseau à épointer.

MATÉRIEL : briques standard (4 po x 2²/₃ po x 8 po), chevilles, mélange à mortier de type N, treillis métallique de ¼ po, pierres ou blocs de béton de couronnement, bois scié de 2 po x 2 po, morceaux de bois scié non utilisé de ⅜ po d'épaisseur.

**Coulez des fondations** (pages 56 à 59) dépassant de 4 po les côtés des piliers. Pour cet ouvrage, on a construit des fondations de 16 po x 20 po.

## Conseils pour construire des piliers en briques

**Utilisez un gabarit** pour conserver une épaisseur de joints de mortier constante. Posez un morceau non utilisé de bois scié de 2 po x 2 po le long d'une rangée de briques espacées de ³⁄₈ po. Marquez l'espacement des briques sur le gabarit. Tenez le gabarit verticalement après avoir posé quelques rangées de briques, pour vérifier si les joints de mortier ont une épaisseur constante.

**Coupez un morceau droit de bois scié de 2 po x 2 po** qui s'insérera tout juste entre les deux piliers et que vous utiliserez pendant la construction du deuxième pilier pour vérifier la distance qui le sépare du premier.

## Comment construire des piliers en briques

**1** Lorsque la fondation est sèche, posez à sec une première rangée de cinq briques, au centre de la fondation. Tracez le contour de référence autour des briques.

**2** Posez un lit de mortier à l'intérieur du contour de référence et posez la première rangée de briques (page 72).

Suite à la page suivante

## Comment construire des piliers en briques (suite)

**3** Utilisez un crayon ou une cheville enduits d'huile végétale pour créer une barbacane dans le mortier de la première rangée de briques. Ce trou drainera l'eau qui peut s'infiltrer à l'intérieur du pilier. Si vous avez l'intention d'installer une grille, lisez les instructions à suivre pour installer les attaches de la grille (page 33) avant de passer à la pose de la deuxième couche de briques.

**4** Posez la deuxième rangée de briques, en faisant pivoter l'agencement de la première de 180°. Posez les rangées suivantes en continuant de faire pivoter l'agencement de 180°. Utilisez le gabarit et un niveau pour vérifier chaque côté du pilier toutes les deux rangées. (Il est important d'effectuer fréquemment cette vérification, car toute erreur sera amplifiée par la pose des rangées suivantes.)

**5** Découpez un morceau de treillis métallique de 1/4 po d'épaisseur et placez-le toutes les quatre rangées sur une mince couche de mortier. Ajoutez une mince couche de mortier par-dessus et posez la rangée de briques suivante.

**6** Toutes les cinq rangées, lissez à l'aide d'une mirette, les joints qui ont suffisamment durci pour résister à une légère pression du doigt.

**7** Posez les briques de la dernière rangée sur un lit de mortier recouvrant un morceau de treillis métallique. Après avoir posé les deux premières briques de cette couche, ajoutez-en une au centre de la couche. Posez ensuite les briques restantes en les serrant bien contre cette brique centrale. Remplissez les joints restants et lissez-les avec une mirette dès qu'ils sont assez fermes.

**8** Construisez le deuxième pilier de la même manière. Utilisez le gabarit et la mesure en bois scié de 2 po x 2 po pour que ce pilier ait les mêmes dimensions que le premier pilier et qu'il s'en écarte également sur toute la hauteur.

## Comment installer une pierre de couronnement

**1** Longueur et la largeur doivent être de 3 po supérieures à celles de la dernière couche de briques. Tracez le contour de ces briques sur la face inférieure de la pierre pour pouvoir la centrer. N'installez pas de pierres de couronnement si vous prévoyez d'ajouter une arche aux piliers.

**2** Étalez une couche de 1/2 po de mortier sur le dessus du pilier. Centrez la pierre de couronnement sur le pilier en vous basant sur le contour de référence. Rasez le joint de mortier sous la pierre de couronnement. NOTE: si le mortier sort du joint, enfoncez des morceaux de bois scié non utilisé de 3/8 po dans le mortier, à chaque coin, pour supporter la pierre. Enlevez les morceaux de bois après 24 heures et remplissez de mortier les vides qu'ils laissent.

**Si vous construisez une arche** reposant sur des piliers existants, mesurez à différentes hauteurs la distance entre les piliers. Cette distance doit être constante si l'on veut se servir des piliers comme solides supports de l'arche.

## Ajouter une arche aux piliers d'entrée

La construction d'une arche reposant sur deux piliers est un travail exigeant, mais vous vous faciliterez la tâche en installant au préalable un simple coffrage semi-circulaire en contreplaqué. Vous pourrez ainsi construire une arche dont les deux parties seront symétriques en posant les briques le long de la partie courbe du coffrage. Choisissez des briques de la même longueur que celles utilisées dans la construction des piliers.

Si vous construisez de nouveaux piliers (pages 190 à 193), choisissez les briques en fonction des couleurs et des textures de l'extérieur de votre maison et de celles du paysage. Les marchands de briques vendent des teintures qui permettent d'assortir le mortier (page 31) à la couleur des briques. Une fois que vous aurez déterminé la proportion de teinture que vous devez ajouter au mortier, notez-la pour pouvoir l'appliquer dans la préparation de chaque lot.

### Tout ce dont vous avez besoin

OUTILS : ciseau à joints, marteau de maçon, levier, scie sauteuse, scie circulaire, perceuse, compas, niveau, cordeau de maçon, truelle, outil à jointoyer, fer à joints.

MATÉRIEL : contreplaqué de ¾ po d'épaisseur, contreplaqué de ¼ po d'épaisseur, vis à plaques de plâtre (de 1 et 2 po), briques, mélange à mortier de type N, bois scié de 2 po x 4 po et de 2 po x 8 po, intercalaires.

## Comment construire le coffrage d'une arche

**1** Déterminez la distance entre le sommet des piliers. Divisez cette distance par deux et soustrayez ¼ po du résultat obtenu : vous utiliserez cette valeur comme rayon à l'étape 2.

**2** Marquez un point au centre d'une feuille de contreplaqué de ¾ po. À l'aide d'un crayon et d'un morceau de ficelle, tracez une circonférence dont le rayon sera égal à la valeur obtenue à l'étape 1. Découpez le cercle à l'aide d'une scie sauteuse. Tracez ensuite un diamètre du cercle et coupez le cercle en deux, à l'aide d'une scie sauteuse ou d'une scie circulaire.

**3** Construisez le coffrage en assemblant les deux demi-cercles au moyen de vis à plaques de plâtre de 2 po et d'entretoises en bois scié de 2 po x 4 po. Calculez la longueur de ces entretoises en soustrayant, de la largeur des piliers, l'épaisseur de chaque feuille de contreplaqué – c'est-à-dire 1½ po – et coupez des entretoises de cette longueur. Couvrez le dessus du coffrage d'une feuille de contreplaqué de ¼ po, fixée à l'aide de vis à plaques de plâtre de 1 po.

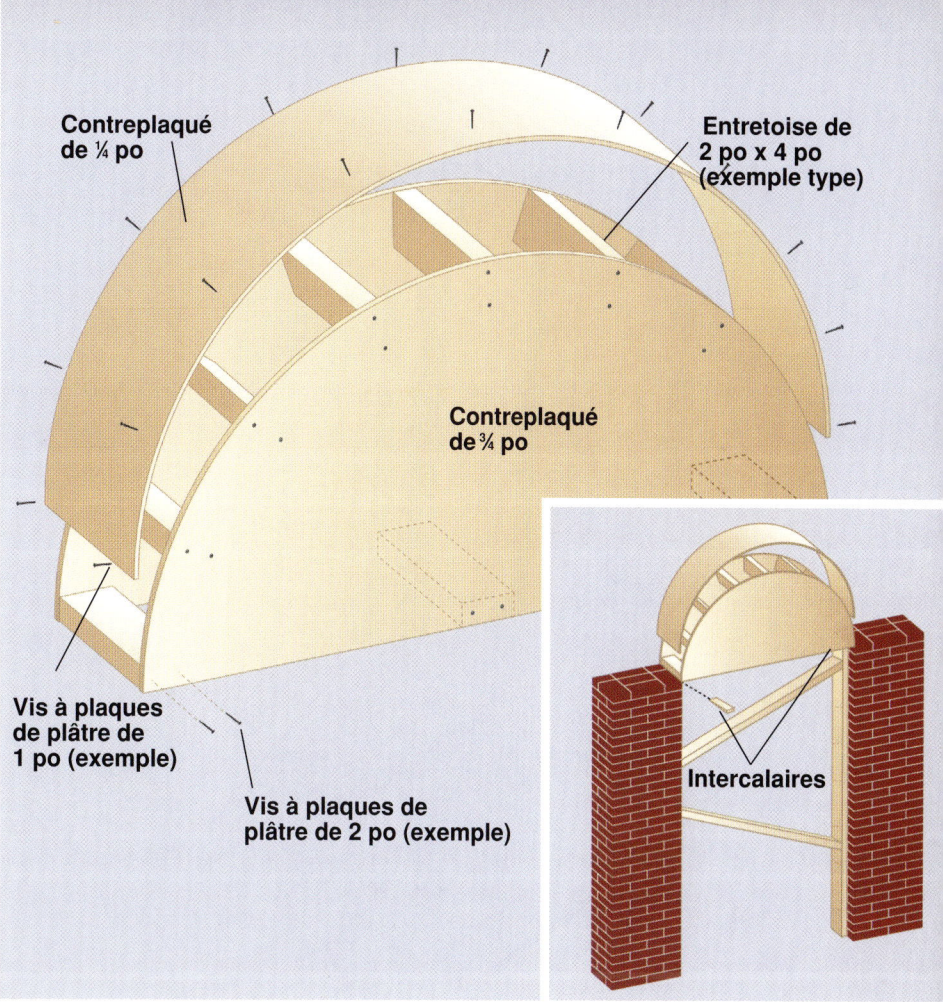

## Comment construire une arche en briques

CONSEIL : si vos piliers sont surmontés d'un couronnement, enlevez-le avant de construire l'arche. Utilisez un marteau et un ciseau à joints pour faire sauter le mortier qui le tient en place. Faites-vous aider à soulever le couronnement et utilisez un levier et des intercalaires pour le retirer de chaque pilier.

**1** Pour fixer l'écartement des briques, commencez par centrer une brique au sommet du coffrage et placez la pointe d'un compas sur un de ses bords. Écartez les pointes du compas de la largeur d'une brique plus ¼ po et faites une marque sur le coffrage à cet endroit.

**2** Placez la pointe sèche du compas sur cette nouvelle marque et répétez l'opération. Continuez de faire des marques le long de la courbe du coffrage jusqu'à ce qu'il ne reste qu'une distance inférieure à la largeur d'une brique.

Suite à la page suivante

## Comment construire une arche en briques (suite)

**3** Divisez la distance restante par le nombre de marques de compas et augmentez l'écartement des pointes du compas d'une distance égale au résultat de cette division. Utilisez un crayon de couleur différente et indiquez les marques de référence définitives, de chaque côté du sommet du coffrage. Prolongez ces marques en traçant des lignes sur la surface courbe du coffrage jusqu'au bord opposé.

**4** Coupez deux entretoises en bois scié de 2 po x 8 po, pour qu'elles soient de ½ po plus courtes que la hauteur des piliers et placez chacune d'elles contre un des piliers en la coinçant avec des entretoises en bois scié de 2 po x 4 po. Placez des intercalaires au-dessus des entretoises de 2 po x 8 po pour soulever le coffrage jusqu'à ce que sa base arrive au niveau du sommet de chaque pilier et posez le coffrage sur les entretoises de 2 po x 8 po.

**5** Préparez le mortier et posez-en une mince couche de ⅜ po au sommet d'un pilier. Posez une brique sur le mortier et enfoncez-la en la frappant légèrement avec le manche de la truelle. Tartinez la base de chaque brique suivante et posez-la à sa place.

**6** Après avoir posé cinq briques, attachez une ficelle au centre du coffrage, de chaque côté, et utilisez ces deux ficelles pour vérifier l'alignement de chaque brique. Chaque fois que vous corrigez la position d'une d'entre elles en la frappant avec le manche de la truelle, prenez garde de ne pas déloger de briques.

**7** Pour équilibrer la charge qui pèse sur le coffrage, changez de côté. Continuez d'alterner ainsi la pose des briques jusqu'à ce qu'il ne reste qu'une brique à poser. À l'aide d'un outil à jointoyer, lissez les joints à mesure qu'ils se raffermissent.

**8** Tartinez la brique centrale, ou *clé de voûte*, le mieux possible et posez-la à sa place. Lissez les joints restants au moyen d'un outil à jointoyer.

**9** Posez un lit de mortier sur la première rangée de briques et posez les briques de la deuxième rangée jusqu'à mi-chemin, des deux côtés, en conservant une épaisseur de joint égale à celle des joints de la première rangée. Certains joints seront décalés, ce qui consolidera l'arche.

**10** Posez à sec plusieurs autres briques, d'un côté – en utilisant des intercalaires à la place des joints de mortier – pour vérifier l'espace qui reste. Enlevez les intercalaires et posez les dernières briques avec du mortier, puis lissez les joints à l'aide d'un outil à jointoyer.

**11** Laissez le coffrage en place pendant une semaine en l'aspergeant occasionnellement d'un brouillard d'eau. Puis, enlevez-le prudemment. Finissez le jointoiement et lissez les joints en dessous de l'arche (page 31).

**La fenêtre lunaire** fait partie des éléments de jardin les plus spectaculaires que vous puissiez construire. Nous avons construit le mur montré ici en utilisant des pierres de taille liaisonnées autour d'un coffrage semi-circulaire, mais vous pouvez aussi bien utiliser des briques. Une fois que le mortier de la moitié inférieure de la fenêtre a pris, on retourne le coffrage pour poser les pierres supérieures. La technique de construction est la même que celle qui a été utilisée pour construire l'arche (pages 195 à 197).

## Construire une fenêtre lunaire en pierres

Vous pouvez construire des ouvertures circulaires dans des murs de briques ou de pierres en utilisant un simple coffrage semi-circulaire en bois. On peut construire des fenêtres lunaires de n'importe quelle dimension, mais la manutention et la mise en place des pierres deviennent de plus en plus difficiles à mesure que l'ouvrage grandit, tandis que la taille en biseau des pierres devient de plus en plus difficile à mesure que le cercle rapetisse. Pour tailler et soulever le moins de pierres possible, nous avons construit cette fenêtre de 2 pi de diamètre sur un mur de pierres existant. Avant d'entreprendre ce genre d'ouvrage, vérifiez auprès de l'inspecteur des bâtiments de votre région s'il existe des restrictions concernant les fondations ou la hauteur des murs (pages 56 et 57), et demandez-lui si vous devez tenir compte d'autres règles dans votre conception. Vous devrez peut-être modifier certaines dimensions pour vous conformer au code du bâtiment de l'endroit.

Faites-vous aider d'une personne au moins. Construire un ouvrage en pierres est une tâche physiquement exigeante, et vous aurez besoin d'aide pour franchir certaines étapes comme l'installation des entretoises et du coffrage (page suivante).

**Tout ce dont vous avez besoin**

OUTILS : scie sauteuse, scie circulaire, perceuse, mètre à ruban, niveau, boîte à mortier, bêche de maçon, truelles, outils à jointoyer ou fers à joints, sac à mortier, ciseau à pierres, masse.

MATÉRIEL : contreplaqué de 3/4 po d'épaisseur, contreplaqué de 1/4 po d'épaisseur, vis à plaques de plâtre (de 1 et 2 po), intercalaires biseautés, bois scié de 2 po x 4 po et de 2 po x 8 po, poteaux de 4 po x 4 po, mortier de type M (mélange ferme), pierres de taille.

## Comment construire une fenêtre lunaire en pierres

**1** Construisez un coffrage en contreplaqué en suivant les instructions données à la page 195. Choisissez, pour le sommet du cercle, des pierres dont les faces latérales sont parallèles ou légèrement en biseau. Posez les pierres à sec sur la surface courbe du coffrage en les espaçant au moyen d'intercalaires biseautés ayant environ 1/4 po d'épaisseur à leur extrémité la plus mince.

**2** À la craie, numérotez les pierres et les points correspondants sur le coffrage, puis rangez les pierres. Retournez le coffrage et identifiez un autre ensemble de pierres pour la moitié inférieure du cercle. CONSEIL : pour éviter toute confusion, utilisez des lettres pour identifier les pierres de la moitié inférieure de l'ouvrage.

**3** Préparez un mélange ferme de mortier de type M (pages 29 et 31) et déposez un lit de mortier de 1/2 po sur le mur, à la base du cercle. Centrez dans le mortier la pierre qui se trouvera à cet endroit.

**4** Installez le coffrage sur la pierre et immobilisez-le en construisant un solide cadre de soutien en bois scié de 2 po x 4 po, supporté par des montants en bois scié de 4 po x 4 po et de 2 po x 4 po. Nous avons utilisé des morceaux de bois scié de 2 po x 4 po cloués ensemble pour les longerons. Vérifiez si le coffrage est horizontal et réglez la charpente en conséquence. Vissez le cadre au coffrage de manière que ses longerons soient en retrait d'au moins 1/4 po des bords du coffrage.

Suite à la page suivante

## Comment construire une fenêtre lunaire en pierres (suite)

**5** Prolongez le lit de mortier le long du mur et posez les pierres une à la fois, après avoir déposé une couche de mortier sur une de leurs extrémités ; mettez chaque pierre en place en la tapotant à l'aide du manche de la truelle. Faites des joints de même épaisseur que ceux du mur existant, mais 1 po en retrait, pour pouvoir les finir.

**6** Attachez un cordeau de maçon au centre du coffrage, à l'avant et à l'arrière de celui-ci, et utilisez ces cordeaux pour vérifier l'alignement de chaque pierre.

**7** Construisez l'ouvrage rangée par rangée et en progressant vers l'extérieur, et décalez les joints. Alternez les grandes et les petites pierres pour consolider le mur et donner à l'ouvrage un aspect naturel. Arrêtez la pose des pierres pour lisser les joints lorsqu'ils sont suffisamment durs pour résister à la pression du doigt.

**8** Si des pierres présentent des bosses ou des creux, qui gênent la construction de la fenêtre lunaire, taillez-les (pages 85 à 87) jusqu'à ce que leurs faces soient relativement d'équerre.

**9** Démontez les supports lorsque le niveau des pierres dépasse le coffrage d'environ 1/2 po.

**10** Retournez le coffrage sur le mur pour préparer la construction de la moitié supérieure de l'ouvrage. Le bord inférieur du coffrage doit arriver environ à 1/2 po du demi-cercle inférieur de pierres. Vérifiez le niveau de l'encadrement (longitudinalement et transversalement), réglez-le et attachez-le aux supports.

**11** Posez des pierres autour du coffrage, en progressant vers le haut, de manière à poser la clé de voûte en dernier lieu. Si le mortier sort des joints, insérez des intercalaires temporaires à ces endroits. Enlevez les intercalaires 2 heures plus tard et remplissez de mortier les vides qu'ils laissent.

**12** Une fois la clé de voûte en place, lissez les joints restants. Laissez sécher le mur jusqu'au lendemain et aspergez-le ensuite d'un brouillard d'eau, plusieurs fois par jour, pendant une semaine. Finalement, retirez le coffrage.

**13** Enlevez l'excédent de mortier des joints à l'intérieur de la fenêtre. Aspergez-les légèrement avant de les finir avec un mortier ferme de manière qu'ils aient tous la même profondeur (page 31).

**14** Lorsque les joints ont la consistance du mastic, lissez-les avec un fer à joints. Laissez sécher le mortier jusqu'au lendemain. Aspergez le mur d'un brouillard d'eau, plusieurs fois par jour, pendant 5 jours.

**Les murs de retenue formant des terrasses** conviennent aux pentes raides. Il est plus facile de construire plusieurs murs de retenue de faible hauteur qu'un seul mur de retenue élevé, et ces murs sont plus stables. Construisez des murs qui n'ont pas plus de 3 pi de hauteur.

# Construire des murs de retenue

On construit souvent des murs de retenue pour niveler le terrain ou empêcher l'érosion d'une pente. En terrain plat, on construit parfois un mur de retenue de faible hauteur et on remblaie l'arrière pour créer des plates-bandes.

Les murs de retenue de plus de 3 pi de haut subissent des pressions de plusieurs milliers de livres exercées par le sol et l'eau; il faut donc les construire en utilisant des techniques particulières, tâche qu'on confie généralement à des gens de métier. Si votre terrain présente une pente raide, il vaut mieux y construire plusieurs murs de retenue de faible hauteur, formant des terrasses.

Les murs de retenue présentés dans cette section ont été construits avec des blocs à emboîtement ou des pierres de taille. Ces matériaux durables sont faciles à utiliser. Mais, quel que soit le matériau que vous choisissiez, votre mur risque de se détériorer si l'eau s'accumule à l'arrière au point de saturer le sol. Il faut donc prévoir un drainage approprié (page 203). Dans les endroits qui présentent des dépressions de terrain, vous devrez peut-être creuser une rigole de drainage (pages 18 et 19) avant de construire ces murs formant des terrasses.

Les maisonneries et les centres de jardinage vendent plusieurs types de blocs à emboîtement, dont la plupart ont l'aspect de la pierre naturelle, et ils ont l'avantage d'allier la texture des pierres de taille avec l'uniformité des blocs de béton.

On construit habituellement les murs de pierres naturelles sans utiliser de mortier, bien qu'on liaisonne souvent la dernière ou les deux dernières assises pour consolider le mur. Les pierres de taille, dont les faces sont planes, permettent de construire des murs beaucoup plus facilement que si on utilisait des moellons ou des pierres des champs. Assurez-vous de disposer de suffisamment de grandes pierres plates qui serviront de pierres d'attache, de pierres de couronnement (pages 88 et 89) et de pierres d'ancrage (page 207). Les murs de pierres sèches ne requièrent pas de fondations en béton. Il suffit de les construire sur une assise de plusieurs pouces de gravier compactable.

NOTE : avant d'excaver, vérifiez auprès des services publics de votre région si votre terrain n'est pas traversé par des tuyaux ou des câbles souterrains.

**Tout ce dont vous avez besoin**

OUTILS : pelle, brouette, râteau, cordeau à niveau, cordeau de maçon, pilon manuel, dameuse, masse, ciseau de maçon, scie circulaire munie d'une lame pour maçonnerie, niveau, pistolet à calfeutrer (murs en blocs à emboîtement), truelle (murs de pierres).

MATÉRIEL : piquets, géomembrane, gravier compactable, tuyau de drainage perforé, pierres concassées, adhésif de construction (murs en blocs à emboîtement), mortier de type M (murs de pierres).

## Emplacement d'un mur de retenue

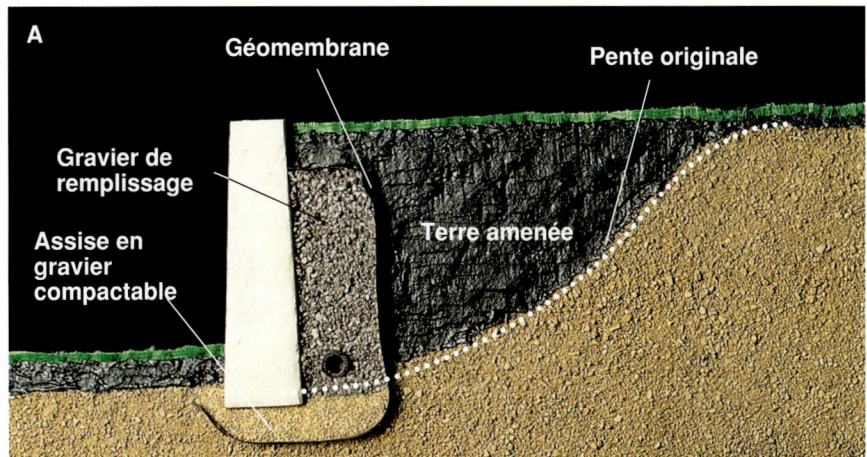

**A) Vous augmenterez la superficie du terrain** derrière le mur de retenue en éloignant celui-ci du sommet de la pente ; mais il faut alors remblayer l'arrière du mur avec de la terre que vous pouvez acheter chez un marchand de sable et gravier.

**B) Vous conserverez le même relief** de terrain en rapprochant le mur du sommet de la pente. On utilise alors la terre enlevée à la base de la pente pour remblayer l'arrière du mur.

## Conseils pour construire les murs de retenue

**Commencez à remblayer l'arrière du mur avec de la pierre concassée** et installez un tuyau de drainage perforé lorsque l'épaisseur de la couche de pierre concassée est d'environ 6 po. Faites aboutir le tuyau sur le côté ou au bas du mur de retenue, là où l'eau de ruissellement peut s'écouler sans causer d'érosion.

**Creusez une tranchée en escalier** lorsque l'extrémité du mur de retenue doit se fondre dans une pente existante. On conçoit souvent les murs de retenue de manière que leurs extrémités s'incurvent vers la pente ou pénètrent dans celle-ci.

# Comment construire un mur de retenue en utilisant des blocs à emboîtement

Il n'est pas nécessaire de liaisonner les **murs en blocs à emboîtement.** Certains s'emboîtent à l'aide de brides d'emboîtement qui fixent automatiquement l'inclinaison du mur vers l'arrière (le fruit) lorsqu'on les empile. D'autres types de blocs utilisent un système à broches (encadré).

**1** Excavez la pente si nécessaire (page 203). Prévoyez une couche de 12 po de pierre concassée entre l'arrière du mur et la pente. Utilisez des piquets pour indiquer le bord avant du mur. Reliez les piquets au moyen d'un cordeau de maçon dont vous vérifierez l'horizontalité à l'aide d'un niveau de cordeau.

**2** Approfondissez l'excavation sous le niveau du sol, pour qu'elle ait 6 po de plus que l'épaisseur d'un bloc. Par exemple, si vous utilisez des blocs de 6 po d'épaisseur, creusez jusqu'à 12 po sous le niveau du sol. Mesurez le fond de l'excavation par rapport au cordeau pour vous assurer qu'il est horizontal.

**3** Recouvrez la partie excavée de bandes de géomembrane, de 3 pi plus longues que la hauteur prévue du mur. Faites chevaucher les bandes sur au moins 6 po.

**4** Étendez une couche de 6 po de gravier compactable au fond de l'excavation et damez-la fortement; elle servira d'assise. Utilisez une machine à damer, vous obtiendrez un meilleur résultat qu'avec un pilon manuel.

**5** Posez la première assise de blocs en alignant leur bord avant sur le cordeau de maçon. (Si vous utilisez des blocs bridés, retournez les blocs de la première assise et placez-les de manière que la bride soit à l'avant.) Vérifiez régulièrement le niveau de l'assise et corrigez-le si nécessaire en ajoutant ou en retirant de la pierre concassée à l'endroit où reposent les blocs.

**6** Posez la deuxième assise de blocs, conformément aux instructions du fabricant, en vous assurant qu'ils sont de niveau. (Appuyez fortement la bride des blocs contre la face arrière des blocs de l'assise précédente.) Ajoutez une couche de 3 à 4 po de gravier derrière les blocs et damez-la au moyen d'un pilon manuel.

**7** Taillez des demi-blocs pour les coins et les extrémités du mur et agencez-les de sorte que les joints verticaux soient décalés d'une assise à l'autre. Entaillez les blocs entiers au moyen d'une scie circulaire munie d'une lame pour maçonnerie et cassez ensuite les blocs le long de l'entaille en utilisant une masse et un ciseau (page 71).

Suite à la page suivante

## Comment construire un mur de retenue en utilisant des blocs à emboîtement (suite)

**8** Ajoutez de la pierre concassée à l'arrière des blocs et damez-la pour créer une légère pente (d'environ 1/4 po par pied de tuyau) qui aboutira à la sortie du tuyau de drainage. Placez le tuyau de drainage sur la pierre concassée, à 6 po du mur, les perforations vers le bas. Assurez-vous que la sortie du tuyau est dégagée (page 203). Posez des assises de blocs jusqu'à ce que le mur ait environ 18 po de haut, en décalant les joints verticaux.

**9** Remplissez l'arrière du mur de pierre concassée et damez soigneusement la pierre à l'aide d'un pilon manuel. Posez les assises de blocs restantes, à l'exception de la rangée de pierres de couronnement, tout en remplissant de pierre concassée le vide laissé derrière le mur et en damant la pierre au fur et à mesure.

**10** Avant de poser la rangée de pierres de couronnement, repliez l'extrémité de la géomembrane sur la pierre concassée damée. Ajoutez une mince couche de terre à jardin et damez-la soigneusement avec un pilon manuel. Repliez tout excédent de géomembrane éventuel sur la terre damée.

**11** Appliquez de l'adhésif de construction sur la face supérieure des blocs et posez les blocs de couronnement. Utilisez de la terre à jardin pour remplir l'espace derrière le mur et à la base du mur. Posez du gazon ou installez les plantes de votre choix.

## Comment construire un mur de retenue en pierres naturelles

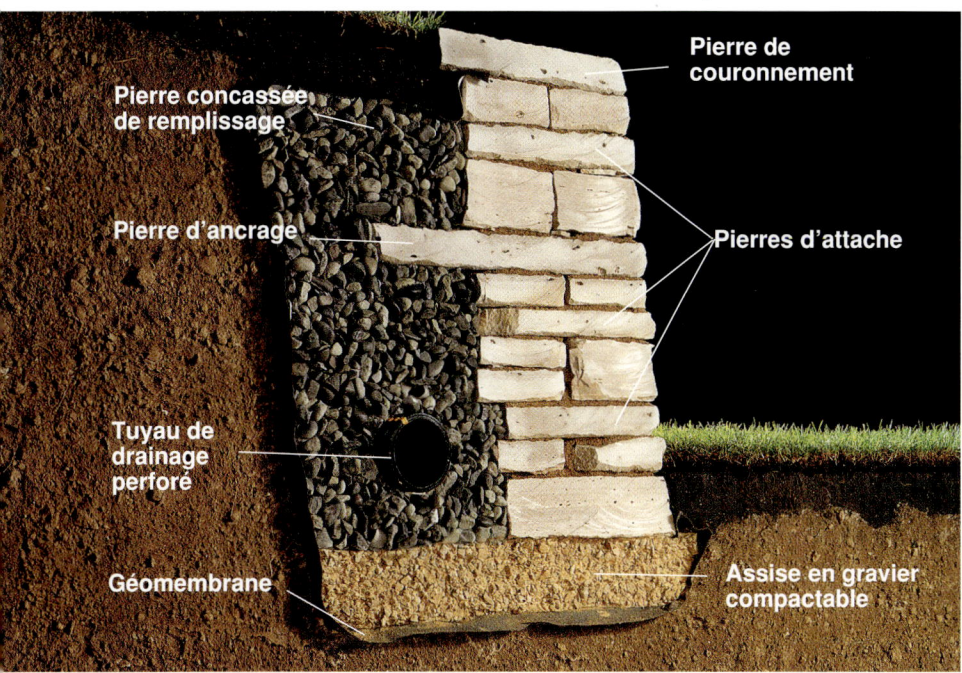

**La pierre de taille** a des faces planes et lisses qui facilitent son empilement. Pour qu'un mur de retenue soit stable, il faut construire une assise sur deux au moyen de pierres d'attache qui couvrent toute l'épaisseur du mur, l'autre assise étant formée de pierres plus petites. Installez des pierres extra-longues (appelées pierres d'ancrage), tous les 4 à 6 pi, qui pénètrent dans la couche de pierre concassée de remplissage. Avant de débuter, préparez le site (étapes 1 à 4, pages 204 et 205). La surface de l'assise compactée doit arriver à environ 6 po du niveau du sol.

**1** Triez les pierres en fonction de leur dimension et de leur forme. C'est la seule façon d'inventorier votre commande et de vous assurer que vous avez reçu suffisamment de longues pierres d'attache pour construire un mur solide. Taillez les pierres irrégulières pour pouvoir les utiliser plus efficacement (pages 86 et 87).

**2** Posez les assises de pierres en appliquant les mêmes techniques de remblayage et de drainage qu'avec les blocs à emboîtement (étapes 6 à 10, pages 205 et 206). Pour incliner légèrement le mur, posez chaque assise environ 1/2 po en retrait de l'assise précédente (pages 89 et 204). Et pour que le mur soit stable, installez des pierres d'attache et des pierres d'ancrage et décalez les joints verticaux d'une assise à l'autre. Posez les pierres les plus lourdes à la base du mur.

**3** Avant de poser les pierres de couronnement, préparez du mortier de type M (pages 29 à 31) et appliquez-en une épaisse couche sur la dernière assise, en vous arrêtant à quelques pouces de la face avant du mur. Cette technique est appelée *liaisonnement aveugle*. Posez les pierres dans la couche de mortier. Laissez sécher le mortier pendant un jour au moins et achevez de remblayer l'espace à l'arrière du mur (étape 11, page précédente).

**Vous pouvez moderniser l'extérieur de votre maison** en installant un parement de briques, de pierres ou de stuc. Les parements ajoutent de la couleur et une touche singulière à votre maison, que vous les installiez pour cacher une vilaine fondation ou pour donner du caractère à un extérieur banal. Cependant, ces parements ajoutent également du poids au mur, c'est pourquoi il ne faut entreprendre ce genre de travail qu'après avoir demandé à un inspecteur quelles sont les exigences du code du bâtiment à ce sujet.

# Finir les murs de la maison ou du jardin

Les matériaux de maçonnerie protègent parfaitement les murs extérieurs et rehaussent leur aspect, que ces murs soient neufs ou anciens. Si le parement de votre maison s'est détérioré, vous pouvez l'arracher et installer un parement en briques légères, à l'aide de mortier et d'attaches murales (pages 210 à 213). Si vous agrandissez votre maison, vous pouvez utiliser du stuc pour assortir le parement aux murs existants (pages 220 et 221). De plus, le stuc est facile à renouveler. Les parements minces, en pierres naturelles ou manufacturées, gagnent tous les jours en popularité, car il est facile de travailler avec ces matériaux et ils ajoutent une touche raffinée à n'importe quelle construction. Ces matériaux permettent également d'embellir les murs de jardin. Avec des briques, des pierres ou du stuc vous pouvez transformer un mur ordinaire en blocs de béton en un élément décoratif. En utilisant des blocs de béton et du ciment de surface de première qualité (pages 214 et 215), vous pouvez donner au mur que vous construisez l'apparence d'un mur de stuc, sans utiliser de mortier.

### Conseils de planification

- Utilisez des parements de briques ou de pierres pour décorer le pignon ou l'entrée de votre maison. Si vous envisagez l'installation d'un parement entourant toute la maison, confiez plutôt ce travail d'envergure à un professionnel.

- Demandez à l'inspecteur local des bâtiments de vous renseigner sur la hauteur de parement autorisée, le renforcement nécessaire, l'utilisation éventuelle d'attaches murales, l'espace à prévoir entre le revêtement mural et le parement, le drainage et les spécifications concernant les supports métalliques (page 210). Vous devrez, dans certains cas, obtenir un permis de construction.

- Taillez les briques avant de commencer les travaux. Si vous utilisez des pierres, procédez à une pose à sec sur une surface plane avant d'entamer le travail.

- Examinez les environs de la fondation. Les entrepreneurs installent souvent un débord de fondation juste en dessous du niveau du sol, qui peut servir à soutenir un parement. Si votre maison n'en possède pas, fixez un support métallique à la fondation (page 210).

## Options pour la finition des murs extérieurs

**Vous pouvez renouveler une ancienne fondation** en installant un parement de briques ou de pierres allant du niveau du sol à la lisse basse. La fondation ne doit présenter aucun défaut de structure.

**On obtient la pierre du parement** en pratiquant des coupes minces dans de la pierre de taille ou en colorant des blocs de béton de manière qu'ils aient l'aspect de la pierre naturelle tout en étant plus légers et plus faciles à installer.

**Le parement mural complet** couvre le mur de la fondation jusqu'au soffite de la toiture. Son poids important exige un renforcement considérable de la structure. Son installation par un simple bricoleur est déconseillée ; il vaut mieux confier ce travail à un professionnel.

**Le stuc constitue un matériau de finition durable** qu'on peut colorer pour qu'il se fonde dans le décor environnant. On enlève la boiserie des fenêtres avant d'appliquer le stuc sur les murs de la maison. Les minces rainures faites à la truelle sous la boiserie servent de joints de rupture : ils empêcheront le stuc de se fissurer plus tard.

## Finir les murs avec des briques

Le parement de briques est avant tout un mur de briques construit autour des murs extérieurs d'une maison. On le fixe aux murs de la maison à l'aide d'attaches métalliques et d'un support attaché à la fondation. Il vaut mieux utiliser des briques *queen* – moins épaisses que les briques de construction ordinaires – en vue d'alléger le parement que les murs devront supporter. Même ainsi, le parement de briques pèse lourd. Demandez à l'inspecteur des bâtiments local quelles règles du code du bâtiment s'appliquent à votre projet de construction. Dans le projet que nous décrivons, on a installé le parement contre les murs de fondation et les murs latéraux du rez-de-chaussée, jusqu'au bas des appuis de fenêtre et on a enlevé les matériaux du revêtement mural avant d'installer les briques.

Avant de poser les briques, fabriquez un poteau de référence qui vous permettra de vérifier l'épaisseur des joints de mortier pendant la pose. Dans ce cas-ci, on a utilisé une épaisseur de joint standard de ³/₈ po.

**Anatomie d'un parement de briques :** on empile de grandes briques (appelées *queen*) sur un support métallique ou en béton et on les fixe à la fondation et aux murs à l'aide d'attaches métalliques. Les *boutisses* sont taillées de manière à prolonger la pente des appuis de fenêtre et elles sont placées de chant sur la dernière rangée de briques.

Éléments identifiés : Appui de fenêtre, Prolongement de l'appui, Boutisse, Briques, Papier de construction, Espace de ½ po, Solive de bordure, Attache murale ondulée, Corde de barbacane, Lisse basse, Solin en PVC, Niveau du sol, Support mural métallique, Mur de fondation.

### Tout ce dont vous avez besoin

**Outils :** marteau, scie circulaire, ciseau, masse, niveau, perceuse, jeu de clés à douille, pistolet à agrafer, truelle de maçon, bêche de maçon, boîte à mortier, ciseau de maçon.

**Matériel :** bois scié traité sous pression de 2 po x 4 po, vis tire-fond de ³/₈ po x 4 po avec rondelles, bois scié de 2 po x 2 po, manchons d'ancrage en plomb, cornières pour supporter le parement, rouleau de solin en PVC de 30 millièmes de po, attaches murales en métal ondulé, briques moulées pour prolonger les appuis de fenêtre, moulure de protection, mortier de type N, corde de coton de ³/₈ po de diamètre.

## Comment installer un parement de briques

**1** Enlevez tout le revêtement mural de la partie que vous comptez recouvrir d'un parement de briques. Avant de poser les briques, installez le prolongement de l'appui de fenêtre. Pour cela, coupez ce prolongement dans un morceau de bois scié, traité sous pression, de 2 po x 4 po et clouez-le temporairement à l'appui.

**2** Taillez les boutisses à l'avance pour qu'elles épousent la pente de l'appui de fenêtre et qu'elles dépassent de 2 po les autres briques du parement. Placez une boutisse juste en dessous du prolongement de l'appui. À l'aide d'un niveau, reportez le niveau du point le plus bas de la brique sur le revêtement mural : il indiquera le niveau supérieur des briques *queen* du parement. À l'aide d'un niveau, prolongez la ligne. Enlevez le prolongement de l'appui de fenêtre.

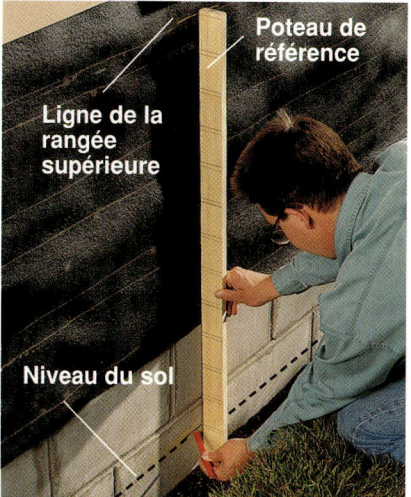

**3** Fabriquez un poteau de référence qui couvrira la hauteur de l'ouvrage. Indiquez, sur le poteau, l'emplacement des joints de 3/8 po entre les briques (pages 39 et 191). Creusez une tranchée de 12 po de large et 12 po de profondeur. Placez le poteau de référence de manière à faire coïncider la marque d'une brique avec la ligne du niveau de la rangée supérieure qui est tracée sur le revêtement mural. Tracez une ligne sur le mur au niveau de la première rangée de briques qui se trouvera sous le niveau du sol.

**4** Prolongez, le long de la fondation, la ligne marquant la hauteur de la première rangée de briques, en utilisant un niveau. Mesurez l'épaisseur du support métallique (habituellement 1/4 po) et forez, dans la fondation, en dessous de la ligne, des avant-trous pour des clous 10d, qui seront espacés de 16 po, en tenant compte de l'épaisseur du support métallique. Glissez des clous dans les avant-trous : ils soutiendront provisoirement le support métallique du parement.

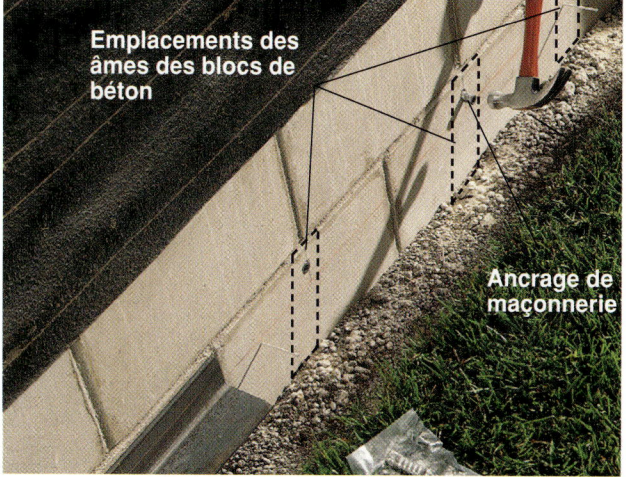

**5** Placez le support métallique (la cornière) sur les clous ; marquez l'emplacement du centre de l'âme de chaque bloc sur la branche verticale de la cornière. Enlevez la cornière et forez des trous de 3/8 po de diamètre dans la cornière, aux endroits des marques des âmes, pour y enfoncer des vis tire-fond. Replacez la cornière sur les clous et indiquez l'emplacement des avant-trous sur les blocs de la fondation. Enlevez de nouveau la cornière et, à l'aide d'une mèche pour maçonnerie, forez des trous dans la fondation, qui recevront les ancrages de maçonnerie. Enfoncez les ancrages de maçonnerie dans les trous.

Suite à la page suivante

# Comment installer un parement de briques (suite)

**6** Placez la cornière sur ses supports, en alignant les avant-trous sur les ancrages de maçonnerie. Fixez la cornière au mur de fondation à l'aide de vis tire-fond de ⅜ po x 4 po et de rondelles. Écartez les cornières de ¹⁄₁₆ po pour leur permettre de se dilater. Enlevez les clous qui ont servi de supports temporaires.

**7** Après avoir fixé toutes les cornières du support métallique, agrafez du solin en PVC, de 30 millièmes de po, au mur de fondation, en lui faisant recouvrir le support métallique.

**8** Posez à sec la première rangée de briques sur le support. Commencez par les extrémités et placez entre les briques des intercalaires qui figureront l'épaisseur des joints. Vous devrez peut-être tailler la dernière brique de la rangée. Vous pouvez également choisir un appareil en panneresse (page 65) comprenant des briques taillées.

**9** Construisez les coins du parement, du bas du parement jusqu'à la deuxième rangée au-dessus du niveau du sol. Attachez ensuite des blocs d'alignement et un cordeau de maçon aux briques d'extrémité (pages 74 et 75) avant de poser les briques intérieures que vous alignerez sur le cordeau. Toutes les 30 minutes, lissez les joints s'ils sont fermes.

**10** Agrafez un autre morceau de solin en PVC au mur, qui recouvrira la face supérieure des briques, et agrafez du papier de construction au mur en le faisant chevaucher de 12 po au moins le bord supérieur du solin en PVC. Marquez sur le papier de construction l'emplacement des poteaux muraux.

**11** À l'aide du poteau de référence, tracez des lignes horizontales à la hauteur de chaque lot de cinq rangées de briques. Fixez au solin des attaches murales en métal ondulé, aux endroits où les lignes des rangées de briques croisent les lignes verticales marquant l'emplacement des poteaux muraux.

**12** Posez la rangée suivante de briques en étendant du mortier directement sur le solin en PVC. Dans cette rangée, tous les trois joints, fixez au solin un bout de 10 po de corde de coton de 3/8 po de diamètre de manière qu'il descende vers le joint inférieur, le traverse complètement et constitue ainsi une barbacane qui évacuera l'eau, le cas échéant. Noyez les attaches murales en métal ondulé dans le mortier de la rangée de briques.

**13** Posez les autres rangées de briques, en commençant par les coins et en terminant par les briques intérieures. Enfouissez dans le mortier les attaches murales que vous rencontrez. Vérifiez l'alignement des briques au moyen de blocs d'alignement et d'un cordeau de maçon et, à l'aide d'un niveau de 4 pi, vérifiez fréquemment si le parement est de niveau.

**14** Appliquez une couche de mortier de 1/2 po sur la dernière rangée de briques, puis commencez à poser les *boutisses*, la face taillée orientée vers le mur. Appliquez une couche de mortier sur la base de chaque boutisse et appuyez-la contre le solin, la face supérieure de la boutisse prolongeant la pente des appuis de fenêtre.

**15** Fixez les prolongements des appuis de fenêtre à l'aide de clous de finition (étape 1, page 211) et fixez les moulures de protection au revêtement mural extérieur pour combler les espaces existant au-dessus de la rangée de boutisses. Remplissez les espaces creux des boutisses avec du mortier et, à l'aide de pâte à base de silicone, calfeutrez les espaces éventuels qui entourent le parement.

**Préparez le ciment par petits lots,** en mélangeant le ciment de surface sec, de l'eau et un renforçateur acrylique pour béton, conformément aux instructions du fabricant, de manière à déterminer la surface sur laquelle vous pouvez étendre un lot avant que le ciment ne durcisse, car la présence d'un accélérateur dans le ciment fait rapidement durcir le mélange. Selon les conditions atmosphériques, le durcissement prendra de 30 à 90 minutes. Avant d'appliquer le ciment, vous pouvez le colorer pour l'assortir aux éléments du jardin (page 31).

## Finir les murs avec du ciment

Le ciment de surface est un produit qui ressemble au stuc et qui peut servir soit à construire de nouveaux murs, soit à rafraîchir des murs anciens. C'est la quantité de fibres de verre qu'on ajoute au mélange de ciment et de sable qui le distingue du stuc. On ajoute de l'eau et un renforçateur acrylique au mélange sec pour former un plâtre de ciment qui adhère aux briques ou aux blocs pour former une couche attrayante, imperméable et suffisamment résistante pour que l'on puisse construire des murs de blocs sans joints de mortier (pages 180 et 181).

La surface à recouvrir doit être parfaitement propre, qu'il s'agisse du recouvrement d'un nouveau mur ou d'une couche décorative sur un mur ancien. Elle ne doit présenter aucune trace d'effritement afin que la couche de ciment de surface y adhère solidement. Comme le ciment de surface sèche rapidement, il faut prolonger son temps de séchage en pulvérisant de l'eau sur les briques ou les blocs avant de l'appliquer. Et, comme toujours dans les travaux de maçonnerie, il faut humidifier d'autant plus la surface à recouvrir que le temps est sec.

Nous présentons ici la construction d'un mur bas, autoporteur; *la hauteur de ce mur ne doit pas dépasser 4 pi*. Si vous envisagez d'utiliser du ciment de surface sur un mur plus haut ou un mur porteur, tel qu'un mur de fondation ou un mur de retenue, parlez-en à l'inspecteur des bâtiments de votre région qui vous renseignera sur les exigences du code à ce sujet.

### Tout ce dont vous avez besoin

OUTILS: tuyau d'arrosage, seau, brouette, planche à mortier, truelle rectangulaire, fer à joints de rupture.

MATÉRIEL: ciment de surface, renforçateur acrylique pour béton, teinture (facultatif).

## Comment finir les murs avec du ciment de surface

**1** En commençant près du sommet, pulvérisez de l'eau sur une section du mur de 2 pi x 5 pi, pour empêcher les blocs d'absorber l'eau du ciment lorsque vous appliquerez celui-ci.

**2** Préparez le ciment par petits lots, en suivant les instructions du fabricant et, à l'aide d'une truelle rectangulaire, appliquez-en une épaisse couche – de 1/16 po à 1/8 po – sur les blocs humides. Étalez uniformément le ciment en donnant de grands coups de truelle légèrement inclinée, de bas en haut.

**3** À l'aide d'une truelle humide, lissez la surface et créez la texture de votre choix. Rincez fréquemment la truelle pour qu'elle demeure propre et humide.

**4** Pour éviter l'apparition de fissures à n'importe quel endroit du mur, utilisez un fer à joints de rupture (page 49) et tirez des joints de haut en bas, tous les 4 pi, si le mur a 2 pi de haut, et tous les 8 pi, si le mur a 4 pi de haut. Utilisez de la pâte à calfeutrer à base de silicone pour imperméabiliser les joints lorsqu'ils sont secs.

Photo et matériaux : courtoisie de CULTURED STONE CORPORATION

**Vous déterminerez la surface** de pierres de parement à recouvrir en multipliant la largeur de la surface du mur par sa hauteur. Soustrayez de ce chiffre la surface des ouvertures des portes et des fenêtres ainsi que celle des pierres de coin. Un pied linéaire de pierres de coin couvre environ $3/4$ pi$^2$ de surface plane, si bien que vous pouvez déduire de la surface de pierres plates requise $3/4$ pi$^2$ par pied linéaire de coin intérieur ou extérieur. Pour tenir compte de la taille, augmentez votre estimation de 5 à 10 %.

## Finir les murs avec de la pierre de parement

Si vous désirez que votre maison ait l'aspect d'une maison en pierres sans vous imposer la corvée de la taille et du déplacement de matériaux lourds, optez pour la pierre de parement. Vous avez le choix entre deux types de parements : la pierre naturelle qui a été taillée en morceaux minces pour finir les murs, les foyers et autres surfaces, ou la pierre de parement fabriquée, moulée en béton et colorée, qui ressemble à la pierre naturelle, tout en étant plus légère et plus facile à appliquer sur ces surfaces.

Quel que soit votre choix, humidifiez chaque pierre et appliquez une couche de mortier à l'arrière de celle-ci avant de l'enfoncer dans le mortier dont vous aurez préalablement recouvert le mur. On appelle *crépissage* l'action d'humidifier une pierre et de l'enduire de mortier. Le crépissage assure l'adhérence maximale de la pierre au mur. Tout l'art réside dans l'arrangement des pierres, car il faut habilement alterner les grosses et les petites pierres de différentes couleurs et formes sur toute la surface du mur.

Dans le projet présenté ici, on a installé de la pierre de parement sur un revêtement mural en contreplaqué suffisamment résistant pour supporter les couches de papier de construction, de treillis métallique et de pierres de parement. Si les murs sont recouverts de panneaux de fibres ou d'un autre revêtement, suivez les recommandations du fabricant de la pierre de parement.

NOTE : l'installation de haut en bas est plus propre, car on évite d'éclabousser les rangées de pierres déjà posées. Cependant, les fabricants recommandent d'installer certains parements en procédant de bas en haut. Lisez attentivement les instructions du fabricant avant de commencer le travail.

### Tout ce dont vous avez besoin

OUTILS : marteau ou pistolet à agrafer, perceuse, brouette, bêche à mortier, truelle rectangulaire, scie circulaire, pince coupante à larges mâchoires ou marteau de maçon, masque antipoussières, niveau, mirette, sac à mortier, flacon pulvérisateur, balayette.

MATÉRIEL : mélange à mortier de type M, teinture à mortier (facultatif), papier de construction de 15 lb, treillis métallique, déployé et galvanisé (de 2½ lb minimum, à mailles en losanges), clous pour toiture galvanisés de 1½ po (minimum) ou agrafes industrielles, bois scié de 2 po x 4 po.

## Comment finir des murs avec de la pierre de parement

**1** Couvrez le mur de feuilles de papier de construction qui se chevauchent sur 4 po. Clouez ou agrafez le treillis tous les 6 po dans les poteaux muraux et à mi-distance entre les poteaux. Les clous ou agrafes doivent pénétrer d'au moins 1 po dans les poteaux. Le papier et le treillis doivent contourner les coins et se prolonger d'au moins 16 po de l'autre côté du mur, aux endroits où vous installerez les pierres de parement.

**2** À l'aide de piquets, installez un morceau de bois scié de 2 po x 4 po, de niveau, contre la fondation. Il servira de support temporaire au bord inférieur du parement, à 4 po du sol. L'écart entre la rangée inférieure de pierres de parement et le sol empêchera les plantes et le sol de souiller le parement.

**3** Étalez les pierres sur le sol pour pouvoir les disposer en fonction de leur taille, de leur forme et de leur couleur de manière qu'elles forment un ensemble contrasté. Utilisez alternativement des pierres grosses et petites, rugueuses et lisses, épaisses et minces.

**4** Préparez un lot de mortier de type M, ferme, mais encore humide (pages 29 et 31). Un mortier trop sec ou trop humide se travaillera mal et adhérera mal.

Suite à la page suivante

## Comment finir des murs avec de la pierre de parement (suite)

**5** À l'aide d'une truelle rectangulaire, appliquez une couche de ½ à ¾ po de mortier sur le treillis. Pour que le mortier ne sèche pas trop rapidement, commencez par une section de 5 pi². Une fois que vous aurez établi votre cadence, vous pourrez couvrir des sections plus étendues. NOTE : vous pouvez rajouter de petites quantités d'eau pour ramollir le mortier s'il commence à durcir.

**6** Commencez par installer les pierres de coin, en superposant alternativement des pierres courtes et des pierres allongées. Crépissez (page 216) chacune d'elles et appuyez-les fermement contre le mortier fraîchement appliqué sur le mur, de manière à exprimer un peu de mortier. Les joints entre les pierres ne doivent pas dépasser ½ po et ils doivent avoir une largeur aussi constante que possible sur toute la surface du mur.

**7** Après avoir posé les pierres de coin, installez les pierres plates, en progressant vers le milieu du mur.

**8** Si le mortier vient à souiller une pierre, enlevez-le à l'aide d'une balayette ou d'une brosse à poils souples lorsqu'il a commencé à sécher. N'utilisez jamais de brosse métallique ou de brosse humide pour effectuer ce nettoyage.

**9** Taillez la pierre naturelle en appliquant les techniques standard (pages 84 à 87). Pour tailler les pierres fabriquées, utilisez une pince coupante à larges mâchoires ou un marteau de maçon. Faites le moins de tailles possible, pour que les pierres conservent leur aspect naturel.

**10** Vous pouvez cacher les faces taillées en tournant ou retournant la pierre, si elle se trouve nettement plus haut ou plus bas que le niveau des yeux. Si une face taillée est malgré tout visible, couvrez-la de mortier. Laissez le mortier sécher pendant 24 heures avant de retirer le support en bois scié de 2 po x 4 po, en prenant garde de ne pas déloger les pierres.

**11** Dès que le mur est recouvert du parement, remplissez les joints de mortier de jointoiement à l'aide d'un sac à mortier (page 31); veillez particulièrement à ne pas souiller les pierres. Vous pouvez colorer le mortier de jointoiement pour l'assortir au parement.

**12** Dès que le mortier est ferme, lissez les joints au moyen d'une mirette. Lorsqu'il est sec au toucher, utilisez une balayette sèche pour enlever les particules de mortier détaché (n'utilisez pas d'eau ou de produits chimiques: ils risqueraient de tacher définitivement le mortier).

## Finir les murs avec du stuc

Finir toute une maison en stuc constitue un travail trop exigeant pour la plupart des bricoleurs, aussi bien intentionnés soient-ils. Il vaut beaucoup mieux confier ce travail à un stucateur, qui terminera la plupart des travaux de ce genre en moins d'une semaine. Mais la finition des murs d'une petite annexe, d'un garage ou d'un abri sont des travaux dont le résultat satisfera le bricoleur et qui sont à sa portée. Vous pouvez choisir un stuc assorti aux murs existants ou créer une texture qui s'harmonise avec la pierre, les bardeaux de cèdre ou tout autre type de parement.

Pour obtenir un fini attrayant et durable, il faut commencer par bien préparer les murs. S'ils sont en bois, fixez-y du papier de construction et un treillis métallique pour les imperméabiliser et constituer une surface à laquelle le stuc adhérera fermement. Les blocs de béton sont relativement imperméables et suffisamment rugueux pour qu'on puisse y appliquer directement le stuc. Pendant la construction, préparez les murs de blocs à recevoir une finition en stuc en amenant les joints de mortier au ras des blocs.

En plus du temps qu'exige la préparation de la surface murale, prévoyez plusieurs jours pour l'application des trois couches de stuc – la couche éraflée, la couche brune et la couche de finition – qui rendront les murs parfaitement étanches et leur donneront un aspect de fini impeccable.

Si les murs existants de la maison sont finis en stuc, vous devrez probablement colorer la couche de finition pour l'assortir à l'ancien stuc. Même si le stuc appliqué à l'origine était blanc, il aura probablement foncé considérablement avec le temps, et la meilleure méthode pour fondre le nouveau stuc dans l'ancien sera de colorer le stuc que vous appliquerez. Suivez les instructions du fabricant de la teinture que vous achèterez et faites des essais jusqu'à ce que vous ayez trouvé la nuance qui convient. Laissez sécher complètement chaque lot d'essai avant de fixer les proportions définitives. Prenez des notes au cours de vos essais, pour pouvoir reproduire la nuance aussi souvent qu'il sera nécessaire.

**En ajoutant une teinture** au mélange, vous pouvez obtenir un stuc ayant la couleur de votre choix, que ce soit un blanc cassé nuancé ou un bleu franc.

### Tout ce dont vous avez besoin

OUTILS : bétonnière, brouette, planche à mortier, truelle de maçon, truelle rectangulaire, règle de plafonneur ou long aplanissoir en bois, marteau, pistolet à agrafer, niveau, couteau universel, cisaille de type aviation, pelle, seau, râteau métallique à fines dents.

MATÉRIEL : papier de construction, treillis métallique déployé et galvanisé (de 2½ lb minimum, à mailles en losanges), clous galvanisés de 1½ po, clous en fil d'acier de 1½ po, agrafes, mélange à stuc, bois scié de 1 po x 2 po.

# Comment finir un mur avec du stuc

**1** Préparez le mur en attachant le papier de construction, le treillis métallique et les bordures métalliques (pages 92 à 94). Agrafez entièrement le papier de construction sur le mur et, au moyen d'un couteau universel, coupez l'excédent. À l'aide d'une cisaille de type aviation, coupez le treillis et les bordures métalliques à la dimension voulue et clouez-les au mur. Passez votre main de haut en bas sur le treillis; s'il est placé dans le bon sens, il doit être rugueux. Vérifiez si les bordures sont de niveau.

**2** Préparez la couche éraflée (page 92) et ajoutant de l'eau au stuc et en travaillant le mélange à la truelle jusqu'à ce qu'il constitue une pâte malléable (pages 94 et 95). Commencez par le haut ou le bas du mur et, en tenant la planche à mortier près du mur, enfoncez la pâte de stuc dans les mailles du treillis avec une truelle rectangulaire. Enfoncez-le fermement, pour remplir tous les vides, et recouvrez-en complètement le treillis.

**3** Attendez que la couche éraflée soit suffisamment durcie pour qu'une pression exercée sur le stuc laisse une empreinte. Rendez la surface rugueuse en l'éraflant horizontalement sur toute la longueur. À cet effet, vous pouvez fabriquer votre propre outil en enfonçant une rangée de clous en fil d'acier de 1½ po dans un morceau de bois scié de 1 po x 2 po.

**4** Pulvérisez de temps en temps de l'eau sur la surface, pendant les 48 premières heures. Préparez le stuc de la couche brune et appliquez-en une couche de ⅜ po environ; lissez ensuite toute la surface avec une règle de plafonneur, ce qui la laissera suffisamment rugueuse pour l'accrochage de la couche de finition.

**5** Préparez la couche de finition, en y ajoutant la teinture désirée et un peu plus d'eau que pour les couches précédentes. Le mélange doit cependant toujours demeurer sur la planche à mortier sans s'écouler. Appliquez la couche de finition, en veillant à recouvrir complètement les bordures métalliques (la couche doit avoir approximativement ⅛ po d'épaisseur).

**6** Finissez la surface en projetant du stuc sur le mur au moyen d'une balayette et en l'aplatissant ensuite avec une truelle (page 95). Attendez 24 heures que la couche de finition ait pris et aspergez-la d'eau deux ou trois fois par jour, pendant deux jours, puis une fois par jour pendant trois autres jours.

# Construire des éléments décoratifs extérieurs

Les matériaux de maçonnerie conviennent parfaitement à la construction d'éléments décoratifs extérieurs, fonctionnels et attrayants, qu'il s'agisse d'une jardinière ou d'un barbecue. Les ouvrages en maçonnerie sont durables, faciles à entretenir et – comme on l'a montré dans ce livre – il existe de nombreuses façons de les intégrer dans le paysage environnant. La diversité des matériaux de maçonnerie est telle que vous pouvez créer de petits ouvrages ou des constructions importantes qui s'intégreront dans n'importe quel paysage.

Le défi – et le plaisir – résident principalement dans la conception de l'élément décoratif en maçonnerie. Si vous envisagez d'installer l'élément décoratif à un endroit précis, prenez le temps de considérer les autres éléments avoisinants : le gazon, un parterre, une allée, l'entrée, le garage et l'ossature permanente de la maison. Prenez du recul par rapport à l'endroit prévu et examinez-le sous différents angles afin de bien vous figurer l'allure qu'aura l'élément décoratif à cet endroit.

Tenez compte de quelques considérations pratiques qui influeront également sur l'élément décoratif : l'ombre, les vents dominants et l'humidité du sol (pages 18 et 19) peuvent jouer un rôle dans l'usage qu'on aura de l'élément. Le bain d'oiseaux convient parfaitement à un endroit humide, en contrebas, bien visible, mais rarement utilisé. Un barbecue, par contre, doit se trouver dans un endroit sec, agréable, assez près de la cuisine, et où l'on peut facilement converser avec les invités.

# Conseils pour construire des éléments décoratifs extérieurs

**Le bain d'oiseaux** (pages 224 à 226) s'intègre dans presque tous les paysages. L'important est de le placer à un endroit qui vous permet de jouir de la vue des oiseaux tout en leur offrant suffisamment d'ombre pour les attirer.

**Les jardinières** sont soit amovibles (pages 227 à 229), soit fixes et adjacentes à un mur, un patio, ou un palier d'escalier (pages 230 et 231). Des panneaux isolants séparent la jardinière du mur et du palier adjacents pour que les trois structures travaillent indépendamment l'une de l'autre sous l'effet du gel et du dégel.

**Les bornes d'entrée** (pages 232 et 233) doivent toujours être proportionnées à l'entrée, et leurs matériaux doivent s'harmoniser avec le paysage environnant. Lors de leur conception, il faut toujours tenir compte des dimensions des éléments de paysage qui les entourent.

**Le barbecue de briques** (pages 234 à 237) doit se trouver près de la cuisine et dans un endroit où on peut rassembler les invités. De plus, si l'on veut éviter d'enfumer les invités et la maison, il faut tenir compte, pour son emplacement, de la direction des vents dominants.

# Construire un bain d'oiseaux en hypertuf

Le bain d'oiseaux ci-contre est robuste, peu coûteux et facile à construire. Sa conception modulaire permet de transporter facilement les différentes sections qui le composent pour les ranger l'hiver dans le garage ou le sous-sol. On assemble les sections à l'aide de raccords en PVC, ce qui permet au bain d'oiseaux de résister aux vents violents et aux chocs des enfants ou des animaux.

Lorsqu'il est sec, l'hypertuf présente une patine attrayante. Et vous pouvez accentuer l'aspect de vieillissement en ébréchant les coins à l'aide d'un maillet et d'un ciseau (étape 5, page 226) ou en favorisant la formation de mousse sur la surface (page 229). Lorsque vous construisez un bain d'oiseaux en hypertuf, il est important d'utiliser une recette d'hypertuf imperméable (pages 96 et 97). Mais vous pouvez aussi imperméabiliser le bassin en appliquant deux ou trois couches de produit de scellement pour béton. Une mince couche de ciment Portland est également efficace, mais beaucoup moins attrayante.

**Ce joli bain d'oiseaux,** construit en trois sections séparées, est facile à démonter et à ranger pour l'hiver. Chacune des trois sections est coulée séparément, ce qui simplifie leur assemblage.

### Tout ce dont vous avez besoin

OUTILS: scie sauteuse, tournevis à commande mécanique, scie à métaux, bêche, truelle, règle rectifiée.

MATÉRIEL: panneau isolant en polystyrène de 2 po, ruban adhésif, vis à plaques de plâtre de 3½ po, huile végétale ou agent de démoulage commercial, tuyau de 2 po en PVC, coiffe de tuyau de 2 po en PVC, ciment Portland, tourbe, sable de maçonnerie, bol en plastique peu profond, feuilles de plastique.

## Comment construire un bain d'oiseaux en hypertuf

**1** En suivant les indications du diagramme (à droite), marquez les dimensions des moules sur l'isolant en polystyrène. Découpez les morceaux et construisez les moules, en renforçant les joints à l'aide de vis à plaques de plâtre. Les moules doivent servir à fabriquer une base de 15 po x 15 po x 3½ po, un socle de 7¾ po x 7¾ po x 22 po et un bassin de 15 po x 15 po x 3½ po qui reposera sur le socle. Soutenez les joints en les enveloppant de ruban adhésif. NOTE: l'hypertuf humide exerce une forte pression sur les parois des moules. À l'aide de bois scié de 1 po x 2 po et de vis, vous pouvez fabriquer un collier qui entourera le moule pour le renforcer (étape 3, page 226).

Suite à la page suivante

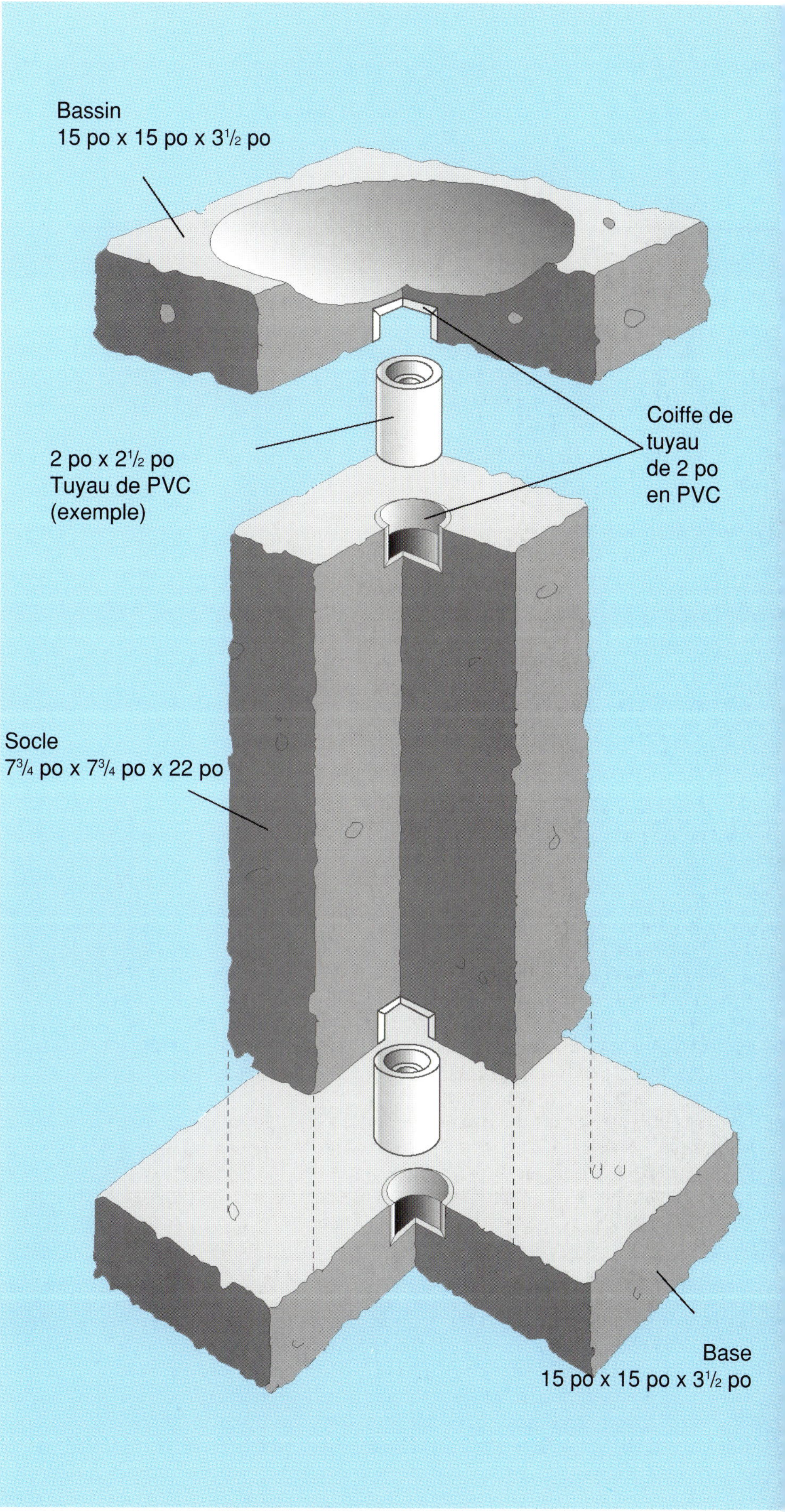

Bassin
15 po x 15 po x 3½ po

2 po x 2½ po
Tuyau de PVC
(exemple)

Coiffe de tuyau
de 2 po
en PVC

Socle
7¾ po x 7¾ po x 22 po

Base
15 po x 15 po x 3½ po

# Comment construire un bain d'oiseaux en hypertuf (suite)

**2** Marquez le centre du moule de la base et placez une coiffe de tuyau à cet endroit, le trou orienté vers le bas. Préparez l'hypertuf (pages 96 et 97) et remplissez-en progressivement le moule en damant régulièrement l'hypertuf à l'aide d'un morceau de bois de 2 po x 4 po, jusqu'à ce que le matériau atteigne le bord du moule. Frappez la surface du moule avec le morceau de bois de 2 po x 4 po pour expulser les bulles d'air et lissez le dessus avec une truelle. Couvrez le moule d'une feuille de plastique pour laisser sécher l'hypertuf (page 97).

**3** Placez une coiffe de tuyau de 2 po en PVC au fond du moule du socle (diagramme, page 225). Versez et damez de l'hypertuf dans le moule (en recouvrant la coiffe) jusqu'à ce que le matériau atteigne le bord supérieur du moule, puis enfoncez une coiffe au centre de l'hypertuf. Terminez le remplissage et le damage du moule, puis lissez la surface comme on l'explique à l'étape 2. Couvrez le moule d'une feuille de plastique.

**4** Indiquez le centre au fond du moule du bassin et placez-y une coiffe de tuyau de 2 po. Damez une couche de 2 po d'hypertuf dans le moule. Recouvrez d'huile végétale – ou d'un agent de démoulage commercial – le fond d'un bol en plastique peu profond, aux parois fortement évasées, et enfoncez-le dans l'hypertuf afin de former un bassin. Remplissez progressivement le moule d'hypertuf, autour du bol, en damant le matériau, jusqu'à ce que vous obteniez une surface lisse d'hypertuf affleurant le bord du moule. Dès que l'hypertuf prend, enlevez le bol, couvrez le bassin d'une feuille de plastique et laissez sécher l'hypertuf.

**5** Démoulez les sections du bain d'oiseaux et introduisez un morceau de tuyau en PVC de 2 po, d'une longueur de 2 1/2 po, dans la coiffe, au centre de la base ; puis, insérez le bout de tuyau qui dépasse dans la coiffe qui se trouve au fond du socle. Introduisez un autre morceau de tuyau en PVC de 2 1/2 po de long dans la coiffe se trouvant au sommet du socle ; puis, insérez le bout de tuyau qui dépasse dans la coiffe se trouvant au fond du bassin. Pour accentuer l'impression de vieillissement, ébréchez les sections à l'aide d'un marteau et d'un ciseau ; écornez les coins et supprimez les arêtes vives.

**Votre jardinière peut avoir** le cachet rustique d'une ancienne auge ou habiller un palier en briques. Cette jardinière en hypertuf est facile à fabriquer aux dimensions de votre choix. La jardinière de briques (pages 230 et 231) est conçue pour s'harmoniser avec le palier de briques qu'elle borde (pages 143 à 145).

# Construire des jardinières en hypertuf ou en briques

Vous avez certainement déjà vu des auges en pierre qui sont utilisées pour décorer une parcelle et qui regorgent de fleurs ou contiennent une rocaille. Ces auges ajoutent une touche élégante à une pelouse ou à un jardin, surtout si elles sont couvertes de mousse. Vous pouvez construire la vôtre en hypertuf, elle aura le même cachet rustique.

Les jardinières en hypertuf sont durables et vous avez le choix de les façonner pour qu'elles ressemblent à d'anciens bassins en pierre ou qu'elles forment des boîtes rectilignes modernes. La clé de leur résistance et de leur durabilité réside dans la durée du séchage (page 97).

Si vous préférez une jardinière plus austère, la brique est le matériau de maçonnerie tout indiqué. Elle s'harmonise parfaitement avec un palier d'entrée en pavés de terre cuite (pages 143 à 145). Si vous devez prévoir une fondation, coulez une dalle de béton qui soit séparée des structures adjacentes, telles que le palier ou la fondation de la maison, par des joints d'isolation (étape 2, page 230).

## Comment construire une jardinière en hypertuf

**Tout ce dont vous avez besoin**

OUTILS : mètre à ruban, scie sauteuse, règle rectifiée, perceuse, scie à métaux, brouette, marteau, grattoir à peinture, brosse métallique, torche à propane, seau.

MATÉRIEL : panneau isolant en polystyrène de 2 po, ruban adhésif, vis de 3½ po, tuyau en PVC de 4 po de diamètre, ciment Portland, tourbe, perlite, fibre de verre, teinture pour béton.

**Dimensions du moule**

Parois extérieures : 32 po x 22 po (1 pour le fond), 32 po x 11 po (2 pour les côtés), 18 po x 11 po (2 pour les extrémités)

Parois intérieures : 24 po x 7 po (2 par côté), 10 po x 7 po (3 pour les extrémités et le support central)

**1** À l'aide d'une règle rectifiée et d'une scie sauteuse, mesurez, délimitez et coupez les morceaux du moule extérieur. Pour les assembler, placez les morceaux d'extrémité entre les morceaux des côtés et fixez le tout au moyen de vis de 3½ po, enfoncées à l'endroit des joints. Renforcez chaque joint avec du ruban adhésif. Placez le fond sur le rectangle ainsi formé et fixez-le au moyen de vis et de ruban adhésif. Assemblez les parois intérieures en suivant la même méthode. Coupez deux morceaux de 2 po de tuyau en PVC de 4 po de diamètre.

**2** Préparez l'hypertuf (pages 96 et 97). Placez verticalement dans l'axe longitudinal du coffrage extérieur les bouts de tuyau en PVC qui serviront de trous de drainage. Étalez une couche d'hypertuf dans le fond du moule et autour des tuyaux en PVC ; damez l'hypertuf et rajoutez-en jusqu'à ce qu'il forme une couche ferme et uniforme de 2 po d'épaisseur.

**3** Introduisez le coffrage intérieur dans le coffrage extérieur et centrez-le sur la couche d'hypertuf. Ajoutez de l'hypertuf entre les deux coffrages et damez-le uniformément pour former les parois de la jardinière. Progressez ainsi jusqu'à ce que l'hypertuf affleure le bord des coffrages. Égalisez la surface à l'aide d'une truelle.

**4** Couvrez la jardinière d'une feuille de plastique ou d'une bâche et laissez-la sécher pendant 48 heures minimum. S'il fait exceptionnellement chaud, enlevez de temps en temps la feuille de plastique et aspergez la jardinière d'eau, pendant le séchage. Enlevez le coffrage extérieur. Si les parois vous paraissent suffisamment sèches pour que vous ne risquiez pas d'abîmer la jardinière en la manipulant, séparez prudemment le coffrage intérieur et enlevez-le. Dans le cas contraire, laissez sécher la jardinière 24 heures de plus. Lorsqu'elle sera démoulée, la jardinière présentera une surface hérissée de fibres de verre.

**5** Pour lui donner un aspect rustique, arrondissez les bords et les coins de la jardinière avec un marteau et raclez sa surface avec un grattoir à peinture ou la lame d'un tournevis. Brossez toute la surface à l'aide d'une brosse métallique. Laissez-la sécher et rincez-la avec du vinaigre (page 97) pour réduire son alcalinité et ainsi protéger les plantes que vous y installerez. Lorsque la jardinière est tout à fait sèche, brûlez les fibres de verre qui hérissent sa surface au moyen d'une torche à propane. Passez rapidement la flamme de la torche sur la surface, sans vous attarder plus d'une seconde ou deux au même endroit. Si des poches d'humidité subsistent, l'eau risque de s'échauffer au point de former de la vapeur et de causer de petites explosions laissant des trous dans la jardinière.

### CONSEIL : comment favoriser la formation de mousse

La mousse permet à l'hypertuf et aux autres éléments du jardin de se fondre dans le paysage comme s'ils s'y étaient toujours trouvés. Si vous voulez accélérer sa formation naturelle, voici plusieurs manières de vous y prendre. Ces recettes donnent de meilleurs résultats si vous installez l'élément dans un endroit humide et ombragé.

- Badigeonnez l'hypertuf de babeurre avant d'y coller des plaques de mousse fraîche. Aspergez de temps en temps la surface en attendant que la mousse se forme.

- Badigeonnez la surface avec de l'eau provenant d'un vivier ou d'un jardin aquatique : ces eaux contiennent généralement des spores de moisissure. Répétez l'opération plusieurs fois au cours de la journée et badigeonnez ensuite la surface avec une solution composées de deux cuillers à soupe de colle blanche ordinaire dissoute dans un litre d'eau.

- Mélangez 8 onces d'argile bleue ou d'argile à porcelaine à 3 tasses d'eau. Ajoutez une tasse d'émulsion d'engrais de poisson et une tasse de mousse fraîche. Mélangez bien le tout et badigeonnez-en la surface de l'élément décoratif.

## Comment construire une jardinière en briques

**Tout ce dont vous avez besoin**

OUTILS : cordeau de maçon, niveau de cordeau, perceuse, niveau, pelle, râteau, bêche, brouette, pilon manuel, maillet en caoutchouc, mirette, mètre à ruban, balai, truelle de maçon.

MATÉRIEL : mortier de type S, briques, vis, bois scié de 1 po x 4 po, piquets, coffrage pour béton en bois scié de 1 po x 4 po, pavés de terre cuite, gravier compactable, tube en cuivre ou en PVC de ⅜ po de diamètre, sable, panneau isolant, briques de couronnement, géomembrane.

**1** Délimitez l'emplacement (pages 36 à 39) à l'aide de piquets, de cordeaux de maçon et d'un niveau de cordeau. Coulez une dalle de béton qui servira de fondation. Si l'ouvrage est important, vous devrez couler une dalle résistant au gel ; vérifiez ce point dans le code du bâtiment en vigueur dans votre région.

**2** Excavez le sol à l'emplacement de la construction, installez le coffrage et les panneaux isolants et coulez la base en béton (pages 39 à 41 et 56 à 59). Laissez sécher la fondation pendant trois jours avant d'y construire quoi que ce soit. Enlevez le coffrage et coupez les panneaux isolants au niveau des ouvrages adjacents, tel le palier de l'illustration ci-dessus. CONSEIL : recouvrez de plastique les surfaces adjacentes pour les protéger.

**3** Posez à sec la première assise de l'ouvrage et délimitez ensuite son emplacement sur la surface en béton. Humidifiez légèrement la surface, préparez le mortier et étalez-en dans un coin (pages 28 à 31). Avant de poser les briques tartinez-les du côté où elles accoteront à la brique précédente (pages 72 et 73).

**4** Posez un côté de la première assise en vérifiant régulièrement, à l'aide d'un niveau, si les briques sont horizontales et au même niveau. Posez deux briques de retour de coin perpendiculairement aux briques extrêmes de ce côté de l'assise et vérifiez avec un niveau si les extrémités de ces deux briques sont sur le même plan.

**5** Installez des tubes de drainage dans la première rangée de briques, sur le côté le plus éloigné des structures permanentes. Coupez des morceaux de tube en cuivre ou en PVC de 3/8 po de diamètre, de manière qu'ils aient une longueur supérieure de 1/4 po à la largeur d'une brique, et placez-les dans les joints de mortier séparant les briques, en les enfonçant dans le mortier jusqu'à ce qu'ils touchent la fondation. Assurez-vous que le mortier ne les obstrue pas.

**6** Achevez de construire les autres côtés de la première assise. Si vous choisissez un modèle en panneresse, posez la deuxième assise en inversant la direction des briques de coin pour créer des joints verticaux alternés. Posez ainsi, une à une, toutes les assises (pages 72 et 73). Vérifiez fréquemment si les briques sont au même niveau et si les côtés de l'ouvrage sont d'aplomb.

**7** Posez les briques de couronnement pour empêcher l'eau de pénétrer dans les cavités des briques et pour embellir l'ouvrage. Posez les briques de couronnement sur un lit de mortier de 3/8 po, en tartinant une extrémité de chaque brique avant de la poser. Laissez sécher le mortier pendant une semaine. Avant de remplir la jardinière de terre, étalez-y une couche de 4 à 6 po de gravier, pour faciliter le drainage, et posez un revêtement en géomembrane sur le fond et les côtés de la jardinière, pour empêcher la saleté d'entrer dans les tubes de drainage et de les obstruer.

# Construire une borne d'entrée en pierres

La construction d'un pilier en pierres ressemble beaucoup à celle d'un mur en pierres, à cette différence près qu'il faut poser quatre pierres de coin par couche de surface réduite. Il faut trier soigneusement les pierres et conserver une grande pierre plate comme pierre de couronnement. On peut également achever la borne en posant une pierre taillée aux dimensions voulues ou une dalle de couronnement en béton.

Nous avons construit un pilier en moellons qui nécessite beaucoup de mortier à cause de la forme irrégulière des pierres. Pour que le pilier soit robuste et qu'il ait bel aspect, il faut que les joints n'excèdent pas 1/2 po d'épaisseur. S'il vous est impossible de respecter ce critère, vous pouvez « habiller » le joint en question en posant des fragments de pierre dans le mortier de finition. Avant de commencer les travaux, relisez les techniques à utiliser lorsqu'on travaille avec des pierres (pages 80 à 89).

> **Tout ce dont vous avez besoin**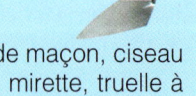
>
> OUTILS : boîte à mortier, bêche, truelle de maçon, ciseau et maillet de briqueteur, sac à mortier, mirette, truelle à jointoyer, brosse à poils raides.
>
> MATÉRIEL : mélange à béton, bois scié de 2 po x 4 po, vis de 2 1/2 po et de 3 po, huile végétale ou agent de démoulage commercial, moellons, mortier de type M, intercalaires en bois.

**Ses dimensions brutes** et le choix de moellons comme matériau de construction de ce pilier d'entrée lui donnent un aspect rustique. Pour construire un pilier plus imposant ou plus élégant, optez pour de la pierre de taille et un modèle plus classique.

## Comment construire un pilier d'entrée en pierres

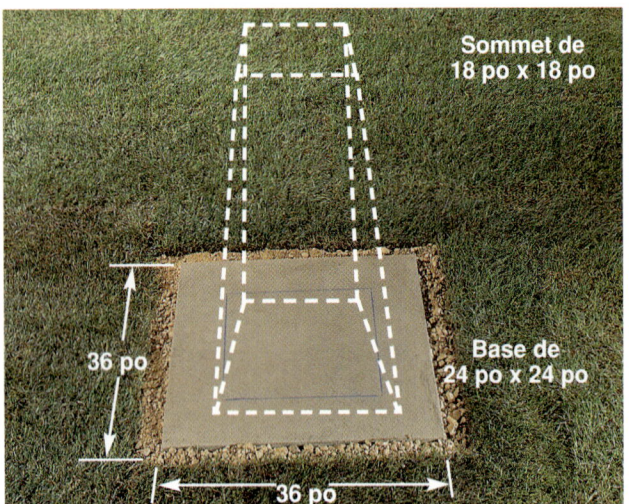

**1** Coulez une dalle dont la surface dépassera de 6 po la base du pilier dans toutes les directions (pages 56 à 59). Basez-vous sur la hauteur prévue du pilier et sur le fruit pour calculer la dimension de la fondation (page 190). Laissez sécher la fondation pendant une semaine.

**2** Triez les pierres en fonction de leurs dimensions et de leurs formes. Mettez de côté les pierres qui peuvent servir de pierres d'ancrage et de pierres de coin. Utilisez les plus grandes pierres près de la base. Posez à sec les pierres de pourtour de la première assise afin de déterminer comment les assembler.

**3** Étalez une couche de mortier de 1 po sur la fondation et posez les pierres de la première assise. Après avoir posé les pierres de pourtour, remplissez le centre de petites pierres et de mortier, en veillant à ce que le centre soit finalement plus bas que les pierres de pourtour.

**4** Remplissez de mortier les espaces entre les pierres de pourtour et faites des joints en retrait d'environ 1 po.

**5** Posez les pierres de chaque assise sur un lit de mortier, étalé sur l'assise précédente (pages 88 et 89). Décalez les joints verticaux et utilisez une mesure du fruit pour vérifier l'inclinaison du pilier. Posez des pierres d'ancrage qui iront jusqu'au centre du pilier. Utilisez des intercalaires en bois pour supporter les grosses pierres en attendant que le mortier prenne.

**6** Lorsque le mortier est assez dur pour résister à une légère pression du doigt, lissez les joints, qui sont en retrait d'environ 1 po, à l'aide d'une mirette. Enlevez les intercalaires et remplissez les trous qu'ils laissent dans le mortier. Enlevez les traces de mortier séchées à l'aide d'une brosse à poils raides.

**7** Étalez une couche de mortier et posez la pierre de couronnement. Lissez ensuite les joints comme à l'étape 6. À l'aide d'un sac à mortier et d'une truelle à joints, faites des joints en saillie comme s'il s'agissait d'un mur en pierres (étapes 13 et 14, page 201). Laissez sécher l'ouvrage jusqu'au lendemain. Aspergez régulièrement le mortier d'un brouillard d'eau jusqu'à ce qu'il durcisse complètement, c'est-à-dire pendant une semaine.

# Construire un barbecue

Le barbecue présenté ici est à double paroi : le mur intérieur est construit en briques réfractaires, posées sur chant, et il entoure la zone de cuisson, tandis que le mur extérieur est construit en briques de construction, plus grandes que les briques ordinaires, ce qui diminue le nombre de briques nécessaires. Vous devrez adapter la construction du barbecue à la dimension de la brique que vous avez choisie. Les murs sont séparés par une couche d'air de 4 po qui isole la zone de cuisson. On a choisi un couronnement en minces pierres de taille.

Nous vous recommandons d'utiliser du mortier réfractaire (page 29) avec la brique réfractaire. Il supporte la chaleur, et ses joints résisteront plus longtemps à la fissuration. Demandez au marchand de briques de votre localité de vous conseiller un mortier réfractaire à usage extérieur.

La fondation est formée d'une base de 12 po d'épaisseur supportant une dalle en béton armé. Cette combinaison, appelée fondation flottante, a l'avantage de se déplacer comme un tout lorsque les changements de température font travailler le terrain. Demandez à l'inspecteur des bâtiments quelles sont les prescriptions du code du bâtiment local à ce sujet.

**Tout ce dont vous avez besoin**

Outils : mètre à ruban, marteau, ciseau de briqueteur, cordeau de maçon, pelle, cisaille de type aviation, scie alternative ou scie à métaux, bêche de maçonnerie, aplanissoir en bois, cordeau traceur, niveau, brouette, truelle de maçon, mirette.

Matériel : piquets de jardin, bois scié de 2 po x 4 po, treillis d'épaisseur 18 en acier galvanisé, barres d'armature n° 4, fil de ligature d'épaisseur 16, supports d'armature, briques réfractaires (4 1/2 po x 2 1/2 po x 9 po), briques de construction (4 po x 3 1/5 po x 8 po), mortier de type N, mortier réfractaire, cheville de 3/8 po de diamètre, ancrages métalliques, attaches en T de 4 po, briques de construction (4 po x 2 po x 12 po), produit de scellement pour briques, treillis en acier inoxydable déployé (23 3/4 po x 30 po), grilles de cuisson (23 5/8 po x 15 1/2 po), cendrier.

**Note relative aux briques :** les dimensions des briques recommandées ici vous permettent de construire le barbecue sans avoir à casser de nombreuses briques. Si ces briques sont difficiles à trouver dans votre région, le marchand de votre localité pourra vous aider à adapter les dimensions de votre ouvrage aux différentes dimensions de briques qu'il vous propose.

## Comment couler une fondation flottante

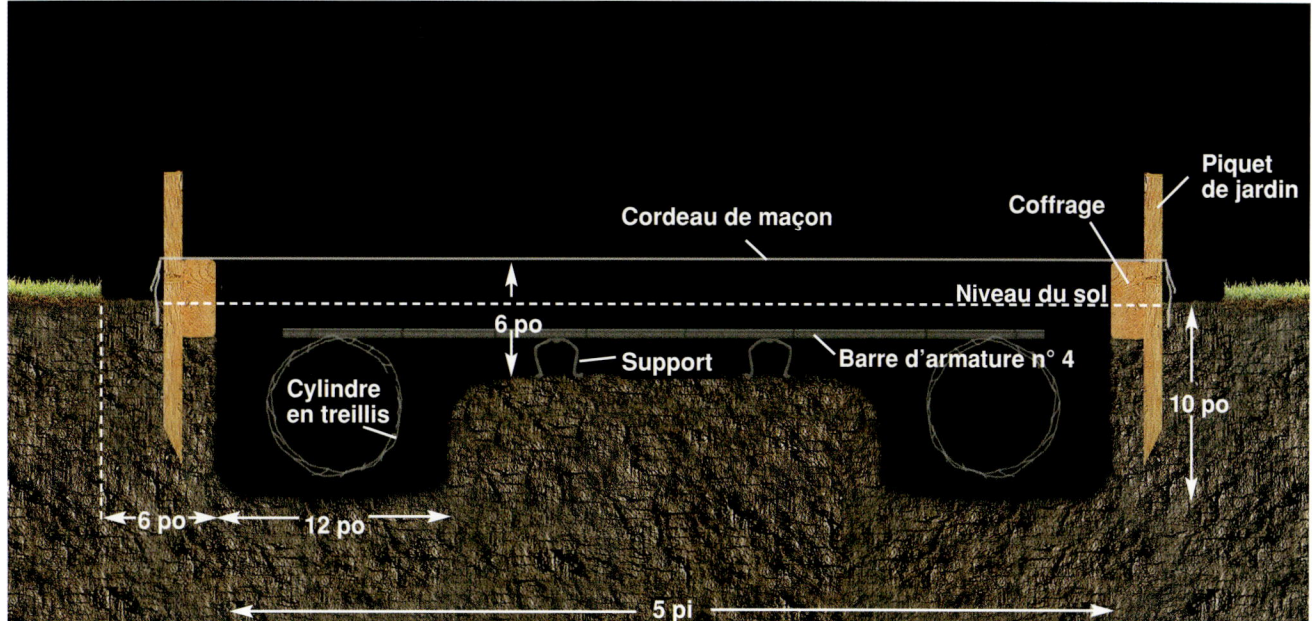

Délimitez un emplacement de 4 pi x 5 pi. Creusez une tranchée continue de 12 po de large et 10 po de profondeur le long du périmètre de cette zone, en laissant un monticule au centre. Enlevez une épaisseur de 4 po du monticule et des bords de la tranchée. Installez un coffrage en bois scié de 2 po x 4 po (page 40) autour de la tranchée, qui dépasse le niveau du sol de 2 po à l'arrière et de 1 1/2 po à l'avant. Cette pente facilitera l'évacuation de l'eau. Renforcez la fondation avec du treillis métallique et cinq barres d'armature de 52 po de long. Utilisez un cordeau de maçon et un niveau de cordeau pour vous assurer que le coffrage est à niveau des deux côtés. Enroulez le treillis en cylindres de 6 po de diamètre et coupez les cylindres pour qu'ils s'insèrent entre les parois de côté de la tranchée. Attachez les barres d'armature aux cylindres, de manière que les extrémités de l'ensemble se trouvent à 4 po des parois avant et arrière de la tranchée et que l'ensemble soit centré par rapport aux côtés de la tranchée. Espacez uniformément les trois autres barres d'armature entre les deux barres extrêmes. Utilisez des supports d'armature là où c'est nécessaire pour que les barres soient suspendues dans le béton. Enduisez le coffrage d'huile végétale et coulez le béton (pages 46 à 49).

## Comment construire un barbecue

**1** Après avoir laissé la fondation durcir pendant une semaine, tracez au cordeau le contour intérieur du mur en briques réfractaires. Pour ce faire, tirez une ligne à 4 po du bord avant de la fondation, puis une ligne centrale qui lui est perpendiculaire. Tracez un rectangle de 24 po x 32 po dont la ligne à 4 po du bord formera un côté et dont l'axe sera la ligne centrale.

**2** Posez à sec la première assise de briques réfractaires sur le pourtour du rectangle, en les espaçant de 1/8 po. NOTE : le mur intérieur doit être placé précisément, car il doit supporter les grilles de cuisson. Posez une brique entière contre la ligne, à 4 po du bord, qui marquera le début des côtés droit et gauche du mur. Achevez l'assise avec une brique coupée, au milieu du côté court du mur.

Suite à la page suivante

## Comment construire un barbecue (suite)

**3** Posez à sec le mur extérieur, comme le montre l'illustration, en utilisant des briques de construction de 4 po x 3 1/5 po x 8 po, espacées de 3/8 po. La face arrière du mur doit se trouver à 3/8 po de la dernière brique réfractaire du côté gauche du mur intérieur. Achevez le côté gauche du mur extérieur en posant une brique coupée, au milieu du côté du mur. Tracez les lignes de référence du mur extérieur.

**4** Préparez un poteau de référence (page 191). D'un côté, indiquez huit rangées de briques réfractaires, en laissant un espace de 3/8 po pour le joint de mortier inférieur et de 1/8 po pour les autres joints. Le sommet de la dernière rangée doit se trouver à 36 po du bord inférieur. Reportez la ligne supérieure de l'autre côté du poteau. Marquez l'emplacement de 11 rangées de briques de construction, en les espaçant uniformément, de manière que la dernière rangée affleure la ligne indiquant 36 po. Chaque joint de mortier horizontal aura une épaisseur légèrement inférieure à 1/2 po.

**5** Étalez un lit de mortier réfractaire (page 29) pour former un joint de 3/8 po le long des lignes de référence du mur intérieur et posez la première rangée de briques réfractaires, en espaçant celles-ci de 1/8 po.

**6** Posez la première rangée du mur extérieur, en utilisant du mortier de type N (page 29). Utilisez des chevilles huilées de 3/8 po pour créer des trous de drainage, derrière la première brique des côtés gauche et droit du mur. Posez alternativement les rangées des murs intérieur et extérieur, en vérifiant votre travail à l'aide du poteau de référence et d'un niveau, toutes les deux rangées.

**7** Posez la deuxième rangée du mur extérieur en commençant par une demi-brique, aboutée à chaque côté du mur intérieur, et achevez de poser la rangée. Pour décaler les joints entre les rangées, vous devrez utiliser, dans cette deuxième rangée, à deux reprises, une brique coupée aux trois quarts de sa longueur.

**8** Placez des attaches métalliques entre les coins des murs intérieur et extérieur, lors de la pose des deuxième, troisième, cinquième et septième rangées. Placez-les aux jonctions frontales et le long des faces arrière des murs. Faites un joint de mortier à l'endroit où le côté gauche du mur intérieur rencontre la face arrière du mur extérieur.

**9** Lissez les joints de mortier à l'aide d'une mirette, lorsque le mortier a suffisamment durci pour résister à une légère pression du doigt. Vérifiez les joints des deux murs après avoir posé plusieurs rangées, car le temps de durcissement du mortier varie selon le type de mortier utilisé.

**10** Installez les attaches en T qui supporteront les grilles de cuisson après avoir posé la cinquième, la sixième et la septième rangées. Utilisez des attaches de 4 po de large dont les branches n'auront pas plus de 3/32 po d'épaisseur. Placez-les le long des côtés du mur intérieur, leur axe se trouvant à 3, 12, 18 et 27 po du fond du mur en briques réfractaires.

**11** Après avoir terminé la pose des deux murs, installez les pierres de couronnement. Étalez sur le sommet des murs intérieur et extérieur du mortier de type N pour former un joint de 3/8 po d'épaisseur. Posez les pierres de couronnement à plat sur les murs, une extrémité affleurant la face intérieure du mur en briques réfractaires. Assurez-vous que les pierres sont de niveau et lissez les joints lorsqu'ils ont suffisamment durci. Après une semaine, imperméabilisez les pierres de couronnement et les joints qui les séparent avec un produit de scellement pour briques, et installez les grilles de cuisson.

# Réparations de maçonnerie

Avant — Après

**Les réparations bien effectuées** redonnent aux ouvrages et aux surfaces en béton leur apparence et leur fonctionnalité. En travaillant soigneusement, on parvient à réaliser une réparation invisible, comme le montre l'illustration ci-dessus.

# Réparation du béton

Bien que le béton reste un des matériaux de construction les plus durables, il faut l'entretenir et parfois le réparer. Le gel et le dégel, l'utilisation de techniques de finition inappropriées, une assise défectueuse ou une armature insuffisante sont autant de conditions qui peuvent entraîner la détérioration du béton. En réglant ces problèmes dès qu'on les découvre, on évite l'aggravation subséquente des dommages qui peuvent rendre la réparation plus difficile, sinon impossible.

Les réparations du béton peuvent aller de la simple opération de nettoyage et d'imperméabilisation à l'enlèvement et au remplacement de sections entières d'un ouvrage. Les réparations les plus fréquentes consistent à remplir des fissures et à réparer des défauts de surface.

Le rechargement de la surface – qui consiste à recouvrir l'ancienne surface d'une couche de béton frais – fait aussi partie des réparations le plus souvent efficaces dans le cas d'écaillage, de faïençage ou d'éclatement (page 243), problèmes mineurs qui altèrent l'apparence du béton plutôt qu'ils ne détériorent l'ouvrage même. Ces problèmes découlent souvent d'une préparation inadéquate du béton ou de l'utilisation de techniques de finition inappropriées.

Comme toujours, la réussite de la réparation dépend en grande partie de la qualité de sa préparation et des produits utilisés pour la réaliser. On fabrique aujourd'hui des produits spéciaux qui permettent d'effectuer presque toutes les réparations. Avant d'acheter ces produits, lisez attentivement les informations concernant leur utilisation : certains d'entre eux sont incompatibles avec d'autres produits.

Une réparation de qualité peut durer plus longtemps que le reste de l'ouvrage, mais en cas de dommage structural, la réparation du béton n'est qu'un palliatif. Cependant, en utilisant les bons produits et les techniques appropriées, il est possible d'effectuer des réparations esthétiques qui amélioreront l'apparence de la surface tout en empêchant la dégradation de s'étendre.

Mais le point suivant est sans doute le plus important à garder à l'esprit lorsqu'on répare le béton : le séchage augmente la durabilité de la réparation, ce qui signifie qu'il faut couvrir de feuilles de plastique les surfaces réparées et les garder humides pendant au moins une semaine (pages 52 et 53). Par temps sec et chaud, soulevez occasionnellement les feuilles de plastique et aspergez le béton d'un brouillard d'eau.

## Produits de réparation du béton

**Les produits de réparation du béton** comprennent le produit de ragréage au vinyle (A) pour remplir les trous, les cratères et les larges fissures ; le ciment hydraulique (B) pour réparer les fondations, les murs de retenue et les ouvrages se trouvant dans d'autres endroits humides ; le ciment à prise rapide (C), pour réparer les surfaces verticales et les surfaces de forme inhabituelle ; le ciment d'ancrage (D), pour fixer la quincaillerie dans le béton ; les imperméabilisants pour béton (E) ; les produits de rechargement (F), pour poser une couche de béton frais sur le béton endommagé ; la peinture pour béton (G) ; le mastic de jointoiement (H) ; le bouche-fentes imperméabilisant (I) ; le nettoyant pour béton (J) ; le produit renforçateur pour béton (K) ; l'adhésif de liaisonnement (L), pour préparer la zone à réparer ; le mélange de sable à béton (M), pour les réparations générales et le rechargement des surfaces.

## Conseils pour camoufler les réparations

**Ajouter du pigment pour béton** au produit de ragréage afin d'obtenir la même couleur que celle du béton original. Vous trouverez le mélange de pigment et de ciment de ragréage qui convient, en effectuant plusieurs mélanges. Laissez sécher les échantillons pour découvrir leur couleur réelle.

**Utilisez de la peinture de maçonnerie** pour recouvrir les réparations. Vous pouvez utiliser cette peinture sur des surfaces verticales ou horizontales, mais les surfaces à fort passage nécessiteront des retouches plus fréquentes ou une nouvelle couche de peinture.

# Diagnostiquer les problèmes de béton

Il y a deux grandes catégories de détériorations du béton : la détérioration structurale – qui est habituellement provoquée par des forces extérieures telles que la congélation de l'eau – et les dommages ou défauts de surface, qui sont souvent causés par l'utilisation de techniques de finition inappropriées ou de béton contenant de mauvaises proportions d'eau et de ciment. On peut parfois réparer de manière permanente les problèmes de surface en utilisant les produits et les techniques adéquats. Lorsque la détérioration est plus importante, on peut, dans un but esthétique, utiliser des produits de ragréage qui freineront la progression des dégâts, mais il faudra finalement remplacer l'ouvrage.

## Problèmes courants de béton

**L'affaissement du béton** est habituellement causé par l'érosion de l'assise. Il est possible de soulever certains ouvrages, comme les trottoirs, afin de réparer l'assise, puis de les reposer. Une solution employée plus fréquemment – et qui est plus fiable – consiste à faire appel à un entrepreneur en injection de boue, qui relèvera la surface en injectant sous celle-ci de la boue contenant du ciment.

**Le soulèvement par le gel** est fréquent dans les régions froides. Le sol gelé exerce une poussée vers le haut qui peut soulever des sections d'une dalle en béton. La meilleure solution consiste à casser les sections soulevées et à les enlever, afin de pouvoir réparer l'assise, puis de couler de nouvelles sections, séparées par des joints d'isolation (page 37).

**L'accumulation d'humidité** se produit dans des ouvrages en béton tels que les fondations et les murs de retenue, qui sont constamment en contact avec le sol. Découvrez la source d'humidité en collant un morceau de feuil métallique sur le mur. Si de l'eau apparaît à la surface du feuil, l'humidité provient probablement de la condensation, problème que l'on corrige en installant un déshumidificateur. Si aucune trace d'humidité n'apparaît sur le feuil, c'est le signe que de l'eau traverse le mur. Dans ce cas, consultez un maçon de métier pour remédier à cette situation.

**Les taches** peuvent déparer une surface ou un ouvrage en béton. On peut les enlever au moyen d'un nettoyant pour béton ou de différents autres produits chimiques (page 255). Pour protéger les surfaces maçonnées contre les taches, imperméabilisez-les à l'aide d'un produit de scellement transparent (pages 54 et 55).

**La fissuration généralisée,** c'est-à-dire étendue à toute la surface, et d'autres formes de détérioration superficielle substantielle, sont très difficiles à réparer. Si la détérioration de la surface est généralisée, enlevez-la et remplacez l'ouvrage.

**Les fissures isolées** sont fréquentes dans les ouvrages de construction. Remplissez les petites fissures de pâte à calfeutrer de béton ou de bouche-fentes (pages 250 et 251), et réparez les larges fissures avec un produit de ragréage au vinyle (pages 248 et 249).

**L'éclatement** peut être causé par la congélation de l'eau dans le mur ou par des contraintes, mais il est le plus souvent dû au talochage ou au séchage initiaux insatisfaisants de la surface bétonnée, occasionnant l'expulsion de particules de granulat se trouvant près de la surface. Quelques éclats par-ci par-là ne requièrent aucune mesure particulière, mais si ce phénomène est généralisé, vous pouvez réparer la surface comme vous répareriez des trous (pages 248 et 249).

**L'écaillage** est une détérioration de la surface du béton causée par un talochage initial excessif, qui a drainé trop d'eau vers la surface, ce qui l'a affaiblie et a provoqué à la longue son écaillage. L'écaillage est habituellement généralisé et nécessite souvent le rechargement de la surface.

**Le faïençage** consiste en une multitude de fissures, généralement causées par un talochage initial excessif ou par une proportion trop élevée de ciment Portland dans le mélange de béton. Il faut alors nettoyer la surface et l'imperméabiliser pour éviter que le faïençage ne se propage. La solution à long terme est de recharger la surface (pages 112 et 113).

# Réparation des escaliers

Les escaliers exigent plus d'entretien et de réparations que les autres ouvrages en béton entourant la maison, en raison de l'usage intensif qu'on en fait. Vous pouvez traiter les surfaces horizontales des escaliers avec les produits que vous utiliseriez pour réparer les autres surfaces maçonnées et en utilisant les mêmes techniques (pages 247 à 249). Pour réparer les surfaces verticales, utilisez du ciment à prise rapide que vous modèlerez pour lui donner la forme voulue.

### Tout ce dont vous avez besoin

OUTILS : truelle, brosse métallique, pinceau, scie circulaire munie d'une lame pour maçonnerie, ciseau, taloche, fer à bordures.

MATÉRIEL : bois scié non utilisé, huile végétale ou agent de démoulage commercial, agent de liaisonnement au latex, composé de ragréage au vinyle, ciment à prise rapide, feuilles de plastique.

**On peut réparer les dommages isolés** des surfaces d'un escalier, comme le cratère profond de la marche ci-dessus, et redonner ainsi à l'escalier l'aspect du neuf. Mais si les dommages sont trop importants, il faut remplacer tout l'escalier (pages 130 à 135).

## Comment réparer un coin de marche cassé

**1** Récupérez si possible le morceau de coin détaché et, à l'aide d'une brosse métallique, nettoyez-le, ainsi que la surface de contact de l'escalier. Enduisez les deux surfaces d'agent de liaisonnement au latex. Si vous ne pouvez pas récupérer le morceau de coin, façonnez un nouveau coin avec du ciment à prise rapide (page 246).

**2** Étalez une couche épaisse de composé de ragréage au vinyle sur les surfaces de contact et pressez le morceau cassé en place. Appuyez une lourde brique ou un lourd bloc de béton contre le coin réparé, jusqu'à ce que le composé de ragréage ait pris (c'est-à-dire pendant environ 30 minutes). Couvrez la réparation d'une feuille de plastique et évitez le passage pendant au moins une semaine.

## Comment ragréer le coin d'une marche

**1** Nettoyez le béton ébréché avec une brosse métallique. Enduisez la surface brossée d'agent de liaisonnement au latex.

**2** Mélangez le composé de ragréage avec l'agent de liaisonnement, conformément aux instructions du fabricant. Appliquez le mélange sur la zone à réparer, puis lissez les surfaces et arrondissez les bords, si nécessaire, avec un ciseau flexible ou une truelle.

**3** Appliquez des morceaux de bois scié contre la réparation, en guise de coffrage et maintenez-les en place à l'aide de ruban adhésif. Au préalable, enduisez d'huile végétale ou d'agent de démoulage l'intérieur des morceaux de bois. Enlevez les morceaux de bois lorsque la réparation est ferme au toucher. Couvrez la réparation d'une feuille de plastique et évitez le passage à cet endroit pendant au moins une semaine.

## Comment réparer les girons des marches d'escalier

**1** À l'aide d'une scie circulaire munie d'une lame pour maçonnerie, faites une entaille dans le giron, le long de l'endroit abîmé, inclinée vers le fond de la marche. Faites une autre entaille sur la contremarche, en dessous de l'endroit abîmé et, à l'aide d'un ciseau, enlevez la partie de la marche située entre les deux entailles.

**2** Fabriquez un coffrage en coupant une planche de la même hauteur que la contremarche. Enduisez un côté de la planche d'huile végétale ou d'agent de démoulage, pour l'empêcher d'adhérer à la réparation, appuyez-la contre la contremarche de la marche abîmée et maintenez-la en place au moyen de lourds blocs de béton. Assurez-vous que le dessus du coffrage arrive au ras du giron à réparer.

**3** À l'aide d'un pinceau propre, appliquez un agent de liaisonnement au latex sur l'endroit à réparer et attendez qu'il soit collant (pas plus de 30 minutes) avant d'enfoncer avec une truelle un mélange ferme de ciment à prise rapide dans le creux de la partie abîmée de la marche.

**4** Lissez le béton avec une taloche et laissez-le durcir pendant quelques minutes. Arrondissez l'arête du giron avec un fer à bordures. Utilisez une truelle pour couper le bord de la partie réparée de sorte qu'elle affleure le côté de la marche. Couvrez la réparation d'une feuille de plastique et attendez une semaine avant d'autoriser le passage à cet endroit.

**Utilisez du ciment** hydraulique ou du ciment à prise rapide pour réparer les trous et les ébréchures des surfaces verticales. Ces produits prennent en quelques minutes, ce qui permet de les façonner pour qu'ils remplissent les trous, sans devoir recourir à des coffrages. Si la surface est constamment exposée à l'humidité, utilisez un ciment hydraulique.

# Réparation des trous

Le mode de réparation des trous dans le béton diffère selon qu'il s'agit de trous de petite ou de grande dimension. Le produit de ragréage au vinyle est le meilleur produit de réparation des petits trous (trous de moins de ½ po de profondeur), mais on ne peut appliquer les produits de ragréage renforcés qu'en couches de ½ po maximum. Lorsque les trous sont plus profonds, il faut utiliser un mélange de sable à béton additionné d'un renforçateur acrylique ou au vinyle, que l'on peut appliquer en couches ayant jusqu'à 2 po.

Les réparations du béton seront plus efficaces si vous effectuez des coupes nettes et en queue d'aronde (page 250) autour de la zone endommagée pour favoriser l'accrochage du produit de ragréage utilisé. Si le découpage du béton endommagé est important, il vaut mieux commencer par entailler le béton à l'aide d'une scie circulaire munie d'une lame pour maçonnerie et achever le travail avec un ciseau et un maillet.

> **Tout ce dont vous avez besoin** 
>
> OUTILS : truelles, perceuse équipée d'un disque à meuler la maçonnerie, scie circulaire munie d'une lame pour maçonnerie, tranche à froid, maillet, pinceau, règle à araser, taloche.
>
> MATÉRIEL : bois scié non utilisé, huile végétale ou agent de démoulage, ciment hydraulique, agent de liaisonnement au latex, produit de ragréage renforcé au vinyle, mélange de sable, renforçateur de béton, feuilles de plastique.

**CONSEIL :** vous améliorerez l'aspect des surfaces de béton réparées en leur appliquant une couche de peinture hydrofuge pour béton après les avoir laissées sécher pendant au moins une semaine. La peinture pour béton est conçue pour résister au farinage et à l'efflorescence.

## Comment réparer des zones endommagées plus étendues

**1** Tracez des lignes de coupe droites entourant la zone endommagée et entaillez le béton le long de ces lignes à l'aide d'une scie circulaire munie d'une lame pour maçonnerie, en inclinant la lame de 15° pour favoriser l'accrochage de la réparation. À l'aide d'un ciseau et d'un maillet, enlevez le reste du béton à remplacer dans la zone abîmée. CONSEIL : posez le pied de la scie sur une planchette de bois pour le protéger la scie du béton.

**2** Préparez un mélange de sable à béton contenant un renforçateur de béton à base de vinyle et remplissez-en la zone endommagée, en empiétant légèrement sur la surface avoisinante.

## Calfeutrage des fentes entourant la maçonnerie

**3** Utilisez une taloche pour lisser la réparation et l'amincir jusqu'à ce qu'elle affleure la surface qui l'entoure. Donnez à la surface réparée l'aspect de fini de la surface originale, à l'aide d'un balai par exemple (page 52). Recouvrez la réparation de plastique et protégez-la contre le passage pendant une semaine minimum.

**Les fentes existant entre** un mur de béton et une fondation peuvent occasionner des infiltrations, sources d'humidité dans le sous-sol. Réparez ces fentes en les calfeutrant à l'aide d'une pâte à calfeutrer le béton.

## Comment réparer les petits trous

**1** À l'aide d'un disque pour meuler la maçonnerie, monté sur une perceuse – ou en utilisant un ciseau et un maillet –, entaillez le béton autour de la zone endommagée. Inclinez les bords de l'entaille de 15° pour favoriser l'accrochage de la réparation. À l'aide du ciseau et du maillet, enlevez le béton restant de détaché pour faire le travail. Portez toujours des gants et des lunettes de sécurité.

**2** Appliquez une mince couche d'agent de liaisonnement au latex. Ce produit adhérera à la surface endommagée et constituera une bonne surface de liaisonnement pour le produit de ragréage. Attendez que cette couche devienne collante (pas plus de 30 minutes) avant de passer à l'étape suivante.

**Calfeutrez le joint de la lisse basse,** c'est-à-dire la planche horizontale marquant l'endroit où la maison repose sur la fondation. Faites-le régulièrement pour éviter les pertes thermiques.

**3** Remplissez la zone endommagée de produit de ragréage au vinyle, en appliquant celui-ci par couches de ¼ po à ½ po d'épaisseur. Attendez à peu près 30 minutes entre les couches et poursuivez l'application jusqu'à ce que le produit dépasse légèrement la surface bétonnée. Amincissez les bords de la réparation, couvrez celle-ci de plastique et protégez la réparation contre le passage pendant une semaine, minimum.

# Colmatage des fentes

Les matériaux à utiliser et les méthodes à suivre pour réparer les fentes qui peuvent apparaître dans le béton dépendent de leur emplacement et de leur dimension. Lorsqu'il s'agit de fissures (fentes de moins de 1/4 po de large), vous pouvez faire une réparation rapide en bouchant ces fentes à l'aide de pâte grise à calfeutrer le béton. Pour une réparation durable, utilisez un bouche-fentes semi-solide ou du ciment de ragréage contenant un renforçateur (page 241). Les ciments de ragréage sont des polymères qui améliorent sensiblement les propriétés d'adhérence du ciment tout en lui conférant une certaine élasticité. Pour boucher les larges fentes apparaissant sur des surfaces horizontales, utilisez un mélange de sable à béton contenant un renforçateur ; sur les surfaces verticales, utilisez du ciment hydraulique ou un ciment à prise rapide. Il est essentiel de préparer soigneusement la surface fissurée pour assurer une bonne adhérence du produit appliqué.

> **Tout ce dont vous avez besoin**
>
> OUTILS : brosse métallique, perceuse munie d'une brosse métallique circulaire, tranche à froid, maillet, pinceau, truelle.
>
> MATÉRIEL : produit de ragréage au latex, produit de ragréage au vinyle, produit de calfeutrage, mélange de sable à béton, feuilles de plastique.

**Utilisez une pâte à calfeutrer le béton** pour réparer rapidement les petites fissures. Ce produit est pratique, mais il ne permet qu'une réparation à court terme qui améliorera l'aspect de la surface et empêchera la propagation des dommages dus à la pénétration de l'eau.

## Conseils pour préparer une surface fissurée en vue de la réparation

À l'aide d'une brosse métallique ou d'une perceuse équipée d'une brosse métallique circulaire, **débarrassez la fente de tous les débris** qu'elle contient, car leur présence rendrait la réparation inefficace et compromettrait l'adhérence du produit utilisé pour boucher la fente.

**Entaillez le béton avec un ciseau et un maillet,** de part et d'autre de la fente, pour créer une cavité en queue d'aronde (plus large à la base qu'en surface). La forme de l'entaille empêchera le produit de ragréage de sortir de la fente.

## Comment réparer les fissures

**1** Préparez la fissure en vue de la réparation (page précédente) et, à l'aide d'un pinceau, appliquez-y une mince couche de produit de ragréage au latex qui empêchera le produit de ragréage proprement dit de se détacher ou de sortir de la fissure.

**2** Préparez un mélange de produit de ragréage au vinyle et appliquez-le dans la fissure au moyen d'une truelle. Amincissez la couche de produit pour que la réparation affleure la surface environnante. Couvrez la surface de feuilles de plastique et protégez-la contre le passage pendant une semaine, minimum.

## Variantes en vue de la réparation des fentes larges

**Surfaces horizontales :** préparez la fente (page précédente), puis versez-y du sable, jusqu'à ½ po de la surface. Préparez le mélange de sable à béton, ajoutez le renforçateur et appliquez le mélange à la truelle dans la fente. À l'aide de la truelle, amincissez les bords de la réparation pour obtenir une surface uniforme.

**Surfaces verticales :** Préparez la fente (page précédente). Préparez le mélange de béton au vinyle ou de ciment hydraulique et appliquez-en une ou plusieurs couches de ¼ po à ½ po d'épaisseur dans la fente, jusqu'à ce que le produit déborde légèrement de la fente. Amincissez les bords de la réparation pour obtenir une surface uniforme et laissez sécher. Si la fente a plus de ½ po de profondeur, appliquez plusieurs couches de produit en laissant sécher celui-ci entre chaque opération.

# Réparations diverses du béton

Le béton des ouvrages qui entourent votre maison peut subir de multiples dommages dont la réparation n'est pas nécessairement expliquée dans les manuels de réparation, à savoir la réparation d'objets de forme complexe ou la réparation du parement en maçonnerie qui entoure la maison. Vous pouvez adapter les techniques de base à la plupart des réparations à effectuer. N'oubliez pas d'humidifier les surfaces de béton avant de les réparer, afin que la surface existante n'absorbe pas l'humidité du béton et des produits de ragréage. Assurez-vous de suivre les instructions du fabricant pour chacun des produits de réparation que vous utilisez.

**Si elles sont inclinées vers la maison, les dalles de béton** peuvent causer des dommages à la fondation et occasionner de l'humidité dans le sous-sol. Même horizontale, une dalle peut engendrer des problèmes. Songez à faire appel à un entrepreneur pour modifier l'inclinaison de la dalle en injectant sous le bord de la dalle se trouvant contre la fondation un mélange de boue et de ciment, pour le relever.

**Tout ce dont vous avez besoin**

OUTILS : couteau à mastic, truelle, maillet, ciseau, brosse métallique, cisaille de type aviation, perceuse, brosse à poils souples.

MATÉRIEL : ciment à prise rapide, papier émeri, treillis métallique, ancrages de maçonnerie, renforçateur acrylique pour béton, mélange de sable à béton.

## Comment réparer le béton d'objets de forme complexe

**1** Grattez tous les matériaux et les débris qui encombrent la zone endommagée et rincez-la ensuite à l'eau. Préparez le mélange de ciment à prise rapide et étendez-le sur la zone à réparer. Travaillez rapidement, car vous ne disposez que de quelques minutes avant que le ciment ne prenne.

**2** À l'aide d'une truelle et d'un couteau à mastic, façonnez le béton suivant la forme de l'objet à réparer. Lissez le béton dès qu'il prend. Lorsque le béton est sec, passez du papier émeri pour faire disparaître toutes les aspérités de la réparation.

## Comment réparer un parement en maçonnerie

**1** À l'aide d'une tranche à froid et d'un maillet, détachez toute la partie du parement qui s'effrite, se détache ou est endommagée, jusqu'à ce qu'il ne reste qu'une surface solide, en bon état. Prenez garde de ne pas endommager le mur, derrière le parement. À l'aide d'une brosse métallique, nettoyez la zone à réparer.

**2** Si le treillis métallique est en bon état, nettoyez-le dans la zone à réparer. Sinon, découpez-le avec une cisaille de type aviation. Placez du treillis neuf aux endroits dégarnis et fixez-le au mur au moyen d'ancrages de maçonnerie.

**3** Préparez le mélange de sable à béton et de renforçateur (ou le mélange de béton spécial pour réparer les murs) et appliquez-le à la truelle sur le treillis jusqu'à ce qu'il affleure la surface environnante.

**4** Recréez une texture de surface identique à celle de la surface environnante. Dans ce cas-ci, on a utilisé une brosse à poils souples pour rayer la surface. OPTION: pour que la réparation passe inaperçue, ajoutez le pigment adéquat dans le mélange de sable ou peignez la zone réparée lorsqu'elle est sèche (page 241).

# Nettoyage du béton coulé

La première réaction, lorsque béton est souillé par un déversement, c'est de mettre la main sur un puissant produit de nettoyage. Mais on peut enlever la saleté courante et la plupart des taches sur la maçonnerie avec de l'eau projetée par un puissant pulvérisateur. Si l'eau ne vient pas à bout de la tache, essayez un détergent pour maçonnerie, conçu pour être utilisé dans un pistolet laveur à haute pression. Vous devrez peut-être enlever les taches récalcitrantes à l'aide d'une brosse à poils raides ou les dissoudre dans un produit de nettoyage approprié (voir le tableau, à la page suivante). En dernier recours, vous pouvez utiliser une solution à 5 % d'acide chlorhydrique pour nettoyer le béton (page 23). NOTE : l'acide chlorhydrique peut provoquer des brûlures et peut altérer légèrement la couleur des surfaces maçonnées. Portez des vêtements protecteurs et recouvrez les plantes et les surfaces de bois avant de l'utiliser. Après l'application, rincez généreusement les surfaces avec du phosphate trisodique et lavez l'endroit à l'eau pour ôter tout résidu.

> **Tout ce dont vous avez besoin**
>
> Outils : pulvérisateur puissant, tuyau d'arrosage, brosse à poils raides, seau.
>
> Matériel : produits de nettoyage recommandés, imperméabilisant pour béton.

**On peut enlever beaucoup de taches** avec de l'eau et une brosse à poils raides. Consultez le tableau de nettoyage (page suivante) pour connaître les solvants et détergents spéciaux.

## Conseils pour le nettoyage et l'entretien du béton

**Ne laissez jamais un résidu** de solvant ou de détergent sur le béton. Rincez la surface avec du phosphate trisodique, puis de l'eau, à l'aide d'un tuyau d'arrosage ou d'un pulvérisateur puissant à jet en éventail. Laissez sécher le béton pendant 10 à 14 jours avant d'appliquer un imperméabilisant.

**Imperméabilisez le béton après l'avoir** laissé sécher et répétez l'opération tous les ans, ou après chaque nettoyage. Vous empêcherez ainsi l'eau de pénétrer dans le béton et de causer des fissures. Appliquez l'imperméabilisant à l'aide d'un rouleau à peinture, d'une raclette en caoutchouc ou d'un arrosoir.

## Produits de nettoyage pour béton

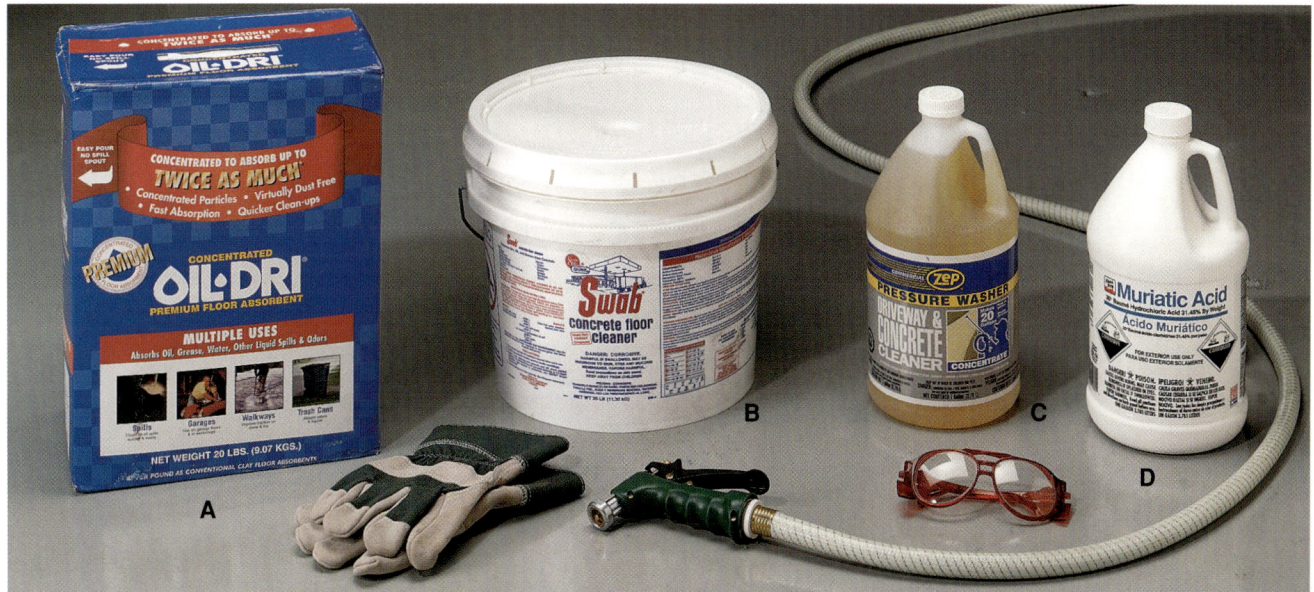

**La meilleure façon de nettoyer** le béton souillé par un déversement d'huile est d'absorber la plus grande partie de celle-ci à l'aide d'un produit de nettoyage absorbant l'huile (A). Enlevez ensuite le produit absorbant et nettoyez la surface à l'aide d'un pulvérisateur puissant contenant le détergent approprié, conçu spécialement pour les allées (B) ou les planchers de garage (C). On propose ces solutions pour les nettoyages généraux. Si les taches sont récalcitrantes, consultez le tableau ci-dessous pour trouver d'autres moyens d'enlever les différentes taches. Si, malgré tout, vous n'arrivez pas à bout des taches, une solution à 5 % d'acide chlorhydrique (D) réglera peut-être votre problème (page précédente). Portez des vêtements de protection et prenez les précautions indiquées sur le récipient contenant le produit.

**Solutions aux problèmes de nettoyage des surfaces en béton coulé**

| Tache | Solution | Tache | Solution |
| --- | --- | --- | --- |
| Asphalte, goudron, ou bitume | Ôtez le plus possible de matière en grattant l'endroit de la tache. Frottez avec de la poudre à récurer, de l'eau et une brosse à poils raides. | Efflorescence (dépôt de sels) | Enlevez le plus de matière possible à l'aide d'une brosse sèche et rincez ensuite à l'eau sous pression. |
| Sang | Mouillez l'endroit avec de l'eau. Portez des gants et un masque, et couvrez la tache d'une mince couche de peroxyde de sodium. Aspergez d'eau la poudre pour l'empêcher de s'envoler. AVERTISSEMENT : le peroxyde de sodium est un produit hautement toxique. Après quelques minutes, enlevez le plus de poudre possible en balayant la surface, débarrassez-vous de la poudre et lavez l'endroit à l'aide d'eau et d'une brosse à poils raides. | Huile, matières grasses | Dès que possible, couvrez l'endroit de produit commercial absorbant l'huile. Le ciment Portland, la sciure de bois, de la litière pour chats, de la semoule de maïs et de la fécule de maïs feront également l'affaire. Laissez le produit absorber l'huile, puis enlevez-le avec une pelle et rincez la surface avec de l'eau sous pression. |
| | | Peinture humide (à l'eau) | Absorbez la peinture avec des serviettes en papier ou des chiffons. Lavez l'endroit avec de la poudre à récurer, de l'eau et une brosse à poils raides. |
| Pâte à calfeutrer, gomme à mâcher | Ôtez le plus possible de matière en grattant l'endroit de la tache. Couvrir l'endroit d'un chiffon imbibé d'alcool dénaturé et d'une feuille de plastique qui freinera l'évaporation. Lorsque l'alcool s'est évaporé, enlevez la matière restante à l'aide d'une brosse à poils raides. Lavez la surface avec de l'eau chaude contenant de la poudre à récurer. | Peinture sèche | Appliquez une mince couche de décapant pour peinture. Laissez le décapant ramollir la peinture avant de l'enlever avec de la poudre à récurer et une brosse à poils raides. |
| Café, thé, boissons gazeuses, alcool | Imbibez un chiffon d'une solution composée de 1 partie de glycérine et de 4 parties d'eau, et placez-le sur la surface pendant 15 minutes. Puis, enlevez-le et nettoyez la surface avec une brosse à poils raides et de l'eau. | | |

**Choisissez les meilleurs produits et les meilleures techniques** pour résoudre les problèmes posés par les ouvrages en briques ou en blocs. Il est facile de réparer un simple éclat, comme celui montré ci-dessus, en remplissant l'endroit endommagé de mortier au latex. Les détériorations plus étendues requièrent des solutions plus compliquées.

# Réparation des ouvrages de briques et de blocs

La brique, le bloc et le mortier sont des matériaux de construction durables. Mais lorsqu'ils sont combinés, dans un ouvrage permanent, et qu'ils sont soumis à des contraintes et aux forces de la nature, il arrive qu'ils subissent des dommages nécessitant des réparations. Les problèmes structuraux courants présentés par les blocs et les briques sont, par exemple, des joints de mortier qui cèdent, des briques ou des blocs qui se fissurent ou s'effritent, et des surfaces qui s'usent ou se décolorent.

Il est possible de remédier à une bonne partie de ces problèmes au moyen de réparations simples, qui ne requièrent que quelques outils de maçonnerie de base (page suivante), prennent peu de temps et ne coûtent pas cher. Ces réparations modifieront complètement l'apparence de l'ouvrage et augmenteront sensiblement sa résistance. S'ils sont bien entretenus et nettoyés régulièrement, les ouvrages réparés pourront encore servir pendant de nombreuses années.

On utilise fréquemment les briques et les blocs dans la construction de murs de fondation, de murs de retenue et d'autres ouvrages autoporteurs. Les réparations simples, comme le remplissage des fentes, peuvent se faire sans problème. Mais, avant d'entreprendre une réparation importante sur l'un de ces ouvrages, demandez à un entrepreneur en maçonnerie de l'examiner. Et, avant de vous lancer dans la réalisation d'un projet, revoyez les techniques de base utilisées dans les ouvrages de briques et de blocs (pages 62 à 79).

## Outils utilisés dans la réparation des ouvrages en briques et en blocs

**Les outils de base** utilisés dans la réparation des briques et des blocs comprennent le ciseau de maçon (A) qui sert à tailler des briques ou des blocs; le ciseau à pierres (B) qui sert à casser et à réparer les ouvrages en maçonnerie; le grattoir à mortier (C) qui sert à enlever le mortier des joints; la truelle de maçon (D) qui sert à appliquer le mortier sur les blocs de béton; la truelle à jointoyer (E) qui sert à appliquer le mortier sur les briques ou les blocs, et à lisser les réparations fraîches; le marteau de maçon (F); les outils à jointoyer de 1/2 po (G) et de 3/8 po (H) de large qui servent à enfoncer le mortier dans les joints, et la mirette (I) qui sert à finir les joints de mortier.

## Conseils pour le travail au mortier

**Ajoutez au mortier un renforçateur pour béton** lorsque vous effectuez des réparations. Ces produits, qui sont habituellement à base de composés acryliques ou de latex, augmentent la résistance du mortier et sa capacité de liaisonnement.

**Colorez le mortier** pour que les réparations passent inaperçues (page 31). Pour uniformiser la couleur du mortier, servez-vous d'échantillons que vous trouverez chez les fournisseurs de colorants.

# Détermination de la nature des problèmes des briques et des blocs

Inspectez soigneusement les ouvrages de briques et de blocs qui sont endommagés avant d'entreprendre les travaux de réparation. Il faut déterminer la nature et la cause exactes de leur détérioration avant de chercher la meilleure solution au problème.

Cherchez les indices évidents, tels que les racines des arbres qui s'étendent trop loin ou les gouttières endommagées qui laissent couler l'eau le long des surfaces de maçonnerie. Vérifiez également la pente du terrain adjacent ; il faut peut-être la redessiner en nivelant le terrain pour que l'eau s'éloigne d'un mur de briques ou de blocs ou alors, consultez un architecte paysagiste.

**Les réparations seront inutiles** si vous n'éliminez pas la source du problème avant d'effectuer la réparation. Lorsqu'une réparation en béton se fissure, par exemple, cela signifie que les contraintes opposées, qui ont causé la première fissure sont toujours présentes dans l'ouvrage. Il faut trouver la cause du problème (il s'agit souvent d'une assise défectueuse ou de contraintes résultant du gel et du dégel), résoudre le problème, puis effectuer la réparation.

## Types de problèmes de briques et de blocs

**La détérioration des joints de mortier** est un problème fréquemment rencontré dans les ouvrages en briques ou en blocs ; moins dur que les briques et les blocs, le mortier s'abîme plus facilement. La détérioration n'est pas toujours visible et il faut donc sonder les joints avoisinants avec un tournevis pour vérifier leur état. Rejointoyez la maçonnerie si les joints sont détériorés (page 261).

**Les dommages structuraux importants,** tels que les dommages subis par cette véranda, nécessitent habituellement la démolition du reste de l'ouvrage, l'amélioration de l'assise et la reconstruction de l'ouvrage. Des travaux de cette envergure doivent être confiés à des maçons de métier.

**Les dommages subis par les blocs de béton** sont souvent dus au gel et au dégel successifs de l'eau contenue dans le mur ou dans les blocs mêmes. Au lieu de remplacer le bloc entier, vous pouvez, à l'aide d'un ciseau et d'un maillet, enlever la partie en façade du bloc et la remplacer par un pavé de béton ayant les mêmes dimensions que cette face du bloc (pages 264 et 265).

**L'écaillage** des briques se produit lorsque l'eau gelée – ou d'autres forces – exerce une pression directionnelle suffisante pour faire éclater la brique. La meilleure solution consiste à remplacer la brique (pages 262 et 263) tout en éliminant, si possible, la source de la pression. On peut réparer les blocs écaillés en remplaçant la face abîmée (photo précédente).
CONSEIL: prenez un morceau de la brique écaillée comme référence lorsque vous cherchez à la remplacer de manière à trouver une brique de la même couleur.

**Les couronnements en mortier endommagés** des cheminées permettent à l'eau de s'infiltrer dans le voisinage du conduit de cheminée et de causer éventuellement des dommages à la cheminée et même à la toiture et aux murs intérieurs. Les petites fissures (photo supérieure) peuvent être réparées au moyen d'une pâte à calfeutrer à la silicone résistant au feu. Si les dommages sont importants (photo inférieure), il faut réparer ou remplacer le couronnement en mortier (page 271).

**Les taches et la décoloration** peuvent être causées par des sources extérieures ou par des minéraux qui migrent en solution, de l'intérieur de la brique ou du bloc vers la surface (phénomène appelé *efflorescence*). Si la tache ne disparaît pas facilement lors du lavage à l'eau, utilisez une solution de nettoyage (page 255).

Avant — Après

**Procédez sans attendre à la réparation** des ouvrages de briques et de blocs. Refaire des joints de mortier détériorés est une réparation courante qui, comme beaucoup d'autres, améliore l'apparence de l'ouvrage ou de la surface et empêche la propagation des dommages.

## Réparation des murs de briques et de blocs

La réparation la plus courante des murs de briques ou de blocs consiste à les rejointoyer, c'est-à-dire à remplacer les joints défectueux par du mortier frais. Le rejointoiement est une technique très utile à tous les propriétaires. Il permet de réparer des murs, des cheminées, des parements ou tout autre ouvrage de briques ou de blocs liaisonnés avec du mortier.

Les réparations esthétiques mineures peuvent être tentées sur n'importe quel mur, qu'il s'agisse d'un mur de jardin autoporteur ou d'une fondation en blocs. Le remplissage de minces fissures avec une pâte à calfeutrer ou un produit de ragréage, et la réparation d'ébréchures ou d'éclats constituent des réparations mineures. S'il s'agit d'une réparation majeure, telle que le remplacement de briques ou de blocs, ou la reconstruction d'un ouvrage – surtout s'il est autoporteur – vous faites mieux de consulter une personne de métier avant de tenter quoi que ce soit.

Les murs des fondations causent souvent des problèmes aux propriétaires de maisons. L'humidité et les contraintes qui résultent de leur contact constant avec le sol peuvent occasionner des infiltrations, des déformations et une détérioration de la peinture. On peut réparer les petites fuites et les fissures à l'aide de ciment hydraulique. On peut rafraîchir les murs détériorés en leur appliquant des produits imperméabilisants pour maçonnerie. Mais les problèmes récurrents d'humidité sont souvent causés par un mauvais nivellement du terrain qui entoure la fondation ou par une descente d'eaux pluviales ou un système de gouttières défectueux.

NOTE : Les réparations illustrées dans cette section concernent des murs de briques et de blocs, mais les mêmes techniques peuvent être utilisées pour réparer d'autres ouvrages en briques et en blocs.

### Tout ce dont vous avez besoin

OUTILS : grattoir à mortier, planche à mortier, mirette, outil à jointoyer, marteau de briqueteur, truelle de maçon, ciseau de maçon ou à pierres, truelle à jointoyer, perceuse accompagnée d'un disque et d'un foret à maçonnerie, brosse à poils raides.

MATÉRIEL : mortier, gravier, morceau de solin métallique inutilisé, renforçateur à béton, briques ou blocs de remplacement.

## Comment rejointoyer les joints de mortier

**1** Enlevez le mortier détaché ou détérioré jusqu'à une profondeur de ¼ po à ¾ po. Commencez en utilisant un grattoir à mortier (photo supérieure) et achevez l'ouvrage à l'aide d'un ciseau et d'un marteau (photo inférieure) si le mortier ne cède pas. Enlevez tous les débris et humidifiez la surface avant d'appliquer le mortier frais.

**2** Préparez le mélange de mortier et de renforçateur à béton; ajoutez le colorant si nécessaire (pages 31 et 257). Chargez une planche à mortier et poussez le mortier dans les joints horizontaux à l'aide d'un outil à jointoyer. Appliquez des couches de ¼ po d'épaisseur et laissez sécher chaque couche pendant 30 minutes avant de passer à la suivante. Remplissez les joints jusqu'à ce que le mortier affleure la face de la brique ou du bloc.

**3** Appliquez une première couche de mortier dans les joints verticaux en prenant du mortier avec la face inférieure d'un outil à jointoyer et en l'enfonçant dans le joint. Progressez de haut en bas.

**4** Après avoir appliqué la dernière couche de mortier, lissez les joints à l'aide d'une mirette dont le profil correspond à celui des joints de mortier originaux. Commencez par lisser les joints horizontaux. Laissez sécher le mortier jusqu'à ce qu'il devienne friable et brossez l'excédent de mortier à l'aide d'une brosse à poils raides.

## Comment remplacer une brique endommagée

**1** Entaillez la brique endommagée pour pouvoir la casser et l'enlever ensuite plus facilement : à l'aide d'une perceuse munie d'un disque à maçonnerie, rayez longitudinalement la surface de la brique et rayez les joints de mortier qui entourent la brique.

**2** Utilisez un ciseau et un marteau de maçon pour casser la brique en morceaux le long des rayures. Frappez fermement sur le ciseau avec le marteau, mais en prenant soin de ne pas endommager les briques voisines. CONSEIL : gardez des fragments de brique comme référence pour acheter des briques de remplacement de la même couleur.

**3** À l'aide du ciseau et du marteau, enlevez le mortier restant de la cavité et, à l'aide d'une brosse à poils raides ou d'une brosse métallique, brossez la surface dégagée pour qu'elle soit propre. Rincez à l'eau la surface de la zone à réparer.

**4** Préparez le mélange de mortier (pages 28 à 31) en ajoutant le renforçateur à béton et le colorant, le cas échéant (pages 31 et 257). À l'aide d'une truelle à jointoyer, appliquez une couche de 1 po de mortier sur la face inférieure et sur les côtés de la cavité.

**5** Humidifiez légèrement la brique de remplacement et appliquez-y du mortier sur les extrémités et sur la face supérieure. Introduisez la brique dans la cavité et tapotez-la avec le manche de la truelle pour l'enfoncer jusqu'à ce qu'elle affleure les briques voisines. Si nécessaire, enfoncez plus de mortier dans les joints au moyen d'une truelle à jointoyer.

**6** Grattez l'excédent de mortier avec une truelle de maçonnerie et lissez les joints avec une mirette ayant le même profil que les joints avoisinants. Laissez sécher le mortier jusqu'à ce qu'il devienne friable et brossez les joints pour enlever l'excédent de mortier.

## Conseils pour enlever et remplacer plusieurs briques

**Si les murs sont fortement endommagés,** enlevez les briques, en partant du sommet, une rangée à la fois, jusqu'à ce que les briques de toute la zone endommagée soient enlevées. Remplacez les briques en utilisant les techniques illustrées ci-dessus et dans la section portant sur la construction avec des briques et des blocs (pages 62 à 79). AVERTISSEMENT: n'enlevez pas de briques des ouvrages porteurs tels que les murs de fondation; consultez un maçon de profession au sujet de ces réparations.

**Lorsque les murs comportent des zones endommagées intérieures,** n'enlevez que les briques de la section abîmée, sans toucher aux rangées supérieures si elles sont en bon état. N'enlevez pas plus de quatre briques adjacentes dans un endroit; si la zone abîmée est plus étendue, il faudra recourir à des supports temporaires, travail que vous devez confier à un professionnel.

## Comment remplacer la face avant d'un bloc de béton

**1** Au moyen d'une perceuse munie d'un foret à maçonnerie, forez plusieurs trous dans la face avant du bloc abîmé, à l'endroit des cavités du bloc (page 68). Portez des lunettes de protection lorsque vous forez dans le béton ou que vous le cassez.

**2** En partant des trous forés, enlevez petit à petit la partie de la face avant du bloc recouvrant les cavités, à l'aide d'un ciseau et d'un marteau de maçon. Évitez d'endommager les blocs voisins et tâchez de laisser la face du bloc intacte à l'endroit des âmes.

**3** Utilisez un ciseau à pierres pour dégager un renfoncement de 2 po de profondeur à l'endroit de chaque âme. Marquez les lignes de coupe à 2 po de la face avant et entaillez le bloc dans cette zone. Évitez de creuser un renfoncement plus profond que 2 po, car le reste des âmes offre une surface de liaisonnement au pavé de béton qui remplacera la face avant du bloc.

**4** Préparez le mélange de mortier (pages 28 à 31 et 257) et appliquez-en une couche de 1 po sur les côtés et sur la face inférieure de l'ouverture, sur les âmes et sur la face supérieure et les endroits correspondant aux âmes du pavé (utilisez un pavé de 8 po x 16 po dans le cas de blocs standard). Introduisez le pavé dans l'ouverture et enfoncez-le pour qu'il affleure les blocs qui l'entourent. Ajoutez, si nécessaire, du mortier dans les joints et calez ensuite un morceau de bois scié de 2 po x 4 po contre le pavé jusqu'à ce que le mortier prenne. Finissez les joints avec un outil à jointoyer.

## Comment renforcer une section des blocs dont on a remplacé la face avant

**1** Pour renforcer les zones réparées qui couvrent plusieurs faces avant de blocs adjacents, commencez par forer quelques trous dans une petite surface de la face du bloc se trouvant juste au-dessus de la zone réparée. Enlevez petit à petit, à l'aide d'un ciseau et d'un marteau de maçon, la partie de la face du bloc délimitée par les trous.

**2** Préparez un mélange de mortier, fluide, contenant 1 partie de gravier et 2 parties de mortier sec, auquel vous ajoutez de l'eau. Le mélange doit être suffisamment fluide pour s'écouler facilement, sans être visqueux. NOTE: en ajoutant une petite quantité de gravier, on augmente la résistance du mortier et son efficacité.

**3** En vous servant d'un morceau de solin métallique comme entonnoir, versez le mélange mortier/gravier dans le trou aménagé au-dessus de la zone réparée. Continuez de préparer du mélange et de le verser dans le trou jusqu'à ce que celui-ci se bouche. Le mortier séchera et formera une colonne de renfort, adhérant à l'arrière des pavés utilisés pour reconstituer les faces des blocs.

**4** À l'aide d'une truelle à jointoyer, remplissez complètement le trou de mortier ordinaire et lissez la surface. Lorsque le mortier résiste à la pression du doigt, utilisez un outil à jointoyer pour finir le joint situé en dessous du bouchon.

# Nettoyage et peinture des briques et des blocs

**Utilisez un pulvérisateur à haute pression** pour nettoyer les ouvrages importants de briques et de blocs. Vous pouvez louer ce type de pulvérisateur dans la plupart des centres de location. N'oubliez pas que l'agent de location doit vous remettre les instructions détaillées de sécurité et d'utilisation de l'appareil.

## Solutions de solvants pour enlever les taches courantes des briques et des blocs

- **Éclaboussures d'œufs :** dans un récipient non métallique, dissolvez des cristaux d'acide oxalique dans l'eau en suivant les instructions du fabricant. Brossez la surface avec la solution.
- **Efflorescence :** frottez la surface avec une brosse à poils raides et utilisez une solution de nettoyage domestique lorsque l'accumulation est importante.
- **Taches de rouille :** aspergez la surface ou frottez-la avec une solution composée de cristaux d'acide oxalique dissous dans l'eau, obtenue en suivant les instructions du fabricant. Appliquez directement la solution sur la tache.
- **Plantes grimpantes :** coupez les tiges à l'écart de la surface (ne pas les arracher). Laissez sécher les tiges restantes avant de les enlever en frottant la surface avec une brosse à poils raides et une solution de nettoyage domestique.
- **Huile :** appliquez une pâte faite d'essence minérale et d'une substance inerte, comme la sciure de bois.
- **Taches de peinture :** si la peinture est fraîche, enlevez-la avec une solution de phosphate trisodique, en suivant les instructions du fabricant. Si la peinture est ancienne, on l'enlève généralement en frottant énergiquement la surface ou en utilisant le sablage au jet.
- **Mauvaises herbes :** utilisez un herbicide en suivant les instructions du fabricant.
- **Taches de fumée :** frottez la surface avec un produit de nettoyage domestique contenant un produit de blanchiment, ou utilisez une solution d'ammoniaque.

Vérifiez les surfaces de briques et de blocs tous les ans, et enlevez les taches et les traces de décoloration. La plupart des problèmes sont faciles à régler lorsqu'on intervient rapidement. Si vous entretenez régulièrement les ouvrages de briques et de blocs, ils conserveront leur attrait et leur durabilité. Reportez-vous aux conseils de nettoyage ci-dessous : ils vous indiqueront comment vous débarrasser de certaines taches.

Vous pouvez rafraîchir des ouvrages de briques ou de blocs peints en appliquant une nouvelle couche de peinture. Comme dans tous les travaux de peinture, vous n'obtiendrez un résultat satisfaisant que si vous préparez soigneusement la surface et utilisez un apprêt de qualité.

De nombreuses taches s'enlèvent facilement à l'aide des détergents pour briques et blocs que l'on trouve dans les maisonneries, mais gardez les points suivants à l'esprit :

• Testez toujours les solutions de nettoyage sur une partie dissimulée de la surface, et appréciez le résultat.

• Certains produits chimiques dégagent des vapeurs nocives. Assurez-vous de suivre les recommandations du fabricant sur la sécurité et l'utilisation de son produit. Portez des vêtements de sécurité.

• Imbibez d'eau la surface à nettoyer avant d'appliquer une solution de nettoyage. Cette mesure empêchera la solution de pénétrer trop rapidement dans les matériaux. Rincez généreusement la surface après le nettoyage, afin d'éliminer toute trace de la solution de nettoyage.

## Conseils pour nettoyer les surfaces de briques et de blocs

**Préparez une pâte** en mélangeant des solvants de nettoyage (tableau, page précédente) et du talc ou de la farine. Appliquez la pâte directement sur la tache, laissez-la sécher et grattez-la ensuite avec un grattoir en vinyle ou en plastique.

**Utilisez un grattoir en plastique** ou un mince bloc de bois pour enlever l'excédent de mortier qui a durci. Évitez d'utiliser des grattoirs en métal, ils risquent d'abîmer les surfaces en maçonnerie.

**Masquez les fenêtres,** les parements, les ouvrages décoratifs de menuiserie et toutes les surfaces exposées, autres que la maçonnerie, avant de nettoyer les briques et les blocs. Cette mesure est essentielle si vous utilisez des produits chimiques puissants tels que l'acide chlorhydrique.

## Conseils pour peindre la maçonnerie

**Avant d'appliquer la peinture, nettoyez les joints de mortier** à l'aide d'une perceuse munie d'une brosse métallique circulaire. Pour favoriser l'adhérence de la peinture, frottez la maçonnerie afin d'enlever la peinture détachée, la saleté, les moisissures et les dépôts minéraux.

**Appliquez une couche d'apprêt pour maçonnerie** avant de repeindre les murs de briques ou de blocs. L'apprêt aide à éliminer les taches et à prévenir les problèmes tels que l'efflorescence.

**Quatre-vingt-quinze pour cent des problèmes d'humidité dans les sous-sols** sont causés par une accumulation de l'eau près de la fondation. Cette accumulation est souvent provoquée par des gouttières défectueuses ou un terrain mal nivelé. Le terrain qui entoure la maison doit toujours être incliné de 3/4 po par pied en s'éloignant de la maison. Plutôt que de s'attaquer aux symptômes, comme l'humidité sur les murs du sous-sol, il faut régler à la source les problèmes d'humidité.

## Protection des murs du sous-sol

La présence d'humidité dans le sous-sol est le plus souvent due à des gouttières défectueuses, des conduites brisées ou qui fuient, de la condensation ou des infiltrations. Si on n'y remédie pas, cette humidité risque de causer des dommages importants aux murs du sous-sol. Plusieurs méthodes permettent d'imperméabiliser et de protéger efficacement les murs. Si le problème est causé par la condensation, commencez par vérifier la ventilation de votre sécheuse et installez un déshumidificateur. Si l'eau s'infiltre dans les fissures ou les trous des murs, réparez les gouttières endommagées et la tuyauterie qui fuit, et vérifiez la pente du terrain qui entoure la maison. Une fois que vous avez attaqué le problème à la source, imperméabilisez les ouvertures des murs du sous-sol. Pour stopper le suintement occasionnel, revêtez les murs d'une couche de produit de scellement pour maçonnerie. Si les suintements sont plus fréquents, bouchez les ouvertures et refaites la surface des murs en appliquant une couche de revêtement hydrofuge pour maçonnerie. Les revêtements résistants, tels que le ciment de surface (page suivante), constituent la meilleure solution dans les cas où les conditions sont très humides. Il existe également des revêtements plus minces, qu'on applique au pinceau. En cas de suintement chronique, demandez à un entrepreneur d'installer une gouttière de plinthe et un système de drainage. RAPPEL : pour éviter les dommages à long terme, vous devez déterminer la source de l'humidité et effectuer les réparations nécessaires à l'intérieur et à l'extérieur de votre maison, afin que l'humidité ne puisse plus pénétrer dans les murs de fondation.

### Tout ce dont vous avez besoin

Outils : brosse métallique circulaire, mélangeur robuste, pinceau à poils raides, éponge, truelle rectangulaire, outil à rayer.

Matériel : produit de nettoyage domestique, produit de scellement imperméable pour maçonnerie, revêtement hydrofuge pour maçonnerie, feuil d'aluminium, ruban adhésif.

## Conseils pour inspecter et imperméabiliser les murs du sous-sol

**Si la peinture des murs du sous-sol s'écaille,** c'est habituellement le signe d'une infiltration d'eau venant de l'extérieur, eau qui reste coincée entre le mur et la peinture.

**À l'aide de ruban adhésif, collez un morceau carré** de feuil d'aluminium contre un des murs du sous-sol pour déterminer la source du problème d'humidité. Examinez le feuil après 24 heures. Si des gouttes d'eau perlent sur le feuil, c'est le signe que l'air de la pièce contient une humidité excessive. Si de l'eau recouvre l'envers du feuil, l'infiltration provient de l'extérieur.

**Pour stopper un suintement mineur** sur une maçonnerie poreuse, imperméabilisez les murs à l'aide d'un produit de scellement pour maçonnerie. Nettoyez les murs et préparez le produit en suivant les instructions du fabricant. Appliquez le produit sur les murs, y compris sur les joints.

## Comment imperméabiliser les murs de maçonnerie

**1** Recouvrez la surface de murs de maçonnerie fort crevassés en appliquant une couche de revêtement hydrofuge pour maçonnerie, comme du ciment de surface. Nettoyez les murs et humidifiez-les, conformément aux instructions du fabricant, puis remplissez les larges crevasses et les trous. Ensuite, appliquez une couche de 1/4 po de revêtement hydrofuge sur les murs, à l'aide d'une truelle rectangulaire. Si l'atmosphère de votre sous-sol est très humide, vous pouvez utiliser un revêtement spécial pour maçonnerie, très résistant, dont il existe différentes formulations dans le commerce.

**2** Laissez le revêtement prendre, pendant quelques heures, et rayez ensuite sa surface à l'aide d'un outil à nettoyer les rouleaux à peinture ou d'un outil de votre fabrication (page 221). Après 24 heures, appliquez une deuxième couche de revêtement hydrofuge et lissez-la. Vaporisez de l'eau sur le mur deux fois par jour, pendant trois jours, c'est-à-dire pendant que le revêtement sèche.

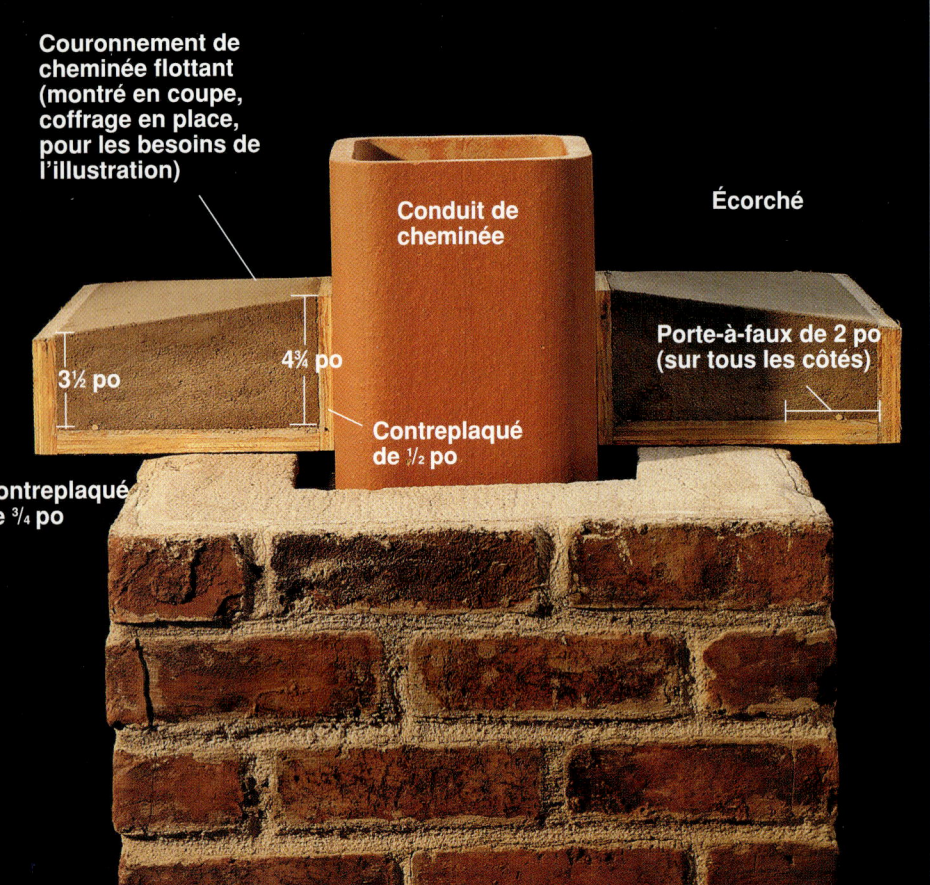

**Couronnement de cheminée flottant** (montré en coupe, coffrage en place, pour les besoins de l'illustration)

Conduit de cheminée

Écorché

3½ po   4¾ po

Porte-à-faux de 2 po (sur tous les côtés)

Contreplaqué de ½ po

Contreplaqué de ¾ po

# Réparation et remplacement des couronnements de cheminée

Utilisez une pâte à calfeutrer résistant au feu pour réparer les petites fissures sur le couronnement. Pour effectuer des réparations plus importantes, appliquez une couche supplémentaire de mortier, ou encore remplacez carrément l'ancien couronnement.

**Tout ce dont vous avez besoin**

OUTILS : marteau, ciseau à pierres, brosse métallique circulaire, perceuse, taloche, truelle à jointoyer, mètre à ruban, pistolet à calfeutrer.

MATÉRIEL : mortier, béton, contreplaqué de ½ po et ¾ po, tige à chevilles de ¼ po, vis à bois de 1½ po, huile végétale ou agent de démoulage commercial, pâte à calfeutrer à base de silicone résistant au feu, cordon résistant au feu ou laine minérale.

**Un couronnement de cheminée se dilate et se contracte** au rythme des changements de température à l'intérieur et à l'extérieur de la cheminée, ce qui provoque souvent des fissures et engendre des visites annuelles sur le toit pour effectuer les réparations. Le couronnement flottant (ci-dessus) est coulé dans un coffrage, au moyen de mortier ou de sable à béton, et posé ensuite sur la cheminée (page suivante). Vous pouvez réparer un couronnement endommagé en enlevant les parties détériorées à l'aide d'un ciseau et en ajoutant du mortier frais (ci-dessous).

## Comment réparer un couronnement de cheminée

**1** À l'aide d'un ciseau à pierres et d'un marteau, cassez prudemment les parties détériorées du couronnement et enlevez-les. Soyez particulièrement prudent en travaillant près du conduit de fumée.

**2** Mélangez un lot de mortier fortifié au latex (pages 28 à 31, et p. 357). Étalez une couche uniforme de mortier autour du couronnement, en épousant la pente du couronnement existant. Le mortier doit recouvrir la cheminée, depuis les bords extérieurs des briques de la cheminée jusqu'au conduit de cheminée. Lissez le mortier à l'aide d'une taloche en bois, en essayant de recréer la pente originale du couronnement. Par la suite, inspectez le mortier chaque année.

## Comment couler et installer un couronnement de cheminée de remplacement

**1** Prenez les mesures de la cheminée et du conduit de cheminée, et construisez un coffrage en contreplaqué de ½ po et de ¾ po (voir les dimensions du coffrage en haut de la page précédente). Attachez le coffrage à une base en contreplaqué, au moyen de vis à bois de 1½ po, de manière à assembler toutes les parties du coffrage. Collez des morceaux de tige à cheville de ⅜ po sur la base, à 1 po des bords du coffrage. Ces tiges formeront un larmier dans le bas du couronnement. Enduisez l'intérieur du coffrage d'huile végétale ou d'un agent de démoulage commercial.

**2** Préparez un mélange ferme (sec) de mortier (pages 28 à 31) pour couler le couronnement : deux sacs de 60 lb de mélange sec donneront suffisamment de mortier pour construire le couronnement d'une cheminée de dimension moyenne. Remplissez le coffrage de mortier. Posez une taloche en bois sur les bords du coffrage et lissez le mortier. Conservez des arêtes vives aux coins. Laissez sécher le couronnement pendant une semaine minimum, puis démontez soigneusement le coffrage.

**3** Enlevez complètement l'ancien couronnement en mortier et nettoyez le dessus de la cheminée avec une brosse métallique. Avec un aide, transportez le nouveau couronnement de cheminée sur le toit et posez-le directement sur la cheminée, en le centrant de manière que le porte-à-faux soit identique sur les quatre côtés. (Voir aux pages 22 et 23 les conseils de sécurité pour les travaux en hauteur.) Le nouveau couronnement doit pouvoir bouger librement, donc ne le fixez ni à la cheminée ni au conduit de cheminée.

**4** Ajustez le couronnement pour que l'espace vide entourant le conduit de cheminée soit constant et remplissez ensuite cet espace de corde résistant au feu ou de laine minérale. Déposez un épais cordon de pâte à calfeutrer à base de silicone, résistant au feu, sur la corde ou la laine minérale. Calfeutrez également le joint sous le couronnement. Par la suite, inspectez les joints une année sur deux et retouchez-les si nécessaire.

**Le foyer à feu ouvert en maçonnerie** est la fierté de nombreux propriétaires. La plupart des foyers sont construits à l'aide de plusieurs matériaux différents, comprenant deux types ou plus de briques et de mortiers, du béton, des blocs de béton, du métal et de l'argile réfractaire. Pour lui conserver son rendement et sa durabilité, et avant tout pour la sécurité de la maison, il faut l'entretenir régulièrement.

# Réparation d'un foyer

Les foyers à feu ouvert en maçonnerie sont construits selon des spécifications très strictes visant à en maximiser le rendement thermique, à évacuer la fumée et surtout à assurer la sécurité. La chambre intérieure dans laquelle brûle le feu, appelée l'*âtre*, est construite en briques réfractaires, assemblées avec un mortier spécial qui peut résister à des températures très élevées. Pour augmenter encore la résistance à la chaleur du foyer, les joints de mortier de la construction en briques réfractaires sont plus minces que dans les autres constructions, ils ont entre 1/16 po et 1/4 po d'épaisseur.

L'âtre renvoie la chaleur du feu dans la pièce et isole la structure entourant le foyer des températures élevées qui risqueraient de causer des dommages. C'est pourquoi, en plus de faire vérifier et nettoyer régulièrement votre foyer et votre cheminée, il est bon que vous vérifiiez l'âtre en vue de déceler les joints de mortier qui s'effritent et les briques qui se détachent, qui sont fissurées ou qui s'écaillent.

Des dommages importants ou des signes d'usure dans l'âtre peuvent indiquer la présence de problèmes importants, ailleurs dans le foyer ou dans la cheminée, et il faut les signaler à l'attention d'un professionnel. Mais vous pouvez régler vous-même la plupart des petits problèmes, pour autant que vous utilisiez des matériaux résistant au feu. Certains mortiers réfractaires sont prémélangés pour que l'on ne doive pas leur ajouter d'eau. Quel que soit le produit que vous choisissez, assurez-vous qu'il est conçu pour être utilisé avec de la brique réfractaire.

> **Tout ce dont vous avez besoin**
>
> Outils : lampe baladeuse, miroir, lampe torche, brosse à poils raides, éponge, tournevis, ciseau à maçonnerie ou à pierres, truelle de maçon, outil à jointoyer.
>
> Matériel : produit de nettoyage pour foyers, briques réfractaires, mortier réfractaire.

## Comment inspecter et réparer un âtre

**1** Commencez votre inspection en nettoyant complètement le foyer. Si les briques et les joints de mortier ne sont pas parfaitement visibles, utilisez un produit de nettoyage pour foyer et une brosse à poils raides pour enlever la suie et la créosote qui se sont accumulées. Utilisez une baladeuse et un miroir pour examiner les parties supérieures de l'âtre et l'ouverture du registre.

**2** À l'aide d'une lampe torche, inspectez les briques et le mortier de l'âtre. Vérifiez si le mortier s'est détaché en grattant légèrement les joints avec un tournevis. Décelez les fissures et tâtez les briques pour vérifier si elles ne se détachent pas.

**3** À l'aide d'un ciseau de maçonnerie, enlevez les briques détachées ou abîmées et grattez complètement l'ancien mortier. Nettoyez les bords des briques voisines avec une brosse à poils raides. Si vous devez remplacer des briques, amenez une brique originale chez un fournisseur de foyers ou de briques, pour être sûr d'acheter des briques identiques aux anciennes.

**4** Appliquez le mortier réfractaire (page 29) sur les nouvelles briques, en suivant les instructions du fabricant. Glissez délicatement les briques en place pour qu'elles affleurent les briques voisines. Grattez l'excédent de mortier avec une truelle. Finissez les joints de mortier à l'aide d'un outil à jointoyer.

**Les pierres d'un mur peuvent se déplacer** à cause du tassement du sol, de l'érosion ou des cycles de gel-dégel saisonniers. Effectuez les réparations nécessaires avant que le problème ne se propage à d'autres endroits.

## Réparation des ouvrages de pierres

Les dommages causés aux murs de pierres sont souvent dus au soulèvement par le gel, à l'érosion ou à la détérioration du mortier, ou au déplacement de certaines pierres. Les murs de pierres sèches sont les plus exposés à l'érosion et au délogement des pierres, tandis que les murs liaisonnés au mortier se fissurent, ce qui permet à l'eau de s'introduire et de causer des dommages sous l'effet du gel.

Inspectez les ouvrages de pierres une fois par an en vue de déceler les signes de dommages et de détériorations. En remplaçant une pierre ou en reconstituant du mortier qui s'est effrité, vous vous épargnerez des travaux importants plus tard.

Une colonne ou un mur de pierres qui penchent ont souvent pour causes des problèmes d'érosion ou de fondation, et ils risquent de présenter un danger si on néglige d'en prendre soin. Si vous avez le temps, vous pouvez démanteler et reconstruire un ouvrage en pierres posées à sec, mais s'il s'agit d'un ouvrage liaisonné au mortier qui penche excessivement, vous faites mieux de vous adresser à des gens de métier pour remédier à la situation.

> **Tout ce dont vous avez besoin**
>
> Outils : masse, ciseau, appareil photographique, pelle, pilon manuel, niveau, mesure du fruit, brosse à poils raides, truelles pour mélanger ou jointoyer, sac à mortier, ciseaux de maçonnerie.
>
> Matériel : intercalaires en bois, morceau de bois scié de 2 po x 4 po enveloppé de moquette, craie, gravier compatible, pierres de remplacement, mortier de type M, teinture à mortier.

### Conseils pour replacer les pierres délogées

**Replacez dans sa position initiale une pierre délogée.** Si d'autres pierres ont pris la place de la pièce délogée, enfoncez des intercalaires entre les pierres voisines pour faire de la place à la pierre que vous replacez. Prenez soin de ne pas enfoncer les intercalaires trop profondément.

**Utilisez un morceau de bois scié de 2 po x 4 po, enveloppé** de moquette pour ne pas abîmer la pierre en la martelant pour l'enfoncer à sa place. Assurez-vous ensuite que la pierre replacée n'a pas endommagé ou délogé les pierres voisines.

## Comment reconstruire une section d'un mur de pierres sèches

**1** Avant de commencer les travaux, examinez le mur et déterminez quelle partie doit être réparée. Démontez le mur suivant un « V » centré sur la section endommagée. Numérotez chaque pierre et indiquez son orientation à la craie de manière à pouvoir reconstruire le mur comme il était. CONSEIL : photographiez le mur en vous assurant que les indications y apparaîtront.

**2** Les pierres de couronnement sont souvent posées dans un lit de mortier sur la dernière assise de pierres. Vous devrez peut-être faire éclater le mortier à l'aide d'une masse et d'un ciseau pour enlever les pierres de couronnement. Enlevez les pierres marquées, sans compromettre la stabilité de l'ensemble du mur.

**3** Reconstruisez le mur, assise par assise, en n'utilisant des pierres de remplacement que lorsque c'est nécessaire. Commencez chaque assise par les extrémités et progressez vers le centre. Si le mur est épais, placez d'abord les pierres de façade et remplissez l'intérieur avec des pierres plus petites (pages 188 et 189). Vérifiez votre travail avec un niveau et utilisez une mesure du fruit pour que le mur ait la bonne inclinaison (page 89). Si les pierres de couronnement étaient liaisonnées, replacez-les sur un lit de mortier frais. Nettoyez les marques de craie à l'aide d'une brosse à poils raides, mouillée.

**CONSEIL :** si les dommages sont dus à l'érosion du sol, creusez une tranchée, profonde de 6 po minimum, en dessous de la zone endommagée, et remplissez-la de gravier, puis tassez le gravier avec un pilon manuel. Ainsi, vous améliorerez le drainage et vous empêcherez l'eau d'éroder le sol sur lequel repose le mur.

## Conseils pour réparer les murs de pierres liaisonnées

**Colorez le mortier** qui sera utilisé pour effectuer la réparation, afin qu'il se fonde dans le mortier existant (page 31). Préparez plusieurs échantillons de mortier contenant chacun une quantité différente de teinture et laissez-les sécher complètement. Comparez chaque échantillon avec l'ancien mortier et choisissez celui dont la couleur se rapproche le plus de celui-ci.

**Utilisez un sac à mortier** pour réparer les joints de mortier de tout l'ouvrage, abîmés par les intempéries ou endommagés autrement. Enlevez le mortier détaché (vois ci-dessous) et nettoyez toutes les surfaces à l'eau, avec une brosse à poils raides.

## Comment refaire les joints de mortier

**1** Grattez soigneusement le mortier fissuré ou détaché, en vous arrêtant lorsque vous atteignez le mortier ferme. Enlevez les débris de mortier à l'aide d'une brosse à poils raides. CONSEIL : grattez les joints avec un ciseau et un maillet, ou fabriquez votre propre grattoir en plaçant un vieux tournevis dans un étau et en pliant sa tige à 45°.

**2** Préparez du mortier de type M (page 29), puis humidifiez les surfaces à réparer avec de l'eau propre. En progressant de haut en bas, enfoncez du mortier dans les crevasses à l'aide d'une truelle à jointoyer. Lissez le mortier quand il est suffisamment sec pour résister à une légère pression du doigt. Enlevez l'excédent de mortier avec une brosse à poils raides.

## Comment remplacer une pierre dans un mur liaisonné

**1** Enlevez la pierre endommagée en faisant éclater le mortier qui l'entoure, à l'aide d'un ciseau de maçonnerie ou d'un tournevis modifié (page précédente). Enfoncez le ciseau en l'orientant vers la pierre abîmée, afin de ne pas endommager les pierres voisines. Une fois la pierre retirée, égalisez le mieux possible les surfaces intérieures de la cavité, à l'aide d'un ciseau.

**2** Enlevez de la cavité le mortier détaché et les débris, à l'aide d'une brosse. Vérifiez le mortier voisin et grattez le mortier qui n'est pas fermement attaché, ou faites-le éclater.

**3** Essayez la pierre de remplacement à sec. Elle doit être stable dans la cavité et se fondre dans le reste du mur. Vous pouvez marquer la pierre à la craie et la tailler pour l'ajuster (pages 86 et 87), mais si vous la taillez trop, la réparation se remarquera.

**4** Vaporisez un léger brouillard d'eau sur la pierre et dans la cavité, puis, à l'aide d'une truelle, appliquez une couche de mortier de type M sur les parois intérieures de la cavité. Enduisez de mortier toutes les faces jointives de la pierre et introduisez-la à sa place en la faisant osciller vigoureusement pour éliminer toutes les poches d'air. Utilisez une truelle à jointoyer pour enfoncer solidement le mortier autour de la pierre. Lissez le mortier dès qu'il a pris (étape 2, page précédente).

# Réparation du stuc

La rudesse du climat peut causer la fissuration et l'effritement du stuc. Vous pouvez réparer les petites surfaces avec un composé prémélangé de ragréage pour stuc, mais pour les réparations de plus de 4 po de diamètre, vous devrez commencer par appliquer un mélange de stuc sec et d'eau. Dans le travail décrit à la page suivante, nous vous montrons comment réparer une grande surface, en remplaçant également le papier de construction et le treillis de métal déployé, sous-jacents, de manière à constituer une surface d'accrochage pour le nouveau stuc.

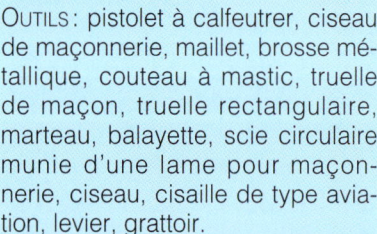

### Tout ce dont vous avez besoin

Outils : pistolet à calfeutrer, ciseau de maçonnerie, maillet, brosse métallique, couteau à mastic, truelle de maçon, truelle rectangulaire, marteau, balayette, scie circulaire munie d'une lame pour maçonnerie, ciseau, cisaille de type aviation, levier, grattoir.

Matériel : apprêt pour métal, composé de ragréage pour stuc, mélange de stuc, clous de toiture de 1½ po, papier de construction de 15 lb, autofourrure en métal déployé, pâte à calfeutrer pour maçonnerie, teinture.

**Remplissez les fissures étroites** de pâte à calfeutrer pour maçonnerie. Déposez un peu plus de pâte et amincissez-la pour qu'elle affleure le stuc. Laissez sécher la pâte et peignez-la de la même couleur que le stuc existant. La pâte pour maçonnerie garde son élasticité, empêchant ainsi toute progression de la fissuration.

## Comment réparer les petites surfaces

**1** Nettoyez l'endroit à réparer en enlevant les particules détachées à l'aide d'une brosse métallique. Débarrassez toute la partie de treillis en métal déployé de la rouille éventuelle et appliquez un apprêt pour métal sur le treillis propre.

**2** À l'aide d'un couteau à mastic ou d'une truelle à jointoyer, remplissez la partie à réparer de composé de ragréage pour le stuc et rajoutez-en un peu par après. (Lisez les instructions du fabricant : la durée de séchage et la technique d'application peuvent varier d'un produit à l'autre.)

**3** Lissez la réparation avec un couteau à mastic ou une truelle, en l'amincissant jusqu'à ce qu'elle affleure la surface qui l'entoure. Utilisez une balayette ou une truelle pour donner à la surface la texture de la surface qui l'entoure et peignez-la ensuite avec de la peinture pour maçonnerie.

## Comment réparer les grandes surfaces

**1** Tracez un carré entourant la surface endommagée. Découpez le carré à l'aide d'une scie circulaire munie d'une lame pour maçonnerie. Commencez en réglant la lame à une profondeur de coupe de ⅛ po et effectuez plusieurs passes en augmentant la profondeur de coupe jusqu'à ce que la scie traverse le treillis en produisant des étincelles. Enlevez le stuc, le papier de construction et le treillis à l'aide d'un ciseau, d'un maillet, d'une cisaille de type aviation et d'un levier, puis attachez le nouveau papier de construction, et le nouveau treillis en métal déployé (pages 92 et 93), qui servira à accrocher le nouveau stuc.

**2** Appliquez une couche éraflée de ⅜ po de stuc sur le nouveau treillis (pages 220 et 221). Griffez la surface avec un grattoir. Pulvérisez le stuc d'un brouillard d'eau deux fois par jour, pendant deux jours, le temps qu'il sèche.

**3** Préparez et appliquez la couche brune, de ⅜ po également (pages 220 et 221). Laissez-la sécher pendant deux jours en l'aspergeant d'eau plusieurs fois.

**4** Humidifiez le mur et appliquez-y la couche de finition colorée, de la même couleur que celle de l'ancien stuc (page 95). La couche de finition ci-dessus a été projetée à l'aide d'une balayette, puis aplatie à la truelle. Gardez la couche de finition humide pendant une semaine, le temps qu'elle sèche.

## Conversion des unités de mesure

| POUR CONVERTIR: | EN: | MULTIPLIER PAR: |
|---|---|---|
| Pouces | Millimètres | 25,4 |
| Pouces | Centimètres | 2,54 |
| Pieds | Mètres | 0,305 |
| Verges | Mètres | 0,914 |
| Milles | Kilomètres | 1,609 |
| Pouces carrés | Centimètres carrés | 6,45 |
| Pieds carrés | Mètres carrés | 0,093 |
| Verges carrées | Mètres carrés | 0,836 |
| Pouces cubes | Centimètres cubes | 16,4 |
| Pieds cubes | Mètres cubes | 0,0283 |
| Verges cubes | Mètres cubes | 0,765 |
| Chopines (US) | Litres | 0,473 (Imp. 0,568) |
| Pintes (US) | Litres | 0,946 (Imp. 1,136) |
| Gallons (US) | Litres | 3,785 (Imp. 4,546) |
| Onces | Grammes | 28,4 |
| Livres | Kilogrammes | 0,454 |
| Tonnes courtes | Tonnes métriques | 0,907 |

| POUR CONVERTIR: | EN: | MULTIPLIER PAR |
|---|---|---|
| Millimètres | Pouces | 0,039 |
| Centimètres | Pouces | 0,394 |
| Mètres | Pieds | 3,28 |
| Mètres | Verges | 1,09 |
| Kilomètres | Milles | 0,621 |
| Centimètres carrés | Pouces carrés | 0,155 |
| Mètres carrés | Pieds carrés | 10,8 |
| Mètres carrés | Verges carrées | 1,2 |
| Centimètres cubes | Pouces cubes | 0,061 |
| Mètres cubes | Pieds cubes | 35,3 |
| Mètres cubes | Verges cubes | 1,31 |
| Litres | Chopines (US) | 2,114 (Imp. 1,76) |
| Litres | Pintes (US) | 1,057 (Imp. 0,88) |
| Litres | Gallons (US) | 0,264 (Imp. 0,22) |
| Grammes | Onces | 0,035 |
| Kilogrammes | Livres | 2,2 |
| Tonnes métriques | Tonnes courtes | 1,1 |

## Dimensions du bois de sciage

| NOMINALES - US | RÉELLES - US | MÉTRIQUES |
|---|---|---|
| 1 × 2 | ¾ po × 1 ½ po | 19 × 38 mm |
| 1 × 3 | ¾ po × 2 ½ po | 19 × 64 mm |
| 1 × 4 | ¾ po × 3 ½ po | 19 × 89 mm |
| 1 × 5 | ¾ po × 4 ½ po | 19 × 114 mm |
| 1 × 6 | ¾ po × 5 ½ po | 19 × 140 mm |
| 1 × 7 | ¾ po × 6 ¼ po | 19 × 159 mm |
| 1 × 8 | ¾ po × 7 ¼ po | 19 × 184 mm |
| 1 × 10 | ¾ po × 9 ¼ po | 19 × 235 mm |
| 1 × 12 | ¾ po × 11 ¼ po | 19 × 286 mm |
| 1 ¼ × 4 | 1 po × 3 ½ po | 25 × 89 mm |
| 1 ¼ × 6 | 1 po × 5 ½ po | 25 × 140 mm |
| 1 ¼ × 8 | 1 po × 7 ¼ po | 25 × 184 mm |
| 1 ¼ × 10 | 1 po × 9 ¼ po | 25 × 235 mm |
| 1 ¼ × 12 | 1 po × 11 ¼ po | 25 × 286 mm |
| 1 ½ × 4 | 1 ¼ po × 3 ½ po | 32 × 89 mm |
| 1 ½ × 6 | 1 ¼ po × 5 ½ po | 32 × 140 mm |
| 1 ½ × 8 | 1 ¼ po × 7 ¼ po | 32 × 184 mm |
| 1 ½ × 10 | 1 ¼ po × 9 ¼ po | 32 × 235 mm |
| 1 ½ × 12 | 1 ¼ po × 11 ¼ po | 32 × 286 mm |
| 2 × 4 | 1 ½ po × 3 ½ po | 38 × 89 mm |
| 2 × 6 | 1 ½ po × 5 ½ po | 38 × 140 mm |
| 2 × 8 | 1 ½ po × 7 ¼ po | 38 × 184 mm |
| 2 × 10 | 1 ½ po × 9 ¼ po | 38 × 235 mm |
| 2 × 12 | 1 ½ po × 11 ¼ po | 38 × 286 mm |
| 3 × 6 | 2 ½ po × 5 ½ po | 64 × 140 mm |
| 4 × 4 | 3 ½ po × 3 ½ po | 89 × 89 mm |
| 4 × 6 | 3 ½ po × 5 ½ po | 89 × 140 mm |

## Conversion des températures

Pour convertir des degrés Fahrenheit (F) en degrés Celsius (C), appliquez la formule simple suivante: soustrayez 32 de la température en degrés Fahrenheit; multipliez le nombre obtenu par $5/9$. Par exemple:
77 °F − 32 = 45; 45 × $5/9$ = 25 °C.

Pour convertir des degrés Celsius en degrés Fahrenheit, multipliez la température en degrés Celsius par $9/5$ et ajoutez 32 au nombre obtenu. Par exemple: 25 °C × $9/5$ = 45; 45 + 32 = 77 °F.

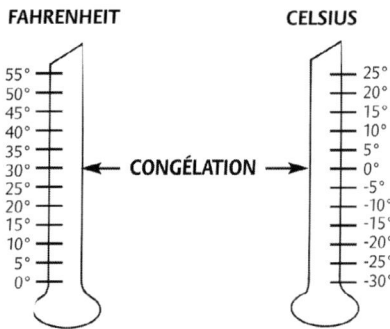

## Collaborateurs

Anchor Fence of Minnesota
7709 Pillsbury Avenue South
Richfield, MN 55423
(612) 866-4961

Buechel Stone Corp.
W3639 Hwy. H
Chilton, WI 53014-9643
(800) 236-4473
www.buechelstone.com

Cultured Stone Corporation
P.O. Box 270
Napa, CA 94559-0270
(800) 255-1727
www.culturedstone.com

Interlock Concrete Products Inc.
3535 Bluff Dr.
Jordan, MN 55352-8302
(800) 780-7212
www.interlock-concrete.com

International Masonry Institute
275 Market St # 511
Minneapolis, MN 55405
(800) 464-0988
www.imiweb.org

Pittsburgh Corning Corporation
800 Presque Isle Drive
Pittsburgh, PA 15239
(800) 624-2120
www.pittsburghcorning.com

The Quikrete Companies
2987 Clairmont Rd.
Suite 500
Atlanta, GA 30329
(800) 282-5828
www.quikrete.com

Warner Manufacturing Company
13435 Industrial Park Blvd.
Minneapolis, MN 55441
(800) 444-0606
www.warnertool.com

Hedberg Aggregates
1205 Nathan Lane North
Plymouth, MN 55441
(612) 545-4400
www.shadeslanding.com/hedberg/

## Ressources

Brick Institute of America
11490 Commerce Park Drive,
Suite 300
Reston, VA 20191
(703) 620-0010
www.brickinfo.org

National Concrete
Masonry Association
P.O. Box 781
2302 Horse Pen Road
Herndon, VA 20171
(703) 713-1900
www.ncma.org

Portland Cement Association
5420 Old Orchard Road
Skokie, IL 60077
(847) 966-6200
www.portcement.org

Page 64 : UNI-Decor est une marque de commerce de F. von Langsdorff Licensing Ltd., Toronto, Ontario. Symetry est une marque de commerce de Symrah Licensing Incorporated, Cincinnati, Ohio.

## Crédits photos

Crandall & Crandall
Dana Point, CA
© Crandall & Crandall – p. 138

Charles Mann
Santa Fe, NM
© Charles Mann – p. 91a

Jerry Pavia
Bonner's Ferry, ID
© Jerry Pavia – pp. 8a, 100a, 116, 139a, 139b

Michael S. Thompson
Eugene, OR
© Michael S. Thompson – p. 139c

# Glossaire

**Adobe :** briques d'argile, séchées au soleil, couramment utilisées dans le sud-ouest des États-Unis.

**Agent de démoulage :** produit appliqué sur les coffrages pour empêcher le béton coulé d'adhérer au coffrage lorsqu'il durcit.

**Agent de liaisonnement :** revêtement conçu pour faciliter l'adhérence du mortier à une surface existante.

**Agrégat :** matériau, tel que le sable, le gravier et la pierre concassée, utilisé pour renforcer le béton et le mortier, ou pour rendre les surfaces en béton antidérapantes.

**Aplanir :** technique consistant à étendre uniformément à l'endroit d'un ouvrage de la terre, du sable, de la pierre concassée, du béton ou d'autres matériaux de manière à former une surface unie, nivelée.

**Aplomb (d') :** qui est parfaitement vertical.

**Araser :** technique qui consiste à utiliser une planche à araser pour niveler et lisser le béton fraîchement coulé.

**Attache murale :** attache en métal ondulé servant à relier des éléments de maçonnerie adjacents ou les parois d'un ouvrage ; on s'en sert aussi pour accrocher les matériaux d'un parement aux murs.

**Autoporteur (ou autoportant) :** qui supporte un poids considérable ou résiste à la pression exercée par une fourrure.

**Barbacane (ou chantepleure) :** trou, habituellement situé à la base d'un ouvrage de maçonnerie, qui permet le drainage de l'eau accumulée derrière l'ouvrage.

**Béton :** mélange de sable et de gravier ou de pierres concassées dont la cohésion est due à la présence de ciment et d'eau ajoutés au mélange.

**Boîte à mortier :** boîte en bois ou en plastique utilisée pour mélanger le mortier des ouvrages de maçonnerie.

**Boutisse :** brique ou autre élément de maçonnerie posé de chant.

**Brique intérieure :** une des briques qui constituent la partie intérieure d'un mur, d'un patio, d'une entrée ou de toute autre surface de briques.

**Brique réfractaire :** brique fabriquée en argile réfractaire pour être utilisée dans la construction des foyers à feu ouvert, des cheminées, des barbecues et autres ouvrages exposés à de hautes températures.

**Ciment :** *voir* Ciment Portland.

**Ciment de surface :** mortier lisse imperméable, utilisé comme revêtement des murs de briques ou de blocs dans un but esthétique, ou pour solidifier ou imperméabiliser le mur.

**Ciment Portland :** mélange de silice, de chaux, de fer et d'aluminium qui a été chauffé, refroidi et pulvérisé pour former une fine poudre qui entre dans la fabrication du béton, du mortier et d'autres produits de maçonnerie.

**Clé :** entaille dont la section est en queue d'aronde ou concave, pratiquée dans le béton fraîchement coulé en vue de créer une cohésion par la compression de ce béton et des couches ou lots de béton subséquents.

**Coffrage :** cadre en bois ou en métal utilisé pour marquer les bordures d'un ouvrage en maçonnerie (habituellement du béton coulé) et contenir le béton qui y est coulé.

**Crépissage :** technique consistant à appliquer une couche de mortier à l'arrière des pierres ou d'autres matériaux de parement pour maximiser leur contact avec la surface à laquelle ils doivent adhérer.

**Cycles gel-dégel :** changements de température saisonniers qui provoquent le déplacement des constructions, notamment celles en maçonnerie.

**Eau de ressuage :** mince couche d'eau apparaissant à la surface de certains mélanges de béton après la mise en place et qu'il faut laisser sécher avant de travailler le béton.

**Efflorescence :** dépôts que laissent les sels en solution après être remontés à la surface des ouvrages en maçonnerie.

**Élément de maçonnerie :** brique, pavé, bloc ou pierre utilisés dans les ouvrages en maçonnerie.

**Entraînement d'air :** addition d'ingrédients qui provoquent la formation de petites inclusions dans le béton ou le mortier humides, améliorant ainsi leur maniabilité et leur résistance au gel.

**Face :** surface exposée d'une pierre dans un ouvrage de maçonnerie.

**Fer à bordure :** outil manuel utilisé pour lisser les bordures des dalles de béton.

**Fer à joints de rupture :** outil utilisé pour tracer des joints de rupture dans le béton et les autres surfaces en maçonnerie.

**Feutre bitumeux :** bandes de fibres saturées d'asphalte, utilisées pour former les joints de dilatation d'une dalle de patio, d'allée ou d'entrée.

**Fil à plomb :** dispositif composé habituellement d'une masse pointue, attachée à l'extrémité d'un fil et qui sert à déterminer si une surface est verticale (ou d'aplomb).

**Finition :** étapes finales de façonnage de la texture d'un ouvrage de maçonnerie, comprenant le nivellement, le façonnage des joints de bordure et le lissage des joints.

**Fondation :** ouvrage en béton coulé, situé sous le niveau du sol et destiné à supporter une maçonnerie et à l'empêcher de se déplacer.

**Fourrure :** terre ou moellons utilisés pour remplir l'espace vide à l'arrière d'une maçonnerie.

**Fruit (d'un mur) :** angle d'inclinaison de la face extérieure d'un mur – ou d'un autre ouvrage - dont le sommet est en retrait par rapport à la base.

**Galets ou pavés :** petites pierres de carrière ou des champs, souvent utilisées dans les allées et les sentiers.

**Géomembrane (ou tissu d'aménagement) :** membrane perméable utilisée pour retenir la terre et d'autres matériaux meubles, ou comme obstacle à la croissance des plantes.

**Hypertuf :** matériau de maçonnerie contenant de la tourbe, du ciment Portland et d'autres produits, utilisé pour fabriquer des jardinières, des bains d'oiseaux et d'autres accessoires de jardin.

**Injection de boue :** procédé de pompage de béton frais que l'on injecte sous une dalle ou un autre ouvrage qui s'est déplacé sous l'effet du gel, du tassement du sol, de l'érosion ou pour une autre raison.

**Joint de construction :** bordure ajoutée à une partie d'une dalle de béton pour faciliter l'adhérence lorsque la coulée du béton doit être interrompue.

**Joint de dilatation :** appelé également joint d'isolation ; c'est une bande de feutre bitumeux séparant les sections d'une dalle de béton - ou une section de béton neuf d'une section de béton ancien – qui permet à ces sections de bouger indépendamment les unes des autres lors des cycles de gel-dégel.

**Joint de rupture :** joint créé dans une dalle de béton à l'aide d'un fer à joint de rupture ou d'un outil semblable, dans le but de concentrer les fissures à cet endroit.

**Jointoiement saillant :** appelé aussi jointoiement ; technique de finition ou de réparation des joints de mortier consistant à ajouter du mortier ferme sur le mortier initial lorsqu'il est sec. Dans les travaux de réparation, on enlève d'abord le mortier détaché pour que le mortier frais puisse adhérer à une surface solide.

**Jointoiement :** *voir* Jointoiement saillant.

**Lisseuse :** outil large et plat en aluminium, en magnésium ou en bois, utilisé pour lisser les grandes dalles en béton fraîchement coulé.

**Lit d'assise :** joint horizontal d'un ouvrage en maçonnerie.

**Mélange sec :** tout mélange emballé (normalement vendu en sacs) auquel on peut ajouter de l'eau pour faire du béton, du mortier, du stuc, ou un produit de ragréage pour maçonnerie.

**Mesure du fruit :** dispositif en bois (normalement bricolé), utilisé pour mesurer l'inclinaison des pans d'un ouvrage vertical (*voir aussi* Fruit).

**Moellons :** morceaux de pierre de carrière de formes irrégulières, dont une face a habituellement été fendue ou présente un fini, utilisée intensivement dans la construction des murs ; appelés aux États-Unis rip-rap lorsqu'ils servent d'enrochement.

**Mortier :** mélange de maçonnerie, contenant habituellement du ciment Portland et du sable, qu'on applique à la truelle et qui durcit, assurant l'adhérence des éléments de maçonnerie.

**Mortier d'argile réfractaire :** mortier auquel on a ajouté de l'argile réfractaire ; le plus souvent remplacé maintenant par le mortier réfractaire, qui se désintègre moins facilement lorsqu'il est exposé à de hautes températures.

**Mortier réfractaire :** mortier utilisé en maçonnerie, pouvant résister aux hautes températures ; utilisé dans les endroits exposés à une forte chaleur comme les foyers à feu ouvert, les cheminées et les barbecues.

**Papier de construction :** papier imprégné d'asphalte, utilisé comme pare-vapeur entre le bois - ou tout autre revêtement - et la surface extérieure du parement de briques ou de pierres.

**Parement :** matériau tel que la brique ou la pierre naturelle ou artificielle, qu'on applique sur des murs extérieurs ou des murs autoporteurs pour des raisons esthétiques.

**Paroi :** partie d'un mur ayant l'épaisseur d'un élément de maçonnerie.

**Pierre d'ancrage :** longue pierre d'un mur ou d'un autre ouvrage, s'étendant sur toute la largeur de celui-ci pour le renforcer.

**Pierre de couronnement :** pierre supérieure d'un mur, d'un pilier ou de tout autre ouvrage vertical.

**Pierres de dallage :** grandes pierres de carrière, taillées en dalles de moins de 3 po d'épaisseur, utilisées pour les allées, les marches d'escaliers et les patios. Aux États-Unis, on appelle steppers les pierres de dallage de moins de 16 po$^2$.

**Pierres de taille :** pierres symétriques, normalement utilisées pour construire des murs, des piliers et d'autres ouvrages verticaux.

**Pierres des champs :** type de pierres provenant normalement des champs, des lits de rivières, ou des flancs de collines, qui ont souvent une surface érodée par les intempéries ; utilisées si possible telles quelles dans les ouvrages de maçonnerie ; on les utilise souvent à la place de galets ou de morceaux de roche de même apparence.

**Planche à aplanir :** aussi appelée aplanissoir ; outil utilisé pour aplanir (araser ou lisser).

**Planche à araser :** outil en métal ou en bois utilisé pour niveler et lisser (c'est-à-dire araser) le béton fraîchement coulé.

**Planche à mortier :** planche tenue à la main, sur laquelle on dépose de petites quantités de mortier pendant la construction d'ouvrages en briques ou en blocs.

**Polyéthylène :** matière plastique en rouleaux de feuilles (de 4 à 6 millièmes de po d'épaisseur) utilisée comme pare-vapeur en dessous des dalles et autres ouvrages en maçonnerie.

**Poteau de référence :** poteau ou planche, qui porte des marques, à intervalles réguliers, indiquant l'emplacement des éléments de maçonnerie et servant à vérifier l'épaisseur des joints de mortier.

**PVC :** plastique rigide (chlorure de polyvinyle) résistant bien à la chaleur et aux produits chimiques. On utilise parfois des tuyaux en PVC pour conserver un espace entre les éléments d'une maçonnerie.

**Soulèvement dû au gel :** dommage causé au béton et aux autres matériaux de pavement par les changements de température du sol (*voir aussi* Cycles gel-dégel).

**Stuc :** mortier lisse, appelé aussi plâtre de ciment Portland aux États-Unis ; utilisé pour former une couche résistant aux intempéries, accrochée à un treillis de métal déployé ou à une surface de maçonnerie.

**Tailler :** action d'enlever les aspérités ou protubérances présentes sur la face exposée d'une pierre, en utilisant un ciseau et un maillet.

**Taloche :** outil allongé, utilisé pour niveler et lisser le béton fraîchement coulé.

**Tartiner :** procédé consistant à utiliser une truelle pour déposer une couche de mortier sur une brique ou un autre élément de maçonnerie avant les mettre en place.

**Traits de scie :** encoches étroites pratiquées dans un morceau de bois scié, permettant de le courber pour qu'il forme un coffrage arrondi.

# Index

## A

Accumulation d'humidité dans le béton, 242, 269
Acide chlorhydrique, 23, 53, 129, 255
Adobe, 15, 282
Agencement côte à côte, 65
Agent de démoulage, 282, 283
Allées, 13, 35, 102 à 109
    Calfeutrage des fentes entourant la maçonnerie, 248
    Conseils pour que l'eau s'écoule hors des allées, 103
    Construction d'un sentier de pierres en vrac, 104-105
    Construire une allée en béton coulé, 106 à 109
    Construire une allée en pierres de dallage, 120-121
    Matériel de renfort, 37
    Mortier pour, 29
    Types de bordures, 104
Aménagement en terrasse d'un terrain en pente, 11, 202
Ancrages de maçonnerie détachés, rattacher les, 32, 33
Angle droit, construire un, 38, 178
Aplomb, 283
Appareil en arête de poisson, 65, 143
Appareil en panneresse, 65
Appareil en vannerie, 65, 143
Araser le béton, 49, 108, 113, 163, 175
Arches, 11, 13
    Ajouter une arche aux piliers d'entrée, 194
    Comment construire le coffrage d'une arche, 195
Ardoise, 82
Assise pour le béton, 36, 37, 39
Attache murale, 283
Attaches pour maçonnerie, 32-33
Autoportant, 283

## B

Bains d'oiseaux, 10, 13, 223
    Bain d'oiseaux en hypertuf, 224 à 226
Balayage du béton, 52
Bande de feutre isolante pour entrée, 174 à 185
Bande isolante pour entrée, 174-175
Barbacane, 283
Barbecues, 222-224
    Construction d'un barbecue en briques, 234 à 237
    Mortier pour, 29, 234

Barres d'armature pour fondations en béton, 57, 59
Barres d'armatures, 37, 41
    Outils pour couper les, 20
Bêches, 18, 123
Béton à granulats apparents, 52-53, 128
    Construire un patio en béton à granulats apparents, 154 à 157
Béton affaissé, 242
Béton compacté, 111
Béton, 34-61
    Araser le béton, 49, 108, 113, 163, 175
    Béton à prise rapide, 60
    Béton tout préparé, 16, 18, 42, 45
    Comment construire des marches dans un jardin à l'aide de bois d'œuvre et de béton, 125 à 129
    Comment délimiter et excaver le sol du site de construction, 38-39
    Comment fabriquer et installer des coffrages en bois, 40-41
    Comment imiter l'apparence du dallage dans une allée en béton, 110
    Comment installer des pavés de terre cuite sur du béton, 114-115
    Consistance, 42
    Construire des escaliers avec des coffrages en béton manufacturé, 136-137
    Construire des marches en béton, 130 à 135
    Construire une allée en béton coulé, 106 à 109
    Construire une entrée en béton coulé, 172 à 175
    Coulée des fondations, 56 à 59
    Couper de nouveaux joints de rupture dans le béton existant
    Creuser des joints dans le béton frais, 48-49, 109
    Décorer la surface du béton, 91
    Déterminer l'état d'une surface en béton, 160
    Diagnostiquer le problèmes de béton, 242-243
    Eau de ressuage, 49
    Entretien, 54-55
    Équipement de protection pour travailler avec le béton, 22
    Estimation de la quantité nécessaire, 17, 42-43
    Fabriquer des pierres de pas japonais en béton, 118-119
    Finis de surface, 110-111
    Finition du béton, 52-53
    Fixer des poteaux dans le béton, 60-61
    Imiter l'apparence des pavés de terre cuite dans le béton d'une allée, 11
    Installer de la quincaillerie dans le béton, 33
Bétonnières, 18

Blocs de verre
    Construire un mur en blocs de verre, 185 à 187
    Mortier pour, 29, 185
    Styles, 185
Blocs, 62 à 71, 76 à 79
    Comment remplacer la face avant d'un bloc endommagé, 259, 264-265
    Construire des murs autoporteurs en blocs de béton, sans mortier, 180-181
    Construire des murs de retenue avec des blocs à emboîtement, 202 à 206
    Construire des piliers d'entrée, 190 à 193
    Construire un mur en blocs décoratifs, 182-183
    Estimations de la quantité nécessaire, 17, 66
    Nettoyage et peinture, 266-267
    Pose, 76 à 79
    Quincaillerie de montage, 33
    Renforcer la rigidité horizontale des murs, 68
    Réparation, 256 à 261, 264-265
    Taches sur les blocs, 259, 266
    Taille, 71
    Types, 64
Bois scié utilisé pour délimiter le périmètre d'un patio à granulats apparents, 155
Boîte à mortier, 18, 283
Bordures en bois pour allées et sentiers, 104, 120
Bordures en plastique pour allées et sentiers, 104
Boutisse, 283
Brique réfractaire, 234-235, 282
Briques à joints en sable, 65
    Construire un patio en briques, 146 à 153
Briques et blocs à emboîtement, 64
    Appareils, 65
    Comment construire un mur de retenue en utilisant des blocs à emboîtement, 204 à 206
    Comment installer des pavés de terre cuite sur du béton, 114-115
    Construire des escaliers avec des coffrages en béton manufacturé, 136-137
    Construire un palier en pavés de terre cuite, 143 à 145Construire un patio en pavés de terre cuite, 146 à 153
    Estimer les quantités nécessaires (tableau), 17
    Imiter l'apparence des pavés de terre cuite dans le béton d'une allée, 111
    Joints en sable, 65
    Marquage pour la taille, 69
Briques, 16, 62 à 75
    Ajouter une arche aux piliers d'entrée, 194
    Appareils, 65, 143

Comment remplacer une brique endommagée, 262-263
Construire un barbecue en briques, 234 à 237
Construire un mur de briques à double paroi, 72-75
Construire un palier en pavés de terre cuite, 143-145
Construire un patio en pavés de terre cuite, 146 à 153
Construire une jardinière en briques, 230-231
Estimation de la quantité nécessaire, 17, 66
Finir les murs avec des briques, 210 à 213
Joints en sable, 65
Les bordures de briques pour délimiter les allées et les sentiers, 104
Nettoyage et peinture, 266-267
Pinces à briques, 21
Pose, 72 à 75
Quincaillerie de montage, 33
Taches, 259, 266
Taille, 70-71
Terre cuite, 136-137
Tester le taux d'absorption de l'eau par les briques, 69
Traçage des lignes de coupe, 69
Types, 64
Briques, voir *Briques et blocs à emboîtement*
Brosses, 20
Brouette, chargement et déplacement, 46-47

## C

Calfeutrage
 Carreaux de patio, 171
 Fissures dans le béton, 250
Carreaux, 11
 Comment couler une assise en vue de carreler un patio, 161 à 164
 Finir un patio avec des carreaux, 158 à 171
 Pince à carreaux
 Poser des carreaux de patio, 165 à 171
 Travailler avec des, 90
 Types de, 159
Chaux, 82
Cheminées
 Couronnement endommagé, 259
 Mortier pour, 29
 Remplacement, 271
 Réparation, 270
Ciment de surface, 64, 113
Ciment de surface, 64, 214
 Définition, 283
 Finir les murs avec du ciment, 2140215
Ciment Portland, 42, 92, 283

Ciment
 Définition, 282
 Finir les murs avec du, 214-215
Ciseaux, 21, 22, 84
 Affûtage, 85
Clé, 283
Climat, influence sur les matériaux de maçonnerie, 15
Coffrages à béton, 40-41
 Courber un coffrage, 174
 Définition, 283
 Exemples de travaux, 107, 113, 133, 162, 173-174, 225, 228, 230
 Fondations, 57
Comment poser des panneaux de lattis au-dessus d'un mur en blocs de béton, 184
Comment réparer le béton d'objets de forme complexe, 252
Conception des ouvrages en maçonnerie, 12 à 15
Construction en pierres sèches, 188, 202
 Problèmes possibles, 274
 Réparation d'une section, 275
Couche brune de stuc, 92, 220-221, 279, 282
Couche de finition de stuc, 92, 220-221, 279
Couche de stuc éraflée, 92, 220-221, 279
Coulis pour carreaux de patio, 169-170
Courbes
 Comment construire une courbe, 179
 Fabriquer un coffrage courbé, 174
Couronnements de cheminées, 259, 270-271
 De barbecue, 237
 De jardinière, 231
 De murs, 64, 79, 183, 187, 189, 206-207
 De piliers, 193
Couvre-sols pour pas japonais, 117
Crépissage, 216, 283
Croissance des plantes à travers la maçonnerie,
 Comment favoriser la formation de mousse, 229
 Enlever les taches, 266
Cycle gel-dégel, 283

## D

Dalles, feuilles de plastique servant de base imperméable, 15
Délimiter les travaux de maçonnerie,
 Comment délimiter et excaver, 38-39
 Essais, 12, 66
 Exemples de travaux, 105, 106, 1120, 124, 137, 146-147, 155, 177, 189, 230
Déplaqueuse de gazon, 18, 19, 39
Dessins, 13
Dimensions du bois scié, 280
Double paroi, 67, 283
Drainage, 15, 26-27

Améliorer le drainage une assise de gravier compactable, 37, 275
Comment creuser une rigole de drainage, 27
Conseils pour que l'eau s'écoule hors des allées, 103
Étaler une feuille de polyéthylène sur l'assise pour améliorer le drainage, 203
Installer un tuyau de drainage perforé, 203

## E

Eau de ressuage, 49, 282
Écaillage, 160, 243, 259
 Réparation, 240
Échafaudages, 23
Échelles, sécurité des, 23
Éclaboussures d'œufs, enlever de la maçonnerie, 266
Éclatement du béton, 240, 243
Écran en blocs décoratifs, 63
 Construire un mur en blocs décoratifs, 182-183
Efflorescence, 54
 Définition, 282
 Enlever les traces de, 255, 259, 266
 Éviter l'efflorescence, 267
Élément de maçonnerie, 283
Entraînement d'air, 282
Entrée
 Ajouter une arche aux piliers d'entrée, 194
 Construire des piliers d'entrée, 190 à 193
Entrées, 172 à 175
 Bornes d'entrée, 223, 232-233
 Couler une dalle d'entrée, 175
 Délimiter l'entrée et l'emplacement de la dalle, 173-174
 Déterminer la dénivellation, 141
 Déterminer la pente, 172
 Mortier pour, 29
Équipement de protection, 22
Espace entre la surface d'un palier et le seuil de la porte, 141
Estimation des matériaux, 16-17, 42-43
Établi de maçon, 84
 Construction, 85

## F

Face, 282
Faïençage du béton, 240, 243
Fendeuse de briques, 71
Fenêtre lunaire, 11, 13
 Construire une fenêtre lunaire en pierres, 198 à 201
Fer à jointoyer, 21

285

Fer à joints de rupture, 283
Fer à joints longs, 21
Fers à bordure, 21
    Définition, 282
    Utilisation, 49, 51, 108
Feutre bitumeux, 282
Fibres de renfort pour béton, 37
Fil à plomb, 283
Fini à granulats apparents, 52-53
    Comment construire un patio en béton à granulats apparents, 154 à 157
    Scellement, 55, 157
Fini crépi d'une surface de stuc, 95
Finition, 282
Fissuration du béton, 242-243
    Réparation, 250-251
Fondation flottante, 56, 234-235
    Comment couler une, 235
Fondations
    Ajouter un parement en briques ou en pierres, 209
    Calfeutrage des fentes entre une fondation et un passage en béton, 248
    Coffrages de fondations, 57
    De murs, 57, 66, 180, 186
    De piliers, 190, 232
    Définition, 283
    Fondation flottante, 56, 234-235
    Fondation résistant au gel, 36, 39, 56, 63, 66
    Mortier pour, 29
    Pour marches en béton, 132
Foyers à feu ouvert
    Mortier pour, 29
    Nettoyage, 273
    Réparation de l'âtre, 272-273
Fruit, 88-89, 282

## G

Galets, 82-83, 282
Géomembrane, 283
Granit, 82
Granulats, apparents, 52
    Comment créer un fini à granulats apparents, 53, 55
    Construire un patio en béton à granulats apparents, 154 à 157
    Définition, 282
Gravier
    Estimation de la quantité nécessaire (tableau), 17
    Gravier en vrac de remplissage, 105
    Gravier pour assise, 36, 37, 39, 50, 65, 148, 155, 205-206
Grès, 82
    Pour couper la pierre, 86-87
    Pour couper les briques et les blocs, 70-71
    Pour couper les joints de rupture dans le béton, 160

Scies, 20
Sécurité, 22-23, 85, 86

## H

Hauteur des contremarches, 122, 131
Hypertuf, 10
    Construire un bain d'oiseaux en hypertuf, 224 à 266
    Construire une jardinière en hypertuf, 227 à 229
    Recettes, 96
    Scellement, 224
    Séchage, 97, 27
    Travailler avec l'hypertuf, 96-97

## I

Injection de boue sous le béton affaissé, 242, 252
Installation à joints en mortier humide, 64-65

## J

Jardinières, 13, 63, 223
    Construire un palier en pavés de terre cuite avec jardinière, 143 à 145
    Construire une jardinière en briques, 230-231
    Construire une jardinière en hypertuf, 227 à 229
Joint de construction, 282
Joint de dilatation, 282
Jointoiement saillant, 260-261
    Comment jointoyer des joints de mortiers, 261
    Définition, 283
    Mortier pour, 29, 31
    Outils, 21
Jointoiement, voir *Jointoiement saillant*
    Marquage de l'emplacement des joints, 40
    Mélanger le béton, 42, 44, 123
    Mettre en place le béton, 46 à 49
    Nettoyage des madriers tachés de béton, 129
    Nettoyage du béton, 254-255, 266-267
    Outils pour créer des joints, 21
    Outils pour mélanger le béton, 18
    Peindre le béton, 54, 241, 247, 267
    Pente des surfaces en béton, 39
    Préparation du site, 36 à 41
    Produits de recouvrement, 37, 41
    Refaire la surface en béton, 112 à 115, 240
    Remplissage avec de la pâte à calfeutrer, 54
Joints en mortier sec, 65, 153

## L

Lisse basse, 249
Lisseuse, 21, 282
Lit d'assise, 282

## M

Maçonnerie au-dessus du sol, mortier pour, 29
Marches de jardin construites à l'aide de bois d'œuvre et de béton, 125 à 129
Marches de jardin, 122 à 129
Marches, 35
    Concevoir et planifier la construction des marches, 124, 131
    Construire des coffrages, 41
    Construire des escaliers avec des coffrages en béton manufacturé, 136-137
    Construire des marches de jardin à l'aide de béton et de bois scié, 122 à 129
    Construire des marches en béton, 130-135
    Idées de conception, 138-139
    Palier et jardinière, 63, 143 à 145
    Réparer les marches en béton, 244 à 246
Marteaux, 21, 84
Massue, 21, 22
Matériel de renfort pour le béton, 37
    Exemples de travaux, 107, 132, 134, 183, 187, 237
    Panneaux d'ancrage pour blocs de verre, 187
    Pose, 41, 59, 68, 75
    Treillis métallique pour piliers, 192
Mélange sec, 282
Membrane de démoulage, 161
Mesure du fruit, 282
Mesures, conversion, 280
Méthode du triangle 3-4-5, 38, 178
Moellons, 16, 82-83
    Définition, 283
    Estimation de la quantité nécessaire (tableau), 17
Mortier d'argile réfractaire, 282
Mortier de maçonnerie, 283
Mortier réfractaire, 29, 273, 283
    Coloration, 14, 31, 185, 257
    Définition, 283
    Joints de mortier détériorés, 258
    Mortier sec, 65, 153
    Mortier humide, 64-65
    Préparation et pose, 28 à 31
    Rejointoiement des joints de mortier, 276
    Scellement, 187
    Types et sélection, 29
Mousse, 229
Mur à double paroi, 66-67

Consolidation, 68
Construire un mur de briques à double paroi, 72 à 75
Mur à simple paroi, 67
Murs de retenue, 11, 176, 202 à 207
    Ajouter le drainage, 203
    Construire avec des blocs à emboîtement, 204 à 206
    Construire en pierres naturelles, 207
    Emplacement, 203
Murs, 10, 13, 63
    Augmentez la résistance des murs aux forces horizontale, 68, 75
    Comment construire un mur de briques à double paroi, 72 à 75
    Comment construire un mur de retenue en pierres naturelles, 202, 207
    Comment construire un mur de retenue en utilisant des blocs à emboîtement, 202 à 206
    Comment poser des panneaux de lattis au-dessus d'un mur en blocs de béton, 184
    Comment reconstruire une section d'un mur de pierres sèches, 275
    Comment remplacer une brique endommagée d'un mur, 262-263
    Comment remplacer une pierre dans un mur liaisonné, 277
    Conseils pour réparer les murs de pierres liaisonnées, 276-277
    Construire des murs autoporteurs en blocs de béton, sans mortier, 180-181
    Construire un modèle, 13, 177
    Construire un mur de blocs, 76 à 79
    Construire un mur de pierres, 88-89
    Construire un mur en blocs décoratifs, 182-183
    Construire un mur en pierres sèches, 188-189
    Couronnement, 64, 79, 183, 187, 189, 206-207
    Finir les murs avec de la pierre de parement, 216 à 219
    Finir les murs avec des briques, 210 à 213
    Finir les murs avec du ciment, 214-215
    Finir les murs avec du stuc, 220-221
    Installation d'un parement de briques, 209
    Installer un tuyau de drainage derrière un mur de retenue, 203
    Matériel de renfort, 37
    Mortier pour, 29
    Murs de retenue, 11, 176, 202 à 207
    Murs sans mortier, 180-181
    Renforcer la rigidité horizontale des murs, 68, 75, 79
    Replacer dans sa position initiale une pierre délogée, 274

## N

Nettoyage du béton, 254-255
Niveau (d'eau), 173, 177
    Dans la construction d'un barbecue en briques, 236
    Dans la construction d'un mur à parement de briques, 210, 213
    Dans la construction d'une jardinière en briques, 231
    Définition, 283
Niveau de cordeau, 19
    Comment utiliser un, 38
Niveau, 283
Niveaux, 19

## O

Outils à jointoyer, 21
Outils et matériel, 18 à 21

## P

Paliers, 140-141
    Construire un palier en briques, 143 à 145
    Espacement du seuil de porte, 141
Panneau d'isolation, 37
Papier de construction, 282
Parement de pierres, 82-83, 209
    Estimation de la quantité nécessaire, 216
    Finir des murs avec de la pierre de parement, 216 à 219
    Mortier pour, 217
    Options pour l'installation, 208-209
    Taille, 219
Parement en briques, 62-63, 210 à 213
    Anatomie d'une façade à parement en briques, 210
    Installation, 211 à 213
    Mortier pour, 29
    Options d'installation, 208-209
Parement, 283
Pas japonais, 13, 116 à 119
    Fabriquer ses propres pierres de pas japonais, 118-119
    Poser un pas japonais, 116-117
Pâte à mâcher sur la maçonnerie, 255
Patios, 10, 13, 35, 140-141
    Construire un patio en béton à granulats apparents, 154 à 157
    Construire un patio en pavés de terre cuite, 146 à 153
    Espacement du seuil de porte, 141
    Finir le patio avec des carreaux, 158 à 171
    Matériaux de renfort, 37
    Mortier pour, 29
Peindre la maçonnerie, 54, 241, 247, 267
    Peindre le stuc, 278
    Peindre les taches sur la maçonnerie, 255, 266

Pelle rectangulaire, 18
Pente des surfaces en béton, 39, 133
Perceuses, 20
    Mèche à pointe au carbure, 33
Permis de construction, 13
Pierre d'ancrage, 207
Pierre de couronnement, 282
Pierre de dallage, 82-82, 102
    Construire une allée en pierres de dallage, 120-121
    Définition, 282
    Estimation de la quantité nécessaire (tableau), 17
    Imiter les pierres de dallage dans le béton, 110
    Taille, 86-87
Pierre de parement, 82-83
    Options d'installation, 208-209
    Voir aussi : *Parement en pierres*
Pierre de parement, 89
Pierre de taille, 16, 82-83
    Construire un mur de pierres sèches, 188-189
    Construire une fenêtre lunaire en pierres, 198-201
    Définition, 282
    Estimer la quantité de pierres de taille nécessaires (tableau), 17
Pierre des champs, 82-83, 139
    Définition, 282
    Taille, 87
Pierres d'ancrage, 88-89, 283
Pierres, 16, 80 à 89
    Comment reconstruire une section d'un mur de pierres sèches, 275
    Construire un mur de retenue en pierres, 202, 207
    Construire un mur en pierres sèches, 188-189
    Construire une borne d'entrée en pierres, 232-233
    Construire une fenêtre lunaire en pierres, 198 à 201
    Coupe et taille, 84 à 87, 188
    Estimation de la quantité nécessaire, 17, 216
    Mortier et pose du mortier, conseils, 29, 31, 176
    Murs, 176
    Pierres de parement, 82-82, 216
    Pose, 88-89
    Poser un pas japonais, 116-117
    Remplacer les pierres endommagées, 276
    Réparation des murs en pierres, 274 à 277
    Replacer les pierres délogées, 274
    Soulever et placer, 81
    Types et formes, 82-83
Piliers
    Ajouter une arche aux piliers d'entrée, 194

Construire des piliers, 190 à 193
Construire une borne d'entrée en pierres, 232
Pilon mécanique, 153
Pilon, 18, 19
Pioche, 19
Planche à araser, 21
　Définition, 283
　Planche à araser concave, 103
Planche à mortier, 21, 283
Planches à araser, 21
　Définition, 282
Plans, 13
Plantes grimpantes, enlèvement des plantes poussant dans les joints de la maçonnerie, 266
Polyéthylène, 283
Poteau de référence, 19, 210
　Définition, 283
　Fabriquer et utiliser un, 39, 191, 211-212, 236
Poteaux
　Comment fixer un poteau dans du béton, 60-61
　Lutte contre la pourriture, 60-61
Pourriture des poteaux en bois, lutte contre la, 60-61
Produits de recouvrement pour maçonnerie, 55
Profondeur de gel et fondations, 36, 39, 56, 63, 66
Profondeur des girons des marches de jardin, 122
PVC, 283

## Q

Quincaillerie, fixation dans la maçonnerie, 32-33

## R

Rampes
　Fixation, 33, 135
　Quand doit-on installer une rampe, 130
Remblai, 282
Renforçateur pour béton utilisé avec le Mortier, 257
　Réparation, 240 à 253
　Scellement, 54-55, 254
Séchage, 51 à 53, 240
　Températures pour couler le béton, 34
　Tirer des joints dans le ciment de surface, 215
　Types de produits pour bétons prémélangés, 43
Renforçateur pour mortier, 29
Réparation des parements de maçonnerie, 253
Revêtement de maçonnerie, 55

## S

Sable
　Estimation de la quantité nécessaire (tableau), 17
Sac à mortier, 115
Scellement
　Béton, 54-55, 157, 242, 254
　Carreaux, 171
　Hypertuf, 224
　Murs du sous-sol, 268-269
Sécurité, 22-23
Sentiers, 13, 104-105
　Construire un sentier de pierres en vrac, 104-105
Soulèvement dû au gel, 242, 283
Soulever les produits de maçonnerie, 21, 22
Sous-sols
　Causes d'humidité dans les sous-sols, 248, 252, 268
　Inspection des murs du sous-sol, 269
　Protection des murs du sous-sol, 268-269
Stuc, 92 à 95, 209
　Application, 94
　Couches appliquées, 92
　Définition, 283
　Finir les murs avec du stuc, 220-221
　Finition, 95, 221
　Peinture, 278
　Préparation des surfaces, 93-94
　Réparation, 278-279
Suintement des murs du sous-sol, 268-269
Supports (d'armature), 37, 41

## T

Taches d'asphalte sur la maçonnerie, 255
Taches d'huile sur la maçonnerie, enlever les, 54, 255, 266
Taches de bitume sur la maçonnerie, 255
Taches de café sur la maçonnerie, 255
Taches de goudron sur la maçonnerie, 255
Taches de pâte à calfeutrer sur la maçonnerie, 255
Taches de rouille sur la maçonnerie, enlever les, 266
Taches de sang sur la maçonnerie, 255
Taches de suie sur la maçonnerie, 266
Taches de thé sur la maçonnerie, 255
Taches sur la maçonnerie, 23, 54, 242
　Nettoyage, 254-255, 266
Taille, 282
Taloche, 21, 175, 282
Tarière à poteaux, 19, 61
Tartinage, 282
Tas de béton, 47
Taux d'absorption de l'eau par les briques, 69
Températures pour couler le béton, 34
Terre végétale, estimation de la quantité nécessaire (tableau), 17
Trait (de scie), 283
Treuil manuel, 19
Trous dans le béton, 247 à 249
Truelles, 21, 283
Tuyau de drainage perforé, 203
Types de bordures pour allées et sentiers, 104

## V

Voir aussi : *Parement en briques, Réparation des parements de maçonnerie, Parements en pierres, Pierre de parement*

## Z

Zones en pente
　Aménagement en terrasse, 11
　Mesure de la pente, 37, 147, 172
　Nivellement, 36